·应用型系列教材·

航空维修管理

主　编　樊庆和　王秀霞　朱玉全
副主编　张永兴　温抗抗　王志远　贾　竣

电子工业出版社
Publishing House of Electronics Industry
北京·BEIJING

内 容 简 介

本书介绍了维修的概念、维修准则和维修管理的理论。本书共 11 章，第 1 章～第 3 章介绍维修的基本知识和航空器的维修准则。第 4 章～第 6 章介绍维修准则的分析，主要介绍维修大纲，飞机、发动机维修方案及飞机维修管理。第 7 章～第 11 章介绍维修管理内容，主要介绍维修质量管理、维修安全管理、备件支援保障管理、全系统全寿命维修管理理论及航空发动机维修工程的信息化管理。

本书既可以作为应用型本科学校教材及教辅资料，又可以作为航空从业人员的学习指导书。

未经许可，不得以任何方式复制或抄袭本书之部分或全部内容。
版权所有，侵权必究。

图书在版编目（CIP）数据

航空维修管理 / 樊庆和，王秀霞，朱玉全主编．
北京：电子工业出版社，2025.4． -- ISBN 978-7-121-28767-1

Ⅰ．V267

中国国家版本馆 CIP 数据核字第 2025R3Z818 号

责任编辑：李　静
印　　刷：山东华立印务有限公司
装　　订：山东华立印务有限公司
出版发行：电子工业出版社
　　　　　北京市海淀区万寿路 173 信箱　　邮编　100036
开　　本：787×1 092　1/16　印张：15　字数：336 千字
版　　次：2025 年 4 月第 1 版
印　　次：2025 年 4 月第 1 次印刷
定　　价：46.80 元

凡所购买电子工业出版社图书有缺损问题，请向购买书店调换。若书店售缺，请与本社发行部联系，联系及邮购电话：（010）88254888，88258888。
质量投诉请发邮件至 zlts@phei.com.cn，盗版侵权举报请发邮件至 dbqq@phei.com.cn。
本书咨询联系方式：（010）88254604，lijing@phei.com.cn。

前　言

随着全球航空工业的飞速发展，航空器的性能不断提升，航空运输的安全性和效率性已成为各国关注的焦点。航空维修作为确保航空器安全、可靠运行的重要环节，其管理水平和技术实力直接关系到航空运输业的健康发展。本书旨在为我国航空维修领域的教学、科研和工程实践提供一部系统、全面、实用的参考书籍。同时，对于将来从事航空机务维修工作的大学生来说，本书是其走上工作岗位前，让其对所从事的职业有一个全面系统认知的一部教材。

目前，在航空维修的专业领域，已经出版发行的著作、书籍有很多，但是用于培养高级应用型技术人才的相关教材较少，现有教材存在理论与实践结合不紧密的弊端，因此，编写《航空维修管理》一书显得迫切而必要。

本书以培养应用型人才为主要目标，介绍维修的基本内容、维修理论、航空维修安全管理、航空维修质量管理及航空维修保障系统等综合性内容。本书中的所有内容既是一个有机的整体，每个部分又是一个独立而系统的单元，学生可以根据实际学习和工作情况及时查阅相关部分进行学习。本书前半部分侧重维修、后半部分侧重管理，在管理部分应该结合实际的航空相关法律进行学习和应用。

本书由烟台南山学院航空机械教研室编写完成，本书获山东省民办本科高校优势特色专业"飞行器动力工程"支持计划项目的支持。编者根据多年从事航空维修及机务维修管理的实操和教学经验，结合维修常见故障和排除方法，完成了本书的编写。本书第1章~第3章由樊庆和编写，第4章和第5章由朱玉全编写，第6章和第7章由王秀霞编写，第8章由贾竣编写，第9章由张永兴编写，第10章由王志远编写，第11章由温抗抗编写。在编写过程中，青岛航空股份有限公司工程师华宇、烟台南山学院胡国才教授对本书进行了校对，在此一并表示感谢。由于编者水平有限和时间关系，书中难免有疏漏之处，恳请读者予以指正。

目 录

第1章 绪论 1
  1.1 维修 1
    1.1.1 维修的定义 1
    1.1.2 民用航空器维修 2
  1.2 航空维修的基本原则 4
    1.2.1 维修要求 4
    1.2.2 维修策略 5
    1.2.3 维修思想与维修方案 6
    1.2.4 维修保障系统 7
  1.3 航空维修的发展历史 7
    1.3.1 20 世纪 30 年代以前 8
    1.3.2 第二次世界大战至 20 世纪 50 年代末 8
    1.3.3 20 世纪 60 年代至今 9
  1.4 我国民用航空器维修的发展历史 12
    1.4.1 新中国成立前民航机务维修工程的回顾（1910—1948 年） 12
    1.4.2 新中国成立初期的机务建设（1949—1954 年） 13
    1.4.3 初步发展时期（1955—1976 年） 13
    1.4.4 继续发展时期（1977—1979 年） 14
    1.4.5 新的维修体制时期（1980—1985 年） 14
    1.4.6 民航机务维修工程的新阶段（1986—1999 年） 15
    1.4.7 规范下的快速发展时期（2000 年至今） 16

第2章 维修的基本知识 17
  2.1 可靠性基础知识 17
    2.1.1 可靠性的概念及主要指标 17
    2.1.2 可靠性的量度 18

2.1.3　可靠性模型的建立与分析 18
　2.2　维修性基础知识 20
　　　2.2.1　维修性的基本概念 20
　　　2.2.2　维修性的量度 21
　2.3　保障性基础知识 21
　　　2.3.1　保障性的基本概念 21
　　　2.3.2　保障性的量度 21
　2.4　以可靠性为中心的维修理论 22
　　　2.4.1　RCM 原理之一 22
　　　2.4.2　RCM 原理之二 26
　　　2.4.3　RCM 原理之三 28
　　　2.4.4　RCM 原理之四 30
　　　2.4.5　RCM 原理之五 30
　　　2.4.6　RCM 原理之六 32
　　　2.4.7　RCM 原理之七 34
　　　2.4.8　RCM 原理之八 35

第 3 章　航空器的维修准则 37
　3.1　基本概念 37
　3.2　维修评估逻辑分析 43
　3.3　制定维修大纲 47
　3.4　制定维修方案 54
　　　3.4.1　航空器维修方案的制定要求 55
　　　3.4.2　制定航空器维修方案应考虑的因素 56
　　　3.4.3　维修方案的实施和控制 56
　　　3.4.4　维修方案的调整和优化 57

第 4 章　维修大纲 59
　4.1　维修大纲概要 59
　4.2　系统和动力装置维修大纲的制定 61
　4.3　飞机结构维修大纲 72
　4.4　飞机区域分析程序 80

第 5 章　飞机、发动机维修方案 84
　5.1　维修计划文件 84
　　　5.1.1　维修计划文件简介 84

5.1.2　维修计划文件的主要内容 85
　　　5.1.3　维修性与维修工时 86
　5.2　用户维修方案 88
　　　5.2.1　维修计划文件的客户化 88
　　　5.2.2　航空公司维修方案 89
　5.3　维修方案的修改与优化 90
　　　5.3.1　维修方案的修改及其批准程序 90
　　　5.3.2　维修方案的优化 92

第6章　飞机维修管理 96
　6.1　维修生产活动的组织与管理 96
　　　6.1.1　维修生产活动 96
　　　6.1.2　维修记录要求 97
　　　6.1.3　飞机放行要求 98
　6.2　维修生产管理体系 98
　　　6.2.1　航线维修 98
　　　6.2.2　定期维修 102
　　　6.2.3　车间维修 103
　　　6.2.4　部附件维修 103
　6.3　工作包及工卡管理 105
　　　6.3.1　工卡、工作包简介 105
　　　6.3.2　工作包的制定原则及作用 105
　　　6.3.3　工卡的内容及作用 106
　　　6.3.4　维修任务的执行 107

第7章　维修质量管理 110
　7.1　维修质量管理体系 110
　　　7.1.1　维修质量与质量管理 110
　　　7.1.2　维修的质量体系 111
　　　7.1.3　维修工程管理手册的内容 113
　7.2　维修质量的控制 114
　　　7.2.1　质量控制系统 114
　　　7.2.2　质量分析系统 121

7.3 适航管理 ... 124
7.3.1 民用航空器的适航性与适航管理 ... 124
7.3.2 初始适航管理 ... 128
7.3.3 持续适航管理 ... 129

第8章 维修安全管理 ... 135
8.1 维修环境安全系统 ... 135
8.1.1 维修安全大纲 ... 135
8.1.2 一般安全规则 ... 136
8.1.3 一般安全责任 ... 137
8.1.4 维修安全管理的意义 ... 138
8.1.5 维修安全管理学科的范畴 ... 138
8.2 维修人员安全素质及影响因素分析 ... 140
8.2.1 维修人员的个性 ... 140
8.2.2 维修人员的能力 ... 142
8.2.3 人员疲劳 ... 144
8.2.4 人机系统及环境的作用影响 ... 146
8.3 维修技术手册 ... 148
8.3.1 航空维修技术手册 ... 148
8.3.2 交互式电子技术手册 ... 150
8.3.3 飞机系统划分及编号 ... 153
8.4 维修工程与技术支援 ... 156
8.4.1 工程服务 ... 157
8.4.2 技术服务 ... 159
8.4.3 修理与更改 ... 162

第9章 备件支援保障管理 ... 164
9.1 民用飞机备件的概念 ... 164
9.1.1 民用飞机备件的界定 ... 164
9.1.2 飞机备件的判定流程 ... 167
9.2 备件支援体系 ... 168
9.2.1 备件支援的内容和作用 ... 168
9.2.2 构建完整的备件支援体系 ... 170
9.2.3 备件支援标准和规范 ... 171

9.3 备件计划 172
9.3.1 备件计划的内容与作用 172
9.3.2 飞机制造商的初始备件推荐清单 172
9.3.3 航空公司首批备件选购计划 175
9.3.4 备件需求计算 176
9.4 备件库存管理 179
9.4.1 消耗件库存管理 180
9.4.2 可修件库存管理 184
9.5 备件供应与采购管理 189
9.5.1 备件供应与采购的特点 190
9.5.2 备件供应与采购的流程 191

第 10 章 全系统全寿命维修管理理论 196
10.1 航空维修系统概述 196
10.1.1 系统和系统工程 196
10.1.2 航空维修系统 197
10.1.3 航空维修系统的特性 197
10.2 航空维修系统工程 198
10.2.1 航空维修系统工程的界定 198
10.2.2 航空维修系统工程的一般步骤和方法 198
10.3 全系统全寿命维修管理的内容体系 200
10.3.1 全系统全寿命维修管理的基本内涵 200
10.3.2 全系统全寿命维修管理的主要观点 201
10.3.3 全系统全寿命维修管理的组织 202

第 11 章 航空发动机维修工程的信息化管理 204
11.1 概述 204
11.2 航空发动机维修工程信息化系统的策划 205
11.2.1 需求分析 205
11.2.2 目标任务 207
11.3 基于 ERP 系统的信息化系统实施 209
11.3.1 维修计划执行系统 210
11.3.2 维修作业管理系统 214
11.3.3 供应链管理系统 216

- 11.3.4 财务管理系统 ... 218
- 11.3.5 人力资源管理系统 ... 219
- 11.3.6 设备管理系统 ... 220
- 11.3.7 远程故障诊断及数字化维修系统 ... 221
- 11.3.8 管理决策分析系统 ... 222
- 11.3.9 办公自动化系统 ... 223
- 11.4 基于数字仿真平台的信息化系统实施 ... 224
  - 11.4.1 装配仿真系统 ... 225
  - 11.4.2 性能仿真系统 ... 226
  - 11.4.3 工装设备仿真系统 ... 226
  - 11.4.4 布局规划仿真系统 ... 227
  - 11.4.5 工艺仿真系统 ... 227
  - 11.4.6 数字化制造 ... 228
  - 11.4.7 产品数据管理系统 ... 228
- 11.5 航空发动机维修工程信息化系统的改进 ... 228
  - 11.5.1 关于信息化系统建设的"诺兰"阶段模型理论 ... 228
  - 11.5.2 以数字化工程和智能型工程为方向的信息化系统改进 ... 230

第1章 绪论

维修的概念源远流长。航空器在使用过程中受高、低周载荷及环境作用，其组成部分不可避免地会出现退化、故障或失效，从经济、安全、质量和效率方面考虑，维修是恢复这些可修工程系统功能的唯一选择。

现代工程系统越来越复杂化和大型化，系统建造成本越来越昂贵，在大幅提高生产质量和生产效率的同时，对社会安全的作用和环境的影响也越来越大。因此，维修越来越重要，也越来越复杂。

航空运输是现代社会五大交通运输手段（铁路运输、公路运输、航空运输、水路运输和管道运输）之一，在现代交通运输中发挥着越来越重要的作用。现在，民用航空器已经取代远洋客轮，成为人们洲际旅行的首选交通工具。航空业的发达程度，已成为衡量一个国家现代化程度的重要标志之一。民用航空器作为高新技术产品，其全寿命期内涉及设计、制造、使用、维修四个重要环节。

1.1 维修

假如维修人员对"什么是维修"有不同的看法，那么他们同样会对"维修能完成什么"有不同的观点。在这种情况下，想用一个通用的方法来实现维修计划的设计和执行是很困难的。因此，本节首先讨论一下维修的定义。

1.1.1 维修的定义

一台机械设备无论设计和制造得多么完善，其在使用过程中都不可避免地会因磨损、疲劳、断裂、变形、腐蚀、老化等，造成设备性能下降甚至出现故障。设备性能下降甚至出现故障，会使其不能正常运行，或者使运行成本增加，甚至造成灾难性的后果。维修是降低设备性能下降速度、减少或避免设备故障的有效手段，任何设备都需要通过维修来保证其在正常寿命期内的工作性能。越是重要和复杂的设备越需要精心维修。

日本工业标准对维修进行了如下定义："所谓维修，是指把产品保持在使用及运用状态，以及为排除故障和缺陷所进行的一切处置及活动。"这种定义有两层含义：一是强调维持在可使用、可运行状态，如日常维护工作中的设备注油、润滑、清扫等；二是设备在使用、运行过程中不可避免地要出现故障和缺陷，因此它包含为排除这种故障和缺陷所进行的处置活动。

美国海军的"维修与材料管理（3M）指南"（NAVSEAINST 4790.8）对维修进行了如下定义："必要时，为确保设备、系统和部件完成其预定功能而采取的行动。"

在《现代汉语词典》中，对"维修"一词的解释为"保护和修理"，因此设备维修通常包含两层意义：一是对设备进行维护；二是对设备进行修理。

从工程管理上讲，"维护"是指保持设备状态的活动。这种状态通常指可使用或可运行状态。在设备使用和运行过程中，这种状态是指设备初始状态或初始投入运行状态。一般情况下，这种初始状态是设备出厂时通过设计和制造所形成的设备固有状态。

在本节中，我们这样来定义维修：必要时，为确保设备、系统和部件保持并实现产品设计时固有的功能状态而进行的活动。维修活动既包括技术性活动（如润滑保养、检测、故障隔离、拆卸与安装、零部件更换、修理或修复、大修、校正、调试等），又包括管理性活动（如使用或储存条件的监测、使用或运转时间及频率的控制等）。现代维修的概念，还扩展到了对工程系统进行的局部改进和改装。

关于这个定义，有以下几点需要强调。

首先，这个定义强调维修仅是保持或恢复原有的功能与特性，而不能提高性能，不能要求和指望通过维修实现设备新增功能或产品达到更高的性能。

其次，这个定义强调要维修的功能在需要时是可以使用的。因为某些功能，如武器开火和超压解除，可能不是持续需要的，这时就有必要核实它们的可用性。

最后，定义中的"设备、系统和部件"是指所分析的某个级别上的硬件，这取决于所实施的具体的维修工作。这里的工程系统是指用比较大而复杂的设备建造的可修人造系统，如航空器、水陆载运工具、工矿设备、建筑设施等大型系统。本书主要研究航空器的维修，包括航空器、发动机及其系统。

1.1.2 民用航空器维修

航空器维修的直接目的是使其保持在规定的技术状态下工作，即在其状态受到破坏（发生故障或遭到损坏）后，使其恢复到规定状态。

航空器维修的根本目标则是以最低的维修成本，尽可能地保持、恢复甚至延长其可靠性寿命，保证飞行安全，最大限度地提高其利用率。如果不及时采取合理的维修手段，那么航空器的使用可靠性和安全性是无法保障的。

民用航空器维修是指为保证航空器、发动机及其系统在设计可靠性和安全性水平上持续执行预定功能而进行的一切工作。它是对航空器、发动机及部件所进行的维护和修理的总称。这里的维护是指为保持航空器、发动机及部件良好工作状态所做的一切工作，包括清洗、润滑、检查及补充燃油等；修理是指为恢复航空器、发动机及部件良好工作状态所做的一切工作，包括检查、判断故障、排除故障、排除故障后的测试及翻修等。

民用航空器维修的定义中不仅包含养护、调整、更换、修复、大修，以及保证航空器正常持续运行所需要的任何其他工作，而且强调了这种观念：航空器、发动机及部件是为某一具体用途（或者按照多功能系统的多个用途）设计的，具备固有的或设计的可靠性和安全性水平。无论我们进行怎样的维修工作，都不能使系统能力比设计的固有能力更好。在系统性能发生衰退之后，我们只能将其恢复到设计的原有水平。

狭义地说，民用航空器维修的内容包括为了满足客货运输、通用航空和训练飞行等的需要，及时提供技术状态良好的飞机而进行的一切活动。民用航空器维修的目的是通过各级机务人员的维护和修理，保证航空器、发动机和及其系统和设备的完好和适航环保性，使飞机能安全、环保、可靠和经济地完成各项飞行任务。

广义地说，民用航空器维修是当前民航事业中一个大的系统工程，它包括从飞机选型、使用、维护、修理直到飞机退役全过程的监督、实施与管理，以及与之相配套的人员培训、考核和科研工作等。它是民航生产力的重要物质基础之一。

民用航空器维修的作用主要体现在以下几个方面。

1. 保障飞行安全

民用航空器是高技术、高成本的产品，安全始终是第一位的。由于早期的航空业中事故频发，造成了巨大的生命和财产损失，政府主管部门提出了适航性概念，并提出只有具备适航性的航空器才允许在空中飞行，达不到适航性要求的航空器禁止飞行，从而保证飞行安全。适航性管理时间是从航空器设计、制造到航空器使用、维修的整个寿命期。民用航空器的适航管理按制造和使用阶段分为初始适航管理和持续适航管理。从航空器的设计、制造到投入使用这一阶段是初始适航管理。在此阶段，民用航空器的设计、制造部门负责产品的初始适航性，适航部门负责对民用航空器的设计、制造进行适航审定、批准和监督。只有经适航审定具备适航性的航空器才允许投入生产、使用。也就是说，航空公司新购置的飞机都是满足安全标准的，是初始适航的。在航空器投入使用后，航空器的安全性，即航空器的持续适航性，由持续适航管理来保证。航空公司负责航空器的持续适航性，维修企业以必要的维修来保证航空器的持续适航性，而适航部门负责对民用航空器的持续适航性进行审定、监督和管理。因此，民用航空器维修对于保证航空器的持续适航性具有重要的作用。

2. 保障航班的正点率

正点运行对于任何一个航空旅客来说都是首要考虑的问题。一个航空公司的航班正点率关系到公司的信誉，航班正点率出现问题有时会直接造成巨大的损失，从而影响航空公司的经济性。影响航班正点率的原因包括天气、航空管制、机械故障、飞机调配等，其中机械故障属于机务维修的范畴。飞机一旦在执行航班任务期间出现故障，机务人员就要按照维修程序进行必要的检查并加以判断，对故障现象进行分析，找到故障源头，然后进行相应的故障排除工作，如换掉故障件等。排除故障后，还要填写相关的维修记录，可能要进行一定的测试工作，以确定是否修好。整个排除故障过程是需要一定时间的，即使是一些小故障，也有一套严格的维修检测程序，这些都是为了确保飞行安全。一个好的航空公司必须有一个完善的维修体系，这样才能减少航班延误，保障航班的正点率。

3. 影响经营成本

航空公司是利用飞机将客、货、邮等实现空间转移而获取收益的运输企业。经营成本是影响航空公司收益的重要方面，是航空公司取得竞争优势的关键，也是航空公司实力强弱的重要标志之一。在直接经营成本中，维修成本一般要占 18%~25%，降低维修成本对于航空公司的发展具有重要作用。早期的飞机维修以安全作为主要目的，对经济性考虑较少。在 20 世纪 60 年代之后，发展了以可靠性为中心的维修理论，该理论的核心思想是在保证安全的前提下，最大限度地降低维修成本。该理论为降低维修成本提供了理论依据，对促进航空运输的发展起了重要作用。目前，如何以最低的消耗取得最佳的维修效果，成为我国航空公司和维修企业关注的重点问题。

1.2 航空维修的基本原则

1.2.1 维修要求

维修包括安全和经济两个方面的目标。安全目标体现在：维修可以使航空器保持或延长使用寿命，可以保持其使用的安全性和可靠性。经济目标体现在：科学维修可以提高飞机和发动机的利用率，可以保持运输或战术质量。同时，维修还要以最低的全寿命维修成本达到安全目标和经济目标。

航空器的维修目标要转化成飞机设计指标、维修方案目标要求和维修保障系统设计要求才能实现。这些由维修目标分解出来的指标和要求，统称为维修要求。

维修要求是为了能够并便于对产品进行维修而对航空器的设计、维修和保障所提出的要求，是设计、使用、维修、成本和效率等多种因素的综合权衡结果，也是维修工程学要实现的具体要求和指标。

维修对航空器设计的总体（或顶层）要求来源于使用要求，通常要分解、转化成详细的维修性要求和可靠性要求，才能在航空器设计中加以贯彻，形成航空器面向维修保障的质量属性。

以民用飞机为例，其维修要求包括以下内容。

（1）整机级（顶层）维修要求。例如，过站停留时间（短停）小于30min，直接维修成本小于338USD/FH，飞机派遣可靠度大于99.5%，飞机利用率为2720FH/a、8FH/d等。

（2）系统和结构的可靠性及维修性要求。顶层维修要求要进一步分解成系统、子系统及部件的可靠性和维修性指标，在产品设计和成品采购中贯彻实施。

（3）维修方案要求。例如，要求采用最新版的美国ATA MSG-3规范等。

（4）维修保障要求。例如，要求备件库存的保障率达到95%，飞机故障停飞时紧急航材在24h内运输和交付。

1.2.2 维修策略

1. 维修策略的基本概念

策略是根据形势发展而制定的行动方针。维修策略（Maintenance Strategy 或 Maintenance Policy）是针对产品劣化情况而制定的维修方针，包括劣化评估依据（形势描述）、维修决策行动及计划。

1）劣化评估依据（Criteria）

劣化评估依据主要包括寿命、状态和故障，用于评估产品的劣化情况。

（1）寿命。产品统计寿命即可靠性寿命，一般用累计疲劳时间[飞行小时（FH）、起落次数（FC）等]或日历时间来描述。

（2）状态。产品实际运行状态一般用观测状态即产品运行时的各种"二次效应"，如振动信号、磨损颗粒、性能参数和功能参数等来描述。

（3）故障。这是指故障发生后的描述，如使用困难报告、故障检测报告和停机现象等。

2）维修决策行动及计划

维修决策行动实际上就是在决策点对产品施加的作用，包括周期性的检测、分析和诊断，以及预防性维修。

2. 维修策略的分类

1）主动维修策略

主动维修（Proactive Maintenance）策略是对引起产品故障的根源性参数如油液污染度、理化性能及温度等进行识别，主动采取事前的维修措施，将其控制在一个合理的范围内，以防产品发生进一步的故障或失效。这是从源头切断故障的维修策略，以达到减少故障发生的目的。一般的维修策略只能消除产品表面上的异常现象，而没有注意到产品内部的隐患性故障及根源。主动维修策略着重监测和控制可能导致产品材料损坏的根源，主动消除产生故障的根源，达到预防故障或失效发生并延长产品寿命的目的。

2）事后维修策略

事后维修（Corrective Maintenance）策略不是在故障发生前采取预防性措施，而是等到产品发生故障或遇到损坏后，再采取措施使其恢复到规定的技术状态。这些措施包括下述活动：故障定位、故障隔离、分解、更换、再装、调校、检验及修复损坏件等。

3）改进性维修策略

改进性维修（Improvement 或 Modification）策略是利用完成产品维修任务的时机，对其进行经过批准的改进或改装，以消除产品使用性和安全性方面的缺陷，提高使用性能和可靠性或维修性，或者使之适合某一持续的用途。它是维修工作的扩展，实质是修改产品的设计。结合维修进行改进，一般属于基地级维修（制造厂或修理厂）的职责范围。

1.2.3 维修思想与维修方案

维修思想（Maintenance Concept）又称维修原理、维修理念或维修哲学。维修思想是制定具体的维修大纲、程序和策略的理论基础。一个完整的维修思想应该是结构化、客户化的，它通常包括维修目标和所需资源的确定，重要维修项目的确定，故障模式及其影响分析，维修策略的选择，维修策略参数的优化、应用、评估和反馈修改等基本过程。

维修方案是维修思想的最终表现，是运用维修思想进行系统、全面的维修任务分析、规划和设计而产生的具体结果。

民用航空器主要采用 MSG（Maintenance Steering Group，维修指导委员会）的维修思想，这是由 FAA（美国联邦航空管理局）维修指导委员会制定的思想。它是世界各国民用航空界公认的制定民用飞机维修大纲的指导思想。民用飞机维修方案（Maintenance Schedule，MS；或 Maintenance Program，MP）是对维修对象全寿命、全系统维修任务的统筹安排，包括计划维修项目、维修时机或维修间隔、维修工作和维修工时计划等。

在军事航空器领域，主要采用以可靠性为中心的维修（Reliability Centered

Maintenance，RCM）思想。RCM 思想起源于航空业，是国内外军方制定航空器维修大纲的指导思想。RCM 思想也在航空界以外的其他工业领域中得到了广泛应用。军事航空器维修方案是从总体上对航空器维修保障工作的概要性说明，是关于航空器维修保障的总体规划。其内容包括维修类型（如计划维修、非计划维修）、维修原则、维修级别划分及其任务、维修策略、预计的主要维修资源和维修活动约束条件等。

1.2.4 维修保障系统

无论完成何种维修工作，都需要一定的资源。维修保障系统（Maintenance Supporting System）是由所有维修保障要素经过综合和优化后形成的，是由维修所需的物质资源、人力资源、信息资源及管理手段等要素组成的系统。

军用飞机的综合后勤保障（Integrated Logistics Support，ILS）可以简单地分成使用保障和维修保障两部分，维修保障系统是 ILS 的核心组成部分。民用飞机称 ILS 为"产品支援"或"客户服务"，其基本内容与军用飞机的综合后勤保障内容是一致的。

维修保障活动是围绕许多与维修工作紧密相关的因素进行的，包括以下内容。

（1）维修设备与工具，包括保障航空维修所需的各种设备、检测仪器和操作工具。

（2）技术资料或技术出版物，是指导用户如何维修的一批技术文件，包括技术说明书、故障隔离手册、飞机维修手册、发动机维修手册和图解零备件目录等。

（3）备件供应，包括确定采购、分类、接收、储存、转运、批发和处理补给品要求的所有管理活动、程序和技术，是综合后勤保障的要素之一。

（4）人力，是指按预定的维修任务要求，确定维修人员的技能水平和人员数量，以确保对飞机进行正确维修和放行。

（5）培训和培训保障，是指进行人员培训时涉及的程序、技术、培训教材、培训装置和设备等。

（6）外场（或现场）技术服务。航空器极其复杂，交付使用后还会出现许多意料不到的问题，需要承制方提供服务代表、信息、技术指导和应急支援等外场技术服务。民用航空器对外场技术服务的依赖性更高。

1.3 航空维修的发展历史

航空维修作为航空运输中的一种生产活动，同任何事物一样，都是从低级向高级、从简单到复杂发展起来的。从人类在航空维修方面的经验和认识来看，在飞机问世至今的 100 多年里，航空维修的发展大致经历了三个历史时期。

1.3.1 20 世纪 30 年代以前

飞机出现以后，在 20 世纪初期科学技术进步和工业技术革命的推动下，飞机的性能提高很快，飞行速度几乎每三年翻一番，飞行高度和航程也成倍增长。人们根据不同的用途生产出了不同的飞机。第一次世界大战前，英、美、法、德、意等国家争相发展航空事业；同时，各国还成立了一些航空学校，用来培养飞行员和维修人员。

飞机制造技术的进步带来了飞机结构的复杂化和多样化，航空技术在某些方面的不足导致需要进行更多的维修工作。随着人们对飞机运营特点的认识加深和飞机数量的增加，维修逐渐成为一种独立的专业技术，从工艺和方法上与制造业开始分离。随着航空技术的发展，飞机维修成为航空工程的一个具体技术分支和一门复杂的专业技术。

此时的维修基本上属于一门操作技艺，缺乏系统的理论。当时的机器大多采用皮带、齿轮传动，由于设备简单，可以凭眼睛看、耳朵听、手摸等直观判断的办法来排除故障。因此，人们认为维修是一门技艺，这是符合当时客观实际的。

随着生产技术的发展，流水线生产出现了。为了使生产不致中断，20 世纪 20 年代，美国首先实行预防性的定时维修，即事先在某固定时刻对设备进行分解检查，更换翻修，以预防故障的发生。这种定时维修在减少故障和事故、降低停机损失、提高生产效益方面，明显优于早先的"不坏不修，坏了才修"的事后维修。因此，定时维修迅速传遍世界各地，在设备维修中占据了统治地位。这种传统的定时维修基于这样一个概念，即设备的每个机件工作时会出现磨损，磨损会引起故障，有故障就存在不安全性，因而每个机件的可靠性与使用时间有直接的关系，都有一个可以找到且在使用中不得超越的寿命。设备"到寿"必须拆修，这样可确保安全性和使用的可靠性。人们同时认为，拆修得越彻底，分解得越细，防止故障的可能性就越大；定时维修工作做得越多，则可靠性越高。

1.3.2 第二次世界大战至 20 世纪 50 年代末

第二次世界大战期间，各国为了保证航空器在战争中的出勤率，采用了多种多样的组织管理体系对飞机维修工作加以管理。在此期间产生的管理思想和维修方式对于全球战后的民航维修工作有着深远的影响。

第二次世界大战以后，大量的军用运输机改为民用，各国相继出现了大量的航空公司，市场对航空运输的巨大需求促进了航空技术的提高。1956 年，民航客机飞行速度已经达到 571km/h。1959 年，涡轮喷气发动机的使用将飞行速度提高到 816km/h。民航运输对航空器的安全性和经济性提出了更高要求，但是航空维修在第二次世界大战结束后的一段时间里继续沿用战时的维修体制。随着民航运输管理当局对维修工作提出了一系列的要求，航空器维修工作出现了重要变化。

在航空维修的组织上，各个航空公司开始成立本公司的维修工程机构，雇佣专业的技术人员负责飞机维修工作；飞机和附件制造厂商成立了大小不一的独立维修公司，承担民航飞机的维修任务，参与维修市场竞争。

在航空维修技术方面，早在20世纪50年代初期，喷气式发动机已在军用飞机中大规模应用。随后几年间，喷气式运输机就成了国际航线的主要机种。与此同时，机载设备迅猛发展，机载雷达、通信、导航系统引入了大量复杂和精密的设备。航空技术的发展给航空维修工作提出了一系列的问题。首先是专业分工更加细致，维修技术更为精密，尤其是对飞机各个系统和机载设备的修理，采用以往的简单工具和目视检查方法已经不能完成。开发先进的维修技术和维修手段成为这一时期维修工作的课题。另外，随着民用航空器日趋复杂、功能更为强大，分析和研究各个系统、部件的失效机理和相应的维修手段成为航空维修科学研究的核心问题。

航空运输业大规模的发展带来了巨大的航空维修市场，同时对民用航空器维修在保障安全运营和维修经济性方面提出了更高的要求。这一时期，在航空维修理论研究，包括维修工艺技术、维修手段、维修组织体系及故障机理等方面取得了很大进步，为下一时期维修观念的更新和维修科学研究的发展做了必要的尝试和准备。

此时的维修思想仍然以定时维修为主，针对影响安全的故障问题，设计人员采用多余度技术，大大削弱了故障与安全之间的关系。不过仍然有研究员认为拆修间隔与可靠性之间的关系并没有改变，为此常常靠缩短定时拆修间隔期的办法来预防故障的发生。然而出乎人们意料的是，故障仍旧发生。于是，人们认为所定的拆修间隔期仍然过长，因此就再缩短拆修间隔期来预防故障的发生。但不管怎样缩短拆修间隔期，无论维修活动进行得多么充分，很多故障仍然都不能防止和有效减少，故障率（单位时间内故障发生的次数）反而增加了。频繁维修不仅限制了设备的使用，降低了可用率，而且消耗了大量的人力和物力，增加了维修费用。20世纪50年代末，美国航空公司的维修费用约占总费用的30%，美国空军有30%的人力和将近三分之一的经费用于维修，维修费用超过了购置费用，形成了"买得起，用不起"的现象。由此，人们对多做维修工作能预防故障的效果产生了怀疑。

1.3.3 20世纪60年代至今

从20世纪60年代初开始，随着新技术革命的到来，电子技术、计算机技术、材料工程技术和信息技术等在航空科学领域得到应用，民用航空器从设计思想到制造技术都发生了革命性的变化。

以波音737飞机电子设备为例，由20世纪80年代初期的500系列发展到20世纪90年代初期的700系列，以及现在的900系列；同时，改进和增加了很多系统，如电子仪表系统、风切变探测系统、全球定位系统等。这些设备新的技术性能使得"维修"已经不再是一种简单的工艺技术，而成为一门综合性技术学科。

现在的航空维修不仅包括对飞机和各个系统的恢复性修理，还包括对系统和部件的失效模式的分析和研究，以便改进飞机的设计和制造方法。在可靠性理论和维修性理论方面的研究使得人们对航空器维修的本质和规律的认识进一步深化，与之相应的维修体制也发生了全球性的改革，维修观念和思想有了较大改变。

1960 年，美国联合航空公司首先提出"我们懂得飞机维修的基本理论吗"和"我们懂得为什么要做所做的事吗"两个问题。如何以最低的消耗取得最佳的维修效果，也就成为当时摆在人们面前的一个紧迫问题。

1960 年，来自美国联邦航空管理局与联合航空公司的代表组成了一个维修指导委员会（MSG），对可靠性与拆修间隔期之间的关系进行研究。可靠性工程、维修性工程、故障物理学和故障诊断技术等新兴学科的相继出现，以及概率统计和管理科学的新发展，为研究维修问题提供了理论基础。他们经过多年的实践，不仅积累了维修经验，而且取得了足以进行科学研究的实践数据和资料。在此基础上，1961 年 11 月 7 日《美国联邦航空管理局/航空工业可靠性大纲》（FAA/Industry Reliability Program）颁布，其中指出："过去人们过分强调控制拆修间隔期以达到满意的可靠性水平，然而经过深入研究后我们深信，可靠性和拆修间隔期的控制并无必然的直接联系。因此，这两个问题需要分别考虑。"

这个研究成果对于传统维修观念"机件两次拆修间隔期的长短是影响可靠性的重要因素"是一个直接的挑战。于是，1961 年 11 月研究员开始对航空发动机进行维修改革试验，1963 年 2 月又在 DC-8 型飞机和波音 720 飞机上进行试验。试验结果表明，尽管拆修间隔期不断延长，但可靠性却未见下降。因此，美国联邦航空管理局于 1964 年 12 月发出 AC120-17 通告，"允许使用单位在制定自己的维修控制上有最大的灵活性"。1965 年 1 月，美国联合航空公司按此通报进一步进行"涡轮喷气发动机可靠性大纲"试验。接着，人们尝试将各种可靠性大纲中所学到的东西综合起来，以研究出一种通用的制定预防性维修大纲的方法。1965 年，首次出现了一种初始的"决断图"方法，经完善后，1968 年 7 月出现了"MSG-1 手册：维修的鉴定与大纲的制定"，用于制定波音 747 飞机预防性维修大纲，这是以可靠性为中心的维修理论实际应用的第一次尝试，并获得了成功。例如，对该型飞机每飞行两万小时所做的结构检查只需要 6.6 万工时，而按照传统方法，对于一架小得多的不怎么复杂的 DC-8 型飞机，进行相同的结构检查需要 400 万工时，两者相差 60 多倍。

以可靠性为中心的维修理论在使用中进一步得到完善，1970 年 3 月发布的"航空公司/制造公司的维修大纲制定书——MSG-2"，被用于制定洛克希德 L-1011 和道格拉斯 DC-10 型飞机的初始维修大纲，结果很成功。经济上得益于这种方法的例子是，按传统的维修大纲，需要对 DC-8 型飞机的 339 个机件进行定时拆修，而基于 MSG-2 的 DC-10

型飞机维修大纲中只有 7 个这样的机件，甚至涡轮喷气发动机也不属于定时拆修的机件。这样不仅大大节省了劳动力和降低了器材备件的费用，而且使送厂拆修所需的备用发动机库存量减少了 50%以上。这种费用的降低是在不降低可靠性的前提下达到的。1972 年，欧洲编写了一个类似的文件 EMSG-2（European MSG-2）作为制定空中客车 300 及协和式飞机初始维修大纲的依据。

20 世纪 70 年代初，美国军方航空器的维修费用以相当惊人的幅度增长；与此同时，采用 MSG-2 的民航维修费用却下降了 30%，因而引起了美国军方的注意。为了提高维修的经济性和有效性，美国国防部下决心推广民航的经验，首先在军用飞机上采用以可靠性为中心的维修理论制定的飞机预防性维修大纲，并获得了明显的效益。

由上述内容可知，从 1960 年起，许多国家，尤其是美国的民航界运用了现代科学技术，对飞机维修的基本规律进行了探索，到 20 世纪 60 年代后期形成了以可靠性为中心的维修理论，形成了 MSG-1 和 MSG-2，并据此改革了传统的定时维修，经实践检验获得了成功。这就是维修从技艺发展为科学的重要标志，维修理论学科从此诞生了。

1978 年，美国联合航空公司的诺兰等人受美国国防部的委托，发表了《以可靠性为中心的维修》专著，使以可靠性为中心的维修理论又向前迈进了一大步。从此，人们把制定预防性维修大纲的逻辑决断分析方法统称为 RCM（Reliability Centered Maintenance）。

进入 20 世纪 80 年代后，以可靠性为中心的维修理论又有了进一步的发展。1980 年，西方民航界吸收了 RCM 的优点，将 MSG-2 修改为 MSG-3，1988 年又推出"MSG-3 修改 1"，1993 年再次推出"MSG-3 修改 2"。1984 年，美国国防部发布指令 DODD4151.16《国防设备维修大纲》，规定采用以可靠性为中心的维修理论。美国三军都借鉴了 RCM 和 MSG-3，分别制定了适用于本军种飞机与其他航空器的军用标准或手册。例如，1985 年美国空军颁布了 MIL-STD-1843（USAF）《飞机、发动机及设备以可靠性为中心的维修》，1986 年美国海军颁布了 MIL-STD-2173（AS）《海军飞机、武器系统和保障设备以可靠性为中心的维修要求》等。

1990 年 9 月，英国阿兰德公司的研究人员在 RCM 和"MSG-3 修改 1"的基础上，结合民用设备的实际情况，提出了 RCM2，到 1997 年年底已在许多国家的钢铁、电力、铁路、汽车、地铁、海洋石油、核工业、建筑、供水、食品、造纸、卷烟及药品等行业广泛应用。

1979 年，我国民航和空军首先引进了以可靠性为中心的维修理论，取得了较好的效果。随后，海、陆军和各工业部门也逐步开展研究和应用。例如，某型坦克发动机应用以可靠性为中心的维修理论，使寿命延长了 40%。1987 年，在国产民用运输机上全面开展 RCM 研究，取得了成功。

1989 年 5 月，航空航天工业部发布了航空工业标准 HB 6211—89《飞机、发动机及设备以可靠性为中心的维修大纲的制订》，并应用于轰炸机和教练机维修大纲的制定。

1992年，解放军总后勤部、国防科工委发布了国家军用标准 GJB 1378—92《装备预防性维修大纲的制订要求与方法》，并于1994年3月颁布了该标准的《实施指南》，用标准的形式对 RCM 加以规范化，并用以指导各类武器航空器维修大纲的制定。

自20世纪60年代美国民航界首先创立以可靠性为中心的维修理论以来，该理论经历了怀疑、试验、肯定、推广和制定标准的过程。几十年来在指导维修实践的过程中，该理论不断得到发展和完善。现在，这一理论已成为指导机械、机电、电器和电子等各类设备维修的共性基础理论。

1.4 我国民用航空器维修的发展历史

1.4.1 新中国成立前民航机务维修工程的回顾（1910—1948年）

据史料记载，1910年，被誉为"民国第一飞行家"的冯如自制飞机在美国试飞成功；1911年，回广州举行飞行表演。当时，飞机的制造者就是驾驶员，也是维修人员。1912年，孙中山担任中华民国临时大总统后，设立航空局，在广州、杭州、昆明、南京等地建立了飞机场和飞机修造厂。1913年，北洋政府在南苑建立了航校，包括停放飞机的棚厂和装配修理飞机的工厂。

20世纪20年代以后，飞机构造日益复杂，制造、使用、维修才逐渐分离，出现了专门的飞机维修机构，如1931年成立的南苑飞机维修厂。

1930年，中美合作创办的中国航空公司（简称中航），以及1934年中德合资经营的欧亚航空公司，都先后将维修专业由单一的机械分化为机械、无线电和仪电。1943年，欧亚航空公司改组为中央航空运输股份有限公司（简称央航），与中航并称"两航"，是民国时期的两大骨干航空公司，主要机型为美制飞机，沿用美国的维修体制。

"两航"具有较强的机务维修能力和较高的技术水平。机务队伍中既有合格的工程技术人员，又有熟练的航空技术工人，门类比较齐全，经验比较丰富。中航对飞机、发动机及其附件有自成体系的独立维修能力，能够承担公司各机种的飞机、发动机和各种附件的大修，以及飞机的加改装任务，这在当时的东亚地区是一流的。央航的机务设施除了没有发动机翻修厂，其余都和中航相仿，但规模较小。它除了自己不翻修发动机，也和中航一样，具备完成各机种外勤维修的技术能力，并能承担飞机及各种附件的翻修和飞机加改装任务。

当时"两航"的许多工程技术人员都在美国学习过，维修能力相当可观。后来，他们大部分参加了著名的"两航"起义，成为新中国民用航空器维修队伍的重要组成人员。

"两航"起义北飞的 12 架飞机和后来由"两航"机务人员修复的国民党遗留在大陆的 16 架飞机构成了新中国民航初期的机群主体。

1.4.2　新中国成立初期的机务建设（1949—1954 年）

新中国民航的国内航班运输业务是从 1950 年 8 月 1 日正式开始的。为了保证飞行安全和航班的正常飞行，民航必须有自己的飞机修理厂。因此，在中央军委领导下的民航局决定同时在太原和上海分别建立机械修理厂。这两个工厂的建立，为新中国初建时期的民航机务建设奠定了坚实的物质技术基础。之后在不到一年半的时间内，在民航局的领导下，新中国民航共修复 C-46 型飞机 14 架和 C-47 型飞机 2 架。

1952 年 5 月，民航局根据中央军委和政务院颁布的《关于整编民用航空的决定》的联合命令，将民用航空的行政管理和业务机构分开，改设为民用航空局和民用航空公司两个机构。1952 年 7 月，中国人民航空公司在天津成立。公司成立后不久，根据当时航线的分布情况，决定以天津张贵庄机场为机务维修工作的主要基地。后来由于公司很多业务从北京始发，从 1953 年 1 月起，公司机务工作队正式由天津迁至北京，组成北京飞机维护队，以北京为基地，执行各型飞机的各级维护和修理工作。1953 年 6 月，民航局实行政企合一管理体制，中国人民航空公司被取消，北京飞机维护队改由民航局直接领导。

1950 年 3 月 27 日，根据中苏两国签订的协定，中苏民航股份公司于同年 7 月 1 日正式成立。该公司以合资的形式成立，为新中国民航事业培训了一批技术干部和业务人员。1954 年 12 月，该公司的苏联股份全部移交中国政府，由中国民航局统一领导和经营管理。开始运营时的机型，主要是"两航"起义时飞过来的美制飞机，后因器材缺乏被逐步淘汰，并陆续购进一批苏制飞机，到 1957 年年底，机队规模达 64 架。1959 年和 1971 年又分别引进了一批苏制大型客机。这些苏制飞机构成了当时中国民航机群的主体。在中苏民航股份公司的业务全部移交中国政府自行管理时，公司机务人员已能够顺利完成机务工作并不间断地执行全部飞机的维修任务。

1.4.3　初步发展时期（1955—1976 年）

1955 年 1 月，民航局调整了组织机构，分别成立了北京、乌鲁木齐、上海、广州、重庆五个地区管理处。1958 年，各管理处更名为管理局。1964 年，民航局成立了沈阳管理局。

机务内外场人数从 1955 年的 482 人增加到 1966 年年底的 4764 人，机务外场的设施也逐渐完善。在此期间，外场维修能力和技术水平都得到了较大的提高。

1956 年 5 月，北京飞机维护组改名为民用航空局北京飞机修理厂。1958 年 11 月，北京飞机修理厂由西郊迁至东郊首都机场。1960年11月，北京飞机修理厂改名为北京民航101厂。后来，随着各地区航线运输业务的快速发展，各型飞机的翻修任务不断增加，逐步建立了新的飞机修理厂，如上海民航102厂、成都民航103厂。

1.4.4　继续发展时期（1977—1979年）

1978年，经国务院批准，民航局设置了航空工程部，负责全局的机务工程工作，恢复了机务系统的内外场维修工作的统一领导。随着航空运输业务的快速发展，民航机务部门通过整顿，逐渐进入了新的发展时期。

党的十一届三中全会以后，随着国内经济的发展和国际交往的逐渐增多，国内和国际运输业自1977年开始取得了较快的发展。为适应新形势发展的需要，民航先后引进了一批飞机，使中国民航飞机数量增加到393架。航线维护任务的迅速发展，使外场航修厂的维修任务越来越重。

1977年，民航局对机务维修部门进行了旨在提高维修生产能力的基本建设投资，民航101厂、102厂、103厂开始扩建。

20世纪70年代后期，中国引进了英国制造的三叉戟型和美国波音707等涡扇喷气式客机以后，中国民航对近年来国际上航空技术迅速发展的情况才有所了解。当时，现代化飞机已普遍采用可靠性设计，在维修上更是全面贯彻以可靠性为中心的理论。国际上各先进民航企业普遍采用了维护与修理合一的管理体制。新型飞机维修大纲都摒弃了全部定时维修的概念，采用以视情维修和状态监控为主、定时维修为辅的新方案。

在此期间，西方国家和苏联以可靠性为中心的维修理论在我国维修界广为传播，这些论点提出了与传统维修思想不同的新观念，与我们经过长期实践摸索出的一些结论性概念是不谋而合的，因而很快为我所用，推动了我国民航维修方式和维修管理体制的改革。

1.4.5　新的维修体制时期（1980—1985年）

1980年6月16日，为适应新型飞机维修工作的需要，民航局在北京首都机场组建了我国第一个维修基地。新成立的维修基地开始实行维护与修理结合的机务管理体制，成为北京管理局领导下的一个实行独立经济核算的维修企业，当时也是中国民航规模最大、修理设备比较齐全的综合性大型航空维修基地。

北京维修基地正式成立以后，一方面整顿组织机构，另一方面采取措施改善企业管理。在技术管理方面，加强技术管理基础工作，制定并颁布了6种机型的维修方案。在劳动组织方面，按系统分工组成了4个维修部（飞机维修部、发动机维修部、附件维修部、机械加工部），各部设立了14个生产车间。实施维修生产的有组织外场维修（航前、航后、短停维护及 A 检、B 检)的机务大队,担负 C 检和 D 检的飞机维修部,担负发动机修理、单元体检查的发动机维修部,担负附件修理检验的附件维修部,担负零备件制造及表面处理的机械加工部。这种组织形式是实行"以可靠性为中心的维修"的可行组织形式。

1980 年,民航开始引进波音 747 宽体客机。民航机务系统在改革维修管理体制,试行新维修方式的同时,也积极开展了维修基本建设工作,如 1984 年在北京维修基地建成了一座波音 747 飞机维修机库,以及具有先进电子计算机控制、性能监测和数据自动收集系统的现代化试车台。

在第六个"五年计划"期间,民航先后引进了波音 737、DC-9、空客 310 等多种机型。这些飞机的引进,对中国机务维修工作提出了更高的要求。1989 年 8 月,中国国际航空公司与德国汉莎航空公司以北京维修基地为基础,合资成立了北京飞机维修工程公司。接着,广州民航与美国合资成立了广州飞机维修工程公司。各大航空公司先后按新的维修理论调整了维修组织,采用新的维修方式,逐步实现与国际民航接轨。

1.4.6 民航机务维修工程的新阶段(1986—1999 年)

从 1987 年起,按照国务院批准的民航体制改革方案,民航政企分开工作逐步实施,各航空公司成立。各航空公司维修部门面对不断引进的先进新型飞机和投入运营的直升机,出现了维修工作的不适应情况。对于航线维修和较低级别的定期维修,各航空公司维修部门能自行承担,但高级别的维修只有少数航空公司能承担,而大量的航空器部件不能修理,只能送往国外修理。巨大的航空维修市场,催生了众多维修企业。据统计,到 1999 年年底,取得中国民用航空局颁发的维修许可证的国内维修单位(不含港、澳、台地区)已达到 179 家;到 2007 年年底,国内维修单位发展到 369 家。这些维修单位有国有的、中外合资的、外商独资的和民营的。其中,主要的维修单位有北京飞机维修工程有限公司(AMECO)、广州飞机维修工程有限公司(GAMECO)、厦门太古飞机工程有限公司(TAECO)、山东太古飞机工程有限公司、四川斯奈克玛航空发动机修理有限公司、珠海保税区摩天宇航空发动机维修有限公司、航新航空工程集团、四川海特高新技术股份有限公司、厦门霍尼韦尔太古宇航有限公司,以及中国国际航空公司、中国东方航空股份有限公司、中国南方航空股份有限公司、海南航空股份有限公司、深圳航空有限责任公司、厦门航空有限公司等航空公司的维修基地等。

中国民航建立初期,只有不足 600m^2 的简陋厂房,经过几十年的建设发展,到 1999 年年底,已拥有 20 座 34 个机位的飞机维修机库,两座现代化的涡扇发动机试车台,以及一批零附件修理厂、车间和航材库。

1.4.7　规范下的快速发展时期（2000年至今）

随着我国民用航空器维修行业的迅猛发展，进一步规范航空器维修管理显得十分必要。中国民用航空局于2005年9月27日颁布了《民用航空器维修人员执照管理规则》，2006年12月8日颁布了新版的《民用航空器维修管理规范》，对维修人员的资质、行为，以及维修设备及工具等维修内容进行了规范，随着各项规章制度的正规化，我国的民用航空维修事业得到稳步健康而又快速的发展。

目前，国内常用机型如空客A320和波音737都已具备了高级别定检能力，基本能够满足国内维修市场需求。根据2005—2006年国内航空公司送修数据，国内维修单位占据了国内航空器机体维修的大部分市场份额。国内大型航空公司的飞机定检工作基本都由自己的维修单位或合资单位完成，只有个别改装、大修和租机检修工作由国外单位完成。

回顾我国民用航空器维修的发展历程，可以看到，在党和政府的领导下，经过几代人的共同努力，我国航空维修事业已经取得了显著成绩。从新中国成立初期的艰难起步，到改革开放后的快速发展，再到21世纪初的逐渐成熟，我国航空维修行业经历了从无到有、从小到大、从弱到强的壮丽蜕变。展望未来，有理由相信，在全体航空维修从业者的共同努力下，我国民用航空器维修行业必将迎来更加美好的明天。

第 2 章 维修的基本知识

可靠性、维修性和保障性（Reliability Maintainability Supportability，RMS）是航空器的固有属性，是航空维修的出发点和落脚点。开展航空维修现代化建设，推进航空器科学维修深入发展，维修人员必须具备可靠性、维修性和保障性等基本知识素养。

2.1 可靠性基础知识

2.1.1 可靠性的概念及主要指标

可靠性是指产品在规定的条件下和规定的时间内无故障完成规定功能的能力，或者是产品保持其功能的时间。可靠性是产品的一项重要质量指标，具有质量属性，具备以下特点。

（1）规定条件下的可比性，即规定条件不同，可靠性水平有较大的差异；在讨论和评估产品的可靠性时，应明确规定条件，否则会失去可比性。

（2）强调可用性。可靠性并不是笼统地要求长寿命，而是强调在规定的使用时间内能否充分发挥其功能，即产品的可用性。

（3）统计、抽样特性。一个产品何时出现故障受许多随机因素影响，这导致最终产品的无故障工作时间也具有随机特性。因此，产品的可靠性观测值很难确定，可以利用概率统计理论估计整批产品的可靠性。

（4）指标的体系性。可靠性是个综合特性，它综合表现了产品的耐久性、无故障性、维修性、可用性和经济性，可分别用各种定量指标反映这些特性，形成一个指标体系。一个产品具体采用什么样的指标要根据产品的复杂程度和使用特点而定。一般对于可以修理的复杂系统、机器设备，常用可靠度、平均故障间隔时间（Mean Time Between Failures，MTBF）、平均维修时间（Mean Time to Repair，MTTR）、有效寿命、可用度和经济性作为指标。对于不能或不予修理的产品，如耗损件、元器件等，常用可靠度、可靠寿命、故障率、平均寿命（Mean Time To Failure，MTTF）等作为指标，材料则采用性能均值和均方差等作为指标。

2.1.2 可靠性的量度

在可靠性分析中，常用的以时间计量的指标主要是可靠度。产品在规定的条件下和规定的时间内，完成规定功能的概率称为可靠度，记为 $R(t)$。可靠度是在规定时间内的概率，是时间的函数。对于相同的产品，在不同的时间区间内，可靠度是不同的。其表达式为

$$R(t) = \begin{cases} P(T > t) = 1 - \int_0^t f(t) \mathrm{d}t, & t \geq 0 \\ 0, & t < 0 \end{cases}$$

式中，T 为产品的寿命，是一个随机变量；$f(t)$ 为寿命 t 的概率密度函数。上式表示产品的寿命至少比时间 t 长的概率。

用可靠性来衡量产品指标，过去只是定性的分析，即采用可靠性是"好"还是"不好"这样模糊的标准，而没有定量的概念。自从可靠性工程诞生以后，将可靠性量化，就可以对各种产品的可靠性提出统一而明确的要求。

产品可分为可修复产品和不可修复产品两大类。可修复产品是指通过修复性维修能够恢复到规定状态的产品；不可修复产品是指通过修复性维修不能恢复到规定状态或不值得修复的产品。飞机上的绝大多数产品都属于可修复产品，它们在使用过程中都可以修复或通过更换新的零部件而完全恢复原来的使用性能。可修复产品和不可修复产品的可靠性常用的量度有可靠度、故障分布函数、故障分布密度函数、故障率、平均寿命和可靠寿命等；此外，可修复产品的可靠性还有维修性、可用性这样一些量度。

2.1.3 可靠性模型的建立与分析

可靠性模型是指可靠性框图及其数学模型。建立各级产品可靠性模型的目的是定量分配、估算和评价产品的可靠性。

1. 几种典型的可靠性模型

串联模型是指组成产品的所有单元中任一单元发生故障都会导致整个产品发生故障的模型。

并联模型是指组成产品的所有单元同时工作，只要有一个单元不发生故障，产品就不发生故障的模型，也称为工作储备模型。例如，某液压系统中有两个液压泵同时工作，虽然其中一个泵发生故障了，但该系统仍能正常工作。

r/n 模型是指组成产品的所有单元同时工作，但至少 r 个单元正常，产品才能正常的模型。例如，一架具有 3 台发动机的飞机，按规定只要 2 台发动机能正常工作，飞机即可正常飞行，这就是 2/3 模型。

旁联模型是指组成产品的所有单元中，只有一个单元在工作，当工作单元发生故障后通过检测和转换装置接到另一个单元进行工作的模型，也称为非工作储备模型。例如，某燃油系统由正常、应急两个系统组成，当正常系统发生故障后转为应急系统工作。

典型的可靠性模型如表 2.1 所示。

表 2.1 典型的可靠性模型

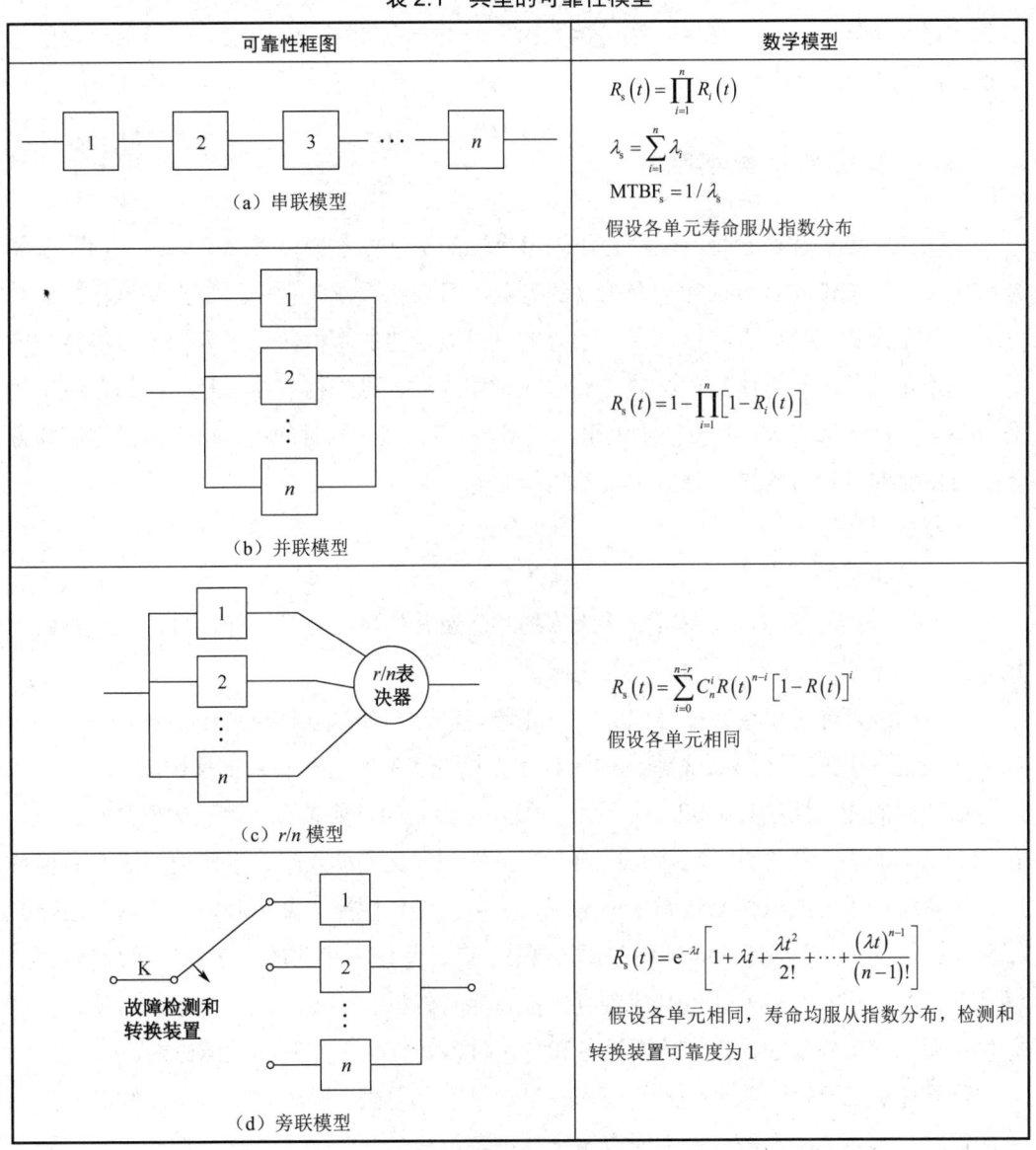

2. 可靠性建模与分析的主要用途

（1）从可靠性角度出发，为设计方案等的决策提供依据。

（2）定量地预计或评价航空器的可靠性，发现其薄弱环节。

（3）它是进行故障模式、影响及危害性分析的基础。

2.2 维修性基础知识

维修性是航空器与维修保障密切相关的另一类质量属性，是由设计赋予航空器的维修保障品质。

2.2.1 维修性的基本概念

最初提出维修性概念时，仅把它作为可靠性的部分内容加以考虑，直到 20 世纪 60 年代中期，维修性才被公认为一个独立的专业。目前在系统工程中，通常将维修性作为一种设计出来的系统固有特性，这种固有的、可以量化的特性决定了为把系统维持在或恢复到给定的使用状态所需的维修工作量。确切地说，维修性的定义是，系统在规定的条件下（包括维修等级、人员技术水平与资源等），在规定的时间内，按规定的程序和方法进行维修时，保持或恢复到规定状态的能力。

维修性具有以下特点。

（1）直接影响可用性。

（2）维修性的好坏，关系着维修所需的时间及其他物质资源消耗，直接决定维修费用。维修性是影响寿命周期的重要因素。

维修的经济性可以用直接维修成本来度量。直接维修成本（Direct Maintenance Costs，DMC）是指在完成飞机或设备维修的过程中直接花费的工时和材料的费用。

航空器的测试性（Testability）是维修保障过程中的重要条件。测试的概念很广泛，包括对航空器进行的检查、测量和试验。测试性的定义为能及时、准确地确定产品（系统、子系统、设备或组件）状态（可工作、不可工作、性能下降）和隔离其内部故障的一种设计特性。航空器好的测试性主要表现在：产品系统中重要的零部件出现影响安全、经济和使用的状态时能够被检测或监测到；有完善的机载监测系统、自检能力强、测试方便；便于使用外部的检查、监测设备和分析技术进行状态监测和故障诊断。

维修性包括测试性和直接维修成本，虽然是产品的固有特性，但是不能脱离人为因素的影响。系统的固有维修性主要取决于系统各组成部分的物理特性。但是，相同的系统，由于采用了不同的维修概念和不同的后勤保障方式，加上从事维修工作的人员技术水平的差异，会表现出不同的维修性，这一点是维修性和可靠性的重要差别。工程应用中，可以将维修性分成固有维修性和使用维修性两种。

固有维修性也称设计维修性，是在例行的保障条件下表现出来的维修性，它完全取决于设计和制造。

使用维修性是实际使用过程中表现出来的维修性，它不但受产品设计、生产质量的影响，而且受产品使用环境、维修策略、保障延误等因素的影响，使用维修性不能直接用设计参数表示，而要使用维修参数表示，如平均停机时间。

2.2.2 维修性的量度

由维修性的基本含义可知，维修性不同于可靠性，涉及人、环境等诸多不确定因素，所以人们一般从定性的角度来描述它，但对于航空器的维修性，仅有定性是不够的，还要定量化，以便更好地确定航空器维修性的优劣程度。由于维修时间是一个随机变量，因此要从维修性函数出发来研究维修时间的各种统计量。维修性的量度主要有维修度、维修密度函数、修复率、平均修复时间、平均预防性维修时间、维修工时率等。

2.3 保障性基础知识

2.3.1 保障性的基本概念

业内一般将保障性定义为系统的设计特性和规划的保障资源能够满足航空器的完好性及使用要求的能力。保障性是航空器系统的固有属性，它包括两方面的含义，即与航空器保障有关的设计特性和保障资源的充足及适用程度。

综合保障工程既涉及与保障有关的航空器设计问题，又涉及大量类型极不相同的保障资源的研制问题，因此，综合保障工程是一个由很多专业组成的综合性学科。这里所说的专业是指承制方或订购方进行综合保障工作所需的内部各种不同工作门类的专业分工，它是根据综合保障工程涉及的工程与技术特点来划分的，通常将这些专业分工称为综合保障要素。一般可将这些要素分为两大类，一类是保障资源要素，另一类是技术与管理要素，每类要素又有不同的组成。

2.3.2 保障性的量度

保障性参数是用于定性和定量地描述航空器保障性的参数。保障性是航空器系统的综合特性，很难用单一参数来评价整个航空器的保障性水平，目前基本的认识是，通过对航空器的使用与维修任务的分析，考虑现有航空器保障方面存在的缺陷及保障费用等约束条件，可综合归纳为一系列保障性参数。有些保障性参数还可以用与现有航空器或基准比较系统对比的方式进行表述。因此，保障性参数可分为保障性综合参数、保障性设计参数和保障性资源参数三类，具体可以根据航空器的特性和使用特点来选用。

保障性综合参数主要有战备完好率、使用可用度、任务成功度、能执行任务率等。

保障性设计参数是与航空器保障性设计有关的参数，如可靠性、维修性、维修工时率、故障检测率、故障隔离率及运输性要求（运输方式及限制）等。保障性设计参数和量值有时可以直接从保障性综合参数指标分解中得到。

保障性资源参数应根据航空器的实际保障要求而定，通常包括：人员数量与技术等级，保障设备和工具的类型、数量与主要技术指标，备件种类和数量，订货和装运时间，补给时间和补给率，模拟和训练器材的类型与技术指标，以及设施类别与利用率等。

2.4 以可靠性为中心的维修理论

以可靠性为中心的维修（RCM）理论更新了传统维修观念，以该理论指导的维修实践，与传统维修的做法有较大的差别。为了便于理解这种维修理论的内容，现将其分解为 8 项基本原理，简称 RCM（Reliability Centered Maintenance）原理，下面进行详细介绍。

2.4.1 RCM 原理之一

1. RCM 原理之一的内容

RCM 原理之一的内容为，定时拆修对复杂设备的故障预防几乎不起作用，但对简单设备的故障预防有作用。

传统维修观念与 RCM 原理之一对定时拆修的不同认识如表 2.2 所示。

表 2.2 传统维修观念与 RCM 原理之一对定时拆修的不同认识

传统维修观念	设备老，则故障多。设备故障的发生、发展都与使用时间有直接关系。定时拆修是对付故障的普遍适用的有力武器
RCM 原理之一	设备老，故障不见得就多；设备新，故障不见得就少。只要做到机件随坏随修，则设备故障与使用时间一般没有直接的关系。定时拆修不是对付故障的普遍适用的有力武器

2. RCM 原理之一的说明

传统维修观念认为，设备老，则故障多，设备故障的发生、发展都与使用时间有直接关系。每个设备都有一个使用寿命，超过这个寿命以后，设备便进入耗损故障期（见图 2.1 中的第一阶段和第二阶段），故障就会增多，即每个设备在使用中都有一个可以找到的但不可超过的"正确"拆修寿命，到达这个寿命就必须停止使用，进行定时拆修，以便减少故障，保证使用的安全性。传统维修观念还认为，拆修间隔期是控制故障的重要因素，拆修得越频繁、越彻底，故障发生的可能性就越小。传统维修观念认为这是对付故障的普遍适用的有力武器，其实这是错误的。

RCM 原理之一认为，设备老，故障不见得就多；设备新，故障不见得就少。故障是随机发生的，故障与使用时间没有直接关系。复杂设备的故障是由许多不同的故障模式造成的，每种故障模式都会在不同时刻发生，在使用中如果能够及时排除出现的故障，则其总的故障率为常数，因此不存在耗损故障期；除非能在拆修中消除某种占支配性的故障模式（引起复杂设备大部分故障次数的某种故障模式），否则，定时拆修对复杂设备的故障预防不起作用，不存在"正确"拆修寿命，不必规定使用寿命（见图 2.1 中的第三阶段）。但事实是，简单设备故障的发生、发展与使用时间存在着直接关系，这与传统维修观念是一致的。具有金属疲劳或机械耗损的机件，以及设计时作为消耗品的元器件的故障都属于这种类型，应按照某一使用时间或应力循环数来规定使用寿命，这对预防故障是有用的，特别是规定安全寿命对控制危险性故障模式具有重要作用。

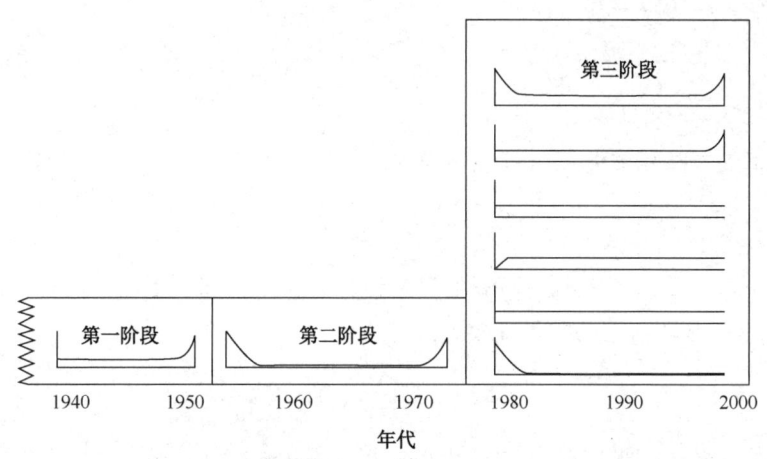

图 2.1　传统维修观念与 RCM 原理的故障率曲线

传统维修观念的弊病在于它默认复杂设备故障的发生、发展与使用时间有着直接关系的这种假设，进而导致相信复杂设备如果不在恰当的时间内拆修，故障就会发生。如果按照这个假设进行拆修，则在两次拆修之间，特别是在刚拆修之后不久，不应该有故障发生；即使发生了故障，也不能归咎于拆修。该观念认为只要做了维修工作总是"有益"的。但事实是，复杂设备故障的发生是随机的，不能假设故障是在设备使用一段时间之后才发生的。定时拆修不仅对控制故障没有作用，反而会给使用中本来处于稳定状态的设备带来早期故障和造成人为差错故障,一些故障恰恰是由于预防故障所进行的维修工作引起的,结果增大了总的故障率。所以,定时拆修不是对付故障的普遍适用的有力武器。

复杂设备的故障率为常数,故障率曲线上不存在耗损故障区,但传统维修观念仍然坚信有一个使用寿命,并人为地规定一个定时拆修寿命,以为这样做能有效地控制故障。事实并非如此,现举例说明如下。

为了更好地理解下面的例子,首先介绍一下相关的基本概念。

可靠度是对产品可靠性的量度,其定义如下:产品在规定的时间 t 内和规定的条件下,完成规定功能的概率称为产品的可靠度,记为 $R(t)$。

可靠度的数学表达式如下:

$$R(t) = P\{T > t\}$$

式中,T 为寿命,表示产品从开始工作到首次失效前的一段时间。寿命 T 是一个随机变量。

产品的故障率(也称失效率)是可靠性理论中的重要概念。在实践中,它是产品可靠性最重要的指标之一。不少产品就是以故障率的大小来确定其可靠性水平等级的。故障率的定义如下:已工作到时刻 t 的产品,在时刻 t 后单位时间内发生失效的概率称为该产品在时刻 t 的故障率,记为 $\lambda(t)$。

故障率的数学表达式如下:

$$\lambda(t) = \lim_{\Delta t \to 0} \frac{P\{t < T \leq t + \Delta t | T > t\}}{\Delta t}$$

根据概率的一些相关知识,可以推导得出:

$$R(t) = \exp\{-\int_0^t \lambda(t) dt\}$$

平均寿命是一个标志产品平均能工作多长时间的量,其定义如下:设产品寿命 T 的密度函数为 $f(t)$,那么它的数学期望

$$E(t) = \int_0^\infty t f(t) dt$$

称为产品的平均寿命。平均寿命 $E(t)$ 也可由可靠度 $R(t)$ 求得:

$$E(t) = \int_0^\infty R(t) dt$$

这个公式表明:平均寿命在几何上等于 $R(t)$ 与时间轴所夹的面积。

例:波音 737 飞机的 JT8D-7 航空发动机的故障不影响飞行安全,该发动机经过 58432h 的使用统计,得到表 2.3 中的数据。试分析,在 100 万飞行小时的使用时间内,所规定的拆修寿命对拆修台数和损失剩余寿命的影响。

表 2.3　JT8D-7 航空发动机使用统计数据

序号	规定拆修寿命/h	$\lambda(t)$	$R(t)$
1	1000	3.681×10^{-4}	0.692
2	2000	4.163×10^{-4}	0.420
3	3000	4.871×10^{-4}	0.179
4	不规定	5.522×10^{-4}	0.000

解：由使用统计数据得到如图 2.2 所示的 $R(t)$ 曲线，规定拆修寿命为 1000h 的发动机的平均使用寿命 $\overline{t_1}$ 为

$$\overline{t_1} = \int_0^{1000} R(t) \mathrm{d}t \approx 838 \ (\mathrm{h})$$

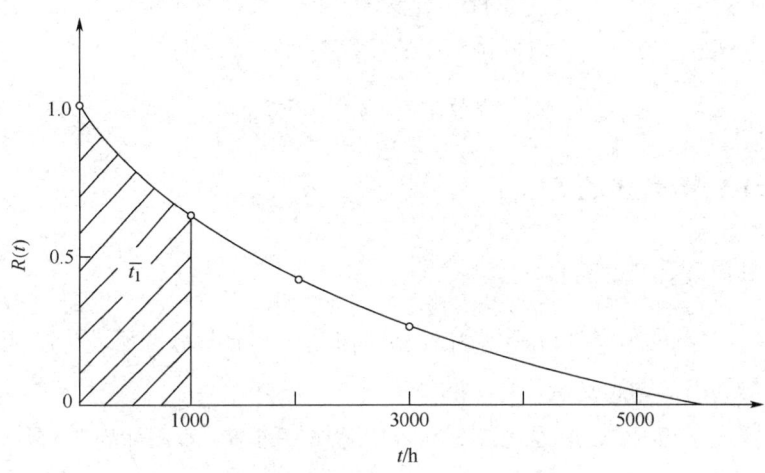

图 2.2　JT8D-7 航空发动机 $R(t)$ 曲线

不规定拆修寿命的发动机平均使用寿命 $\overline{t_2}$ 为

$$\overline{t_2} = \int_0^\infty R(t) \mathrm{d}t \approx 1811 \ (\mathrm{h})$$

损失剩余寿命为

$$1811 - 838 = 973 \ (\mathrm{h})$$

规定拆修寿命为 1000h 的发动机每百万飞行小时的拆修总台数为

$$100 \times 10000 / 838 \approx 1193.3 \ （台）$$

故障拆修台数 $= 3.681 \times 10^{-4} \times 10^6 = 368.1$ （台）

无故障拆修台数 $= 1193.3 - 368.1 = 825.2$ （台）

同理，可求得规定拆修寿命为 2000h、3000h 及不规定拆修寿命时的各有关数据，具体见表 2.4。

表 2.4　对规定拆修寿命利弊的分析

序号	规定拆修寿命/h	发动机平均使用寿命/h	损失剩余寿命/h	发动机每百万飞行小时		
				拆修总台数/台	故障拆修台数/台	无故障拆修台数/台
1	1000	838	973	1193.3	368.1	825.2
2	2000	1393	418	717.9	416.3	301.6
3	3000	1685	126	593.5	487.1	106.4
4	不规定	1811	0	552.2	552.2	0

由表 2.4 可以看出，规定 1000h 拆修寿命与不规定拆修寿命相比，故障拆修台数由 368.1 台上升至 552.2 台，增加了 184.1 台。但规定 1000h 拆修寿命并未防止故障的出现，仍然有 368.1 台故障发动机，对保证飞行安全来说，同样是不可接受的。由于规定拆修寿命，增加了 825.2 台的无故障拆修工作量，损失剩余寿命为

$$973 \times 825.2 = 802\,919.6\ (h)$$

2.4.2　RCM 原理之二

1. RCM 原理之二的内容

RCM 原理之二的内容为，提出潜在故障的概念，可使设备在不发生功能故障的前提下得到充分的利用，达到安全、经济的使用目的。

传统维修观念与 RCM 原理之二对预防功能故障的不同策略如表 2.5 所示。

表 2.5　传统维修观念与 RCM 原理之二对预防功能故障的不同策略

传统维修观念	无明确的潜在故障概念，少量视情维修也往往是根据故障频率或故障危险程度来确定的。当定时维修和视情维修二者在技术上都可行时，采用定时维修
RCM 原理之二	有明确的潜在故障概念，视情维修是根据潜在故障发展为功能故障的间隔时间来确定的。当定时维修和视情维修二者在技术上都可行时，采用视情维修

2. RCM 原理之二的说明

采用视情维修的依据是多数机件的故障模式有一个发展的过程，不是瞬间突然出现的，在机件丧失其功能之前有迹象或征兆可循，可根据某些物理状态或工作参数的变化来判断其功能故障即将发生。例如，轮胎磨损发生故障之前，先磨去胎面胶，露出胎身帘线层。如果在即将发生功能故障之前将其更换或修理，就可以防止功能故障的发生或避免功能故障的后果。这种在临近功能故障之前可以确定机件将不能完成预定功能的状态，就是潜在故障。潜在故障是一种指示功能故障即将发生的可鉴别的状态。

潜在故障的"潜在"二字包含两层特殊的意思。

（1）潜在故障是指临近功能故障前的状态，而不是功能故障前任何时刻的状态。

（2）机件的这种状态是可以经观察或检测鉴别的；反之，该机件就不存在潜在故障。设备的机件、零部件、元器件的磨损、疲劳、烧蚀、腐蚀、老化、失调等故障模式大都存在由潜在故障发展到功能故障的过程。

检测机件潜在故障的工作就是视情维修，其目的在于发现潜在故障，以便预防功能故障。这种工作是对机件状态的定量检测，通常要使用仪器设备，并要求有明确的潜在故障和功能故障的定量判据。

图 2.3 所示为由潜在故障发展到功能故障的过程示意图。由图 2.3 可见，只有视情维修的检测间隔期 T_C 小于 T 时，才有可能在功能故障发生前检测到潜在故障。一般 T_C 应为 T 的几分之一，在 T 内进行几次检测，以防漏检，但检测过于频繁又会浪费资源，因此必须综合权衡确定 T_C。视情维修要求第一次检测间隔期要长到能发现恶化的某种实际迹象，而重复检测间隔期要短到能保证在功能故障出现之前检测到潜在故障。

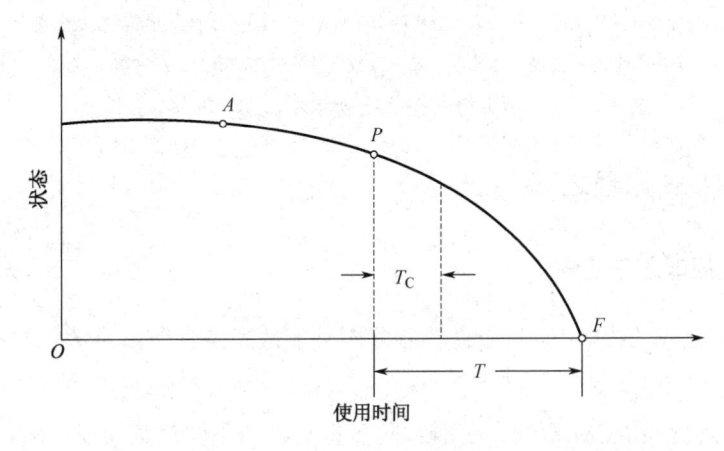

A—故障开始发生点；P—能够检测到的潜在故障点；F—功能故障点；

T—由潜在故障发展到功能故障的间隔期；T_C—视情维修的检测间隔期

图 2.3　由潜在故障发展到功能故障的过程示意图

以可靠性为中心的维修理论提出的潜在故障概念，使机件或设备在潜在故障阶段得到更换或修理，因而可利用潜在故障来防止功能故障的出现，使机件在不发生功能故障的前提下得到充分的利用，达到既安全又经济的使用目的。这正是现代维修理论的一个重要贡献。

人们早就习惯用感官（视觉、听觉、触觉、嗅觉）检测潜在故障，其优点是检测潜在故障的范围广泛，缺点是不够精确。由图 2.3 可知，在潜在故障的早期，其与正常状态的偏差较小，大部分较小的偏差往往超出了人的感官范围。为了尽早准确地检测出潜在故障，需要借助各种仪器设备，如铁谱仪、滑油光谱仪、振动监测仪、无损探伤仪、发动机状态监控设备等。由于检测和诊断手段的不同，同一故障模式在功能故障之前可能有几个潜在故障点。例如，考虑一个滚动轴承的磨损故障模式，其在功能故障之前的不同潜在故障点如图 2.4 所示。

在出现功能故障之前，要尽量采用不同的手段检测出相应的潜在故障点，以达到避免出现功能故障的目的。

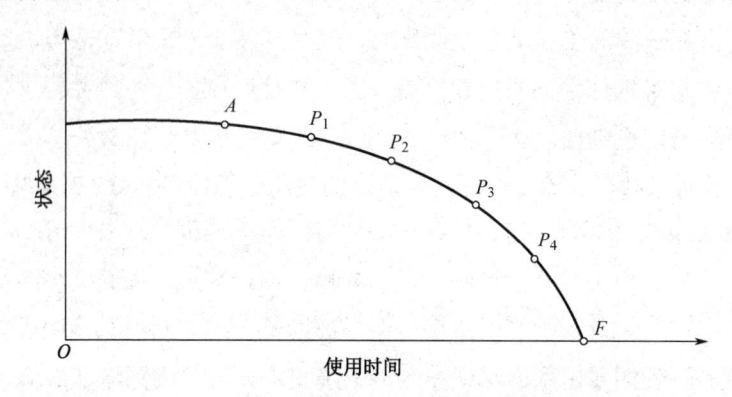

A—故障开始发生点；P_1—振动分析的潜在故障点；P_2—油质分析的潜在故障点；
P_3—噪声分析的潜在故障点；P_4—手摸发热的潜在故障点；F—功能故障点

图 2.4　同一故障模式在功能故障之前的不同潜在故障点

2.4.3　RCM 原理之三

1. RCM 原理之三的内容

RCM 原理之三的内容为，检查并排除隐蔽功能故障是预防多重故障严重后果的必要措施。

传统维修观念与 RCM 原理之三对预防多重故障的不同对策如表 2.6 所示。

表 2.6　传统维修观念与 RCM 原理之三对预防多重故障的不同对策

传统维修观念	无隐蔽功能故障概念，不了解隐蔽功能故障与多重故障的关系，并认为多重故障的严重后果是无法预防的，只能听天由命
RCM 原理之三	有隐蔽功能故障概念，了解隐蔽功能故障与多重故障有着密切的关系，认识到多重故障的严重后果是有办法预防的，至少可以将多重故障的概率降低到一个可以接受的水平，这取决于对隐蔽功能故障的检测频率和对设计方案的更改

2. RCM 原理之三的说明

隐蔽功能故障是正常使用设备的人员不能发现的功能故障，可分为以下两种情况。

（1）正常情况下工作的设备，其功能故障（不工作或不能完成规定功能的故障）对于正常使用设备的人员是不明显的。

（2）正常情况下不工作的设备，其使用时是否状态良好，对正常使用设备的人员是不明显的。

例如，一些动力装置的火警探测系统属于第一种情况。该系统只要动力装置在使用，它就在工作,但其功能故障对正常使用动力装置的人员是不明显的。

多重故障与隐蔽功能故障有着密切的关系。如果隐蔽功能故障没有及时被发现和排除,就会造成多重故障,产生严重的后果。例如,前面说到的火警探测系统和灭火系统的故障都是隐蔽功能故障,如果使用时故障连续发生并有火灾,则后果是严重的。

下面以图 2.5 中由在用泵 A 和备用泵 B 组成的供油系统为例,进一步解释隐蔽功能故障与多重故障的含义。

图 2.5 用以解释隐蔽功能故障与多重故障的示例

如果备用泵 B 发生了故障,在正常情况下,在用泵 A 会继续工作,所以工作人员不会意识到备用泵 B 已发生故障。换言之,只有在用泵 A 也发生故障时,备用泵 B 故障才会产生直接影响。

备用泵 B 显示出的隐蔽功能故障有两个特征:一是该泵的故障在正常情况下对正常使用泵的人员是不明显的;二是直到在用泵 A 发生了故障,或者有人定期检查备用泵 B 是否处于工作状态时,才会发现有故障。也就是说,只有在用泵 A 发生了故障,备用泵 B 的故障才会产生后果。当备用泵 B 处于故障状态时,在用泵 A 的故障就称为多重故障。

由此可见,一个隐蔽功能故障本身没有直接的后果,但具有能增大多重故障风险的间接后果,即隐蔽功能故障的唯一后果是增大多重故障的概率。

随着设备现代化、自动化程度的提高及使用环境的变化,对设备安全性和可靠性的要求也更严格,为此常采用一些保护装置来保障设备的正常运转,如各种备用系统、冗余构件、急救装置、消防装置、救生阀、应急备用发电装置等,而且采用这类保护装置的趋势还在继续发展。这类保护装置的功能是保证被保护设备的故障后果比未采用保护措施情况下的故障后果要轻。当被保护设备工作正常时,保护装置的隐蔽功能故障并没有直接的后果。因此,隐蔽功能故障常常容易被忽视,如果不注意检查,就不能及时发现已存在的问题。一旦被保护设备有故障,就会出现多重故障,甚至可能造成严重的后果。

需要付出多大的代价来检查和排除隐蔽功能故障取决于多重故障的后果。检查并排除隐蔽功能故障是预防多重故障严重后果的必要措施。传统维修观念无隐蔽功能故障概念,不了解隐蔽功能故障与多重故障的关系,并认为多重故障的严重后果是无法预防的,只能听天由命。而以可靠性为中心的维修理论有隐蔽功能故障概念,了解隐蔽功能故障与多重故障有着密切的关系,认为多重故障的严重后果是有办法预防的,至少可以将多重故障的概率降低到一个可以接受的水平,这取决于对隐蔽功能故障的检测频率和对设计方案的更改。

2.4.4　RCM 原理之四

1. RCM 原理之四的内容

RCM 原理之四的内容为，有效的预防性维修工作能够以最低的资源消耗来保持设备的固有可靠性水平，但不可能超过这个水平。要想超过这个水平，只有重新设计设备。

传统维修观念与 RCM 原理之四对预防性维修作用的不同认识如表 2.7 所示。

表 2.7　传统维修观念与 RCM 原理之四对预防性维修作用的不同认识

传统维修观念	预防性维修能够提高设备的固有可靠性水平，能够使设备保持做所期望做到的事情
RCM 原理之四	预防性维修不能够提高设备的固有可靠性水平，最高只能保持或达到设备的固有可靠性水平

2. RCM 原理之四的说明

传统维修观念认为，预防性维修能够提高设备的固有可靠性水平，能够使设备保持做所期望做到的事情。但是，"所期望做到的"和"所能做到的"常常有矛盾。可靠性是指设备在规定的条件下和规定的时间内完成规定功能的能力。如果设备达到所期望的功能的能力超出了所能做到的固有能力，即设备的固有可靠性水平，那么，无论怎样维修也达不到所期望的功能的能力。维修充其量是使设备发挥其固有的能力，使其做所能做的事情。

任何设备的固有可靠性是设计和制造时赋予设备本身的一种内在的固有属性，是在设备设计和制造时就确定了的一种属性。固有可靠性包括设备的平均故障间隔时间和故障率、故障的后果、故障的明显性和隐蔽性、抗故障能力及故障下降速率、安全寿命、预防性维修费用和修复性维修费用等固有属性。固有可靠性水平是指对设备进行有效的预防性维修工作时所能达到的最高水平。有效的预防性维修工作能够以最低的资源消耗保持设备的固有可靠性水平，或者防止固有可靠性水平降低。维修不可能把可靠性提高到固有可靠性水平之上，最高只能保持或达到设备的固有可靠性水平。没有一种维修能使可靠性超出设计时所赋予的固有水平，要想超过这个水平，只有重新设计，或者实施改进性维修。

2.4.5　RCM 原理之五

1. RCM 原理之五的内容

RCM 原理之五的内容为，预防性维修能降低故障发生的频率，但不能改变故障的后果，只有通过设计才能改变故障的后果。

表 2.8 所示为传统维修观念与 RCM 原理之五对改变故障后果的不同认识。

表 2.8 传统维修观念与 RCM 原理之五对改变故障后果的不同认识

传统维修观念	预防性维修能避免故障的发生，能改变故障的后果
RCM 原理之五	预防性维修难以避免故障的发生，不能改变故障的后果，只有通过设计才能改变故障的后果

2. RCM 原理之五的说明

传统维修观念过高地估计了预防性维修的作用，认为只要认真做好预防性维修工作，就可以"万无一失"，就能够避免故障的发生，改变故障的后果。事实上，故障是难以避免的，特别是早期故障和偶然故障，是不可能靠预防性维修工作来预防的。预防性维修只能降低故障发生的频率或概率，不能改变故障的后果。

故障后果可分为安全性和环境性后果、隐蔽性后果、使用性后果和非使用性后果四种。

1）安全性和环境性后果

如果故障引起人身伤亡或设备损坏的事故，那么它就有安全性后果。如果故障导致设备违反了国家环境保护的要求，那么它就有环境性后果。

以可靠性为中心的维修理论总是在最保守的水平上评估安全性后果。事实上，一些对安全和环境有威胁的故障，不一定每次都有这样的后果。但是，问题不在于是否必然有这样的后果，而在于是否可能有这样的后果。如果没有确凿的证据证明故障对安全和环境没有影响，那么，先暂定它对安全和环境有影响。

2）隐蔽性后果

隐蔽性后果是指一个隐蔽功能故障和另一个或几个功能故障结合所产生的多重故障的影响。它不是一个功能故障的直接影响，而是多重故障的影响。隐蔽功能故障本身没有直接的后果，只有能增大多重故障概率的间接后果，但多重故障一旦发生，就会具有安全性和环境性等严重后果。

3）使用性后果（经济性的）

如果故障影响设备的使用能力或生产能力，那么它就具有使用性后果。这种后果最终体现在经济性上。

4）非使用性后果（经济性的）

如果故障不影响设备的安全、使用和环境保护要求，只涉及修复性维修（排除故障）费用，那么它就具有非使用性后果。这种后果也体现在经济性上。

故障后果的改变，不取决于维修而取决于设计。预防性维修可以降低故障发生的概率，但不能改变故障的后果。具有安全性后果的故障一旦发生，所造成的影响仍然是安全性的。只有通过设计，才能改变故障的后果。对具有安全性和环境性后果的故障，可以通过设计，如采用冗余技术或损伤容限设计，使其不再具有安全性和环境性后果；也可以通过设计，增加安全装置，把故障发生的概率降低到一个可以接受的水平。对具有隐蔽性后果的故障，可以通过设计，如用明显功能代替隐蔽功能，使其不再具有隐蔽性后果；也可以通过设计，并联一个甚至几个隐蔽功能，虽然仍是隐蔽性的，但可以把多重故障的概率降低到一个可以接受的水平。对具有使用性后果的故障，可以通过设计，将其后果改变为可以接受的经济性后果。

2.4.6 RCM 原理之六

1. RCM 原理之六的内容

RCM 原理之六的内容为，预防性维修工作是根据故障的后果和所做的维修工作既要技术可行又要有效果来确定的。否则，不做预防性维修工作，而是考虑更改设计方案。

传统维修观念与 RCM 原理之六对确定预防性维修工作的不同对策如表 2.9 所示。

表 2.9　传统维修观念与 RCM 原理之六对确定预防性维修工作的不同对策

传统维修观念	对可能出现的任何故障都要做预防性维修工作
RCM 原理之六	只有故障后果严重，而且所做的维修工作既技术可行又有效果时才做预防性维修工作，否则不做预防性维修工作

2. RCM 原理之六的说明

传统维修观念认为，对可能出现的任何故障都要做预防性维修工作，维修工作做得越多，越能够预防故障。实践证明，无论怎样加大预防性维修的工作量和维修的深度及广度，故障仍旧发生，设备的总故障率不降反升，使"多做维修工作能够防止故障"的观念受到了挑战。以可靠性为中心的维修理论是按照故障的后果，以及所做的维修工作既要技术可行又要有效果来确定预防性维修工作的。

这里的"技术可行"和"有效果"是具有特定含义的。"技术可行"是指该类维修工作与设备或机件的固有可靠性是相适应的；"有效果"是指该类维修工作能够产生相应的效果。

"技术可行"分定时维修、视情维修和隐患检测三种情况。

1）定时维修的技术可行

（1）设备或机件必须有可确定的耗损期。

（2）大部分设备或机件能工作到该耗损期。

（3）通过定时维修能够将设备或机件修复到规定的状态。

2）视情维修的技术可行

（1）设备或机件功能的退化必须是可探测的。

（2）设备或机件必须存在一个可定义的潜在故障状态。

（3）设备或机件从潜在故障发展到功能故障必须经历一段较长的时间。

3）隐患检测的技术可行

隐患检测的技术可行是指能否确定隐蔽功能故障的发生。

"有效果"也分以下三种情况。

（1）对安全性后果、环境性后果和隐蔽性后果，要求能将发生故障或多重故障的概率降低到规定的、可接受的水平。

（2）对使用性后果，要求预防性维修费用低于使用性后果的损失费用和修理费用。

（3）对非使用性后果，要求预防性维修费用低于修理费用。

故障后果是确定预防性维修工作的一个重要依据。对于具有安全性和环境性后果或隐蔽性后果的故障，只有当预防性维修工作技术可行，并且能把这种故障发生的概率降低到一个可以接受的水平时，才做预防性维修工作，否则就不做预防性维修工作，必须更改设计。对于具有使用性后果的故障，只有当预防性维修费用低于使用性后果所造成的损失费用（如故障使服务中断的经济损失）加上排除故障的费用（修理费用）时，才做预防性维修工作，否则就不做预防性维修工作，也许需要更改设计。对于具有非使用性后果的故障，只有当预防性维修费用低于修理费用时，才做预防性维修工作，否则就不做预防性维修工作，也许宜于更改设计。而对于一些后果甚微或后果可以容忍的故障，除日常清洁、润滑外，不必采取任何预防措施，不必做预防性维修工作，让这些机件一直工作到发生故障之后才做修复性维修（事后维修）工作。这时，唯一的代价只是排除故障所需的费用，而机件的使用寿命可以得到充分利用。也就是说，不是根据故障而是根据故障的后果来确定预防性维修工作，这比预防故障本身更为重要。只有当故障后果严重，而且所做的维修工作既技术可行又有效果时，才做预防性维修工作，否则就不做预防性维修工作，而需要更改设计。预防性维修工作与更改设计的确定如表2.10所示。

表2.10　预防性维修工作与更改设计的确定

技术可行且有效果	故障后果			
	安全性、环境性后果	隐蔽性后果	使用性后果	非使用性后果
是	预防性维修	预防性维修	预防性维修	预防性维修
否	必须更改设计	更改设计	也许需要更改设计	也许宜于更改设计

在多数情况下，机件往往难以找到一种合适的预防性维修工作。这也许是因为故障的后果很轻，以致做维修工作的费用不合算；也许是因为故障的后果严重，而维修工作不能把故障或多重故障概率降低到所要求的水平。此外，像机电、电子、电器等复杂设备，没有证据表明维修工作会改善其可靠性，而且维修很可能引入新的故障，因此也不必做预防性维修工作。这就使得不做预防性维修工作的机件数目远远大于需要做预防性维修工作的机件数目。例如，现代飞机的几万件机件中往往只有几百件需要做预防性维修工作，使日常维修工作量大幅度减少，从而提高了预防性维修工作的针对性、经济性和安全性。随着以可靠性为中心的维修理论的发展，以及状态监控技术和冗余设计技术

的应用，从 20 世纪 50 年代中期到 20 世纪 80 年代初，民用运输机预防性维修和修复性维修工作量发生了很大的变化，如表 2.11 所示。

表 2.11 预防性维修和修复性维修工作量的变化

年份	运输机	预防性维修		修复性维修
		定时维修/%	视情维修/%	（状态监控）/%
1955	DC-6	100	0	0
1962	B707 DC-8	50	50	0
1968	B727 DC-9	35	50	15
1970	B737 BAC-111	20	40	40
1981	B747	0.5	16.5	83

2.4.7 RCM 原理之七

1．RCM 原理之七的内容

RCM 原理之七的内容为，设备使用前的初始预防性维修大纲制定后，需要在使用期间收集使用的数据资料，不断修订，逐步完善。

传统维修观念与 RCM 原理之七对制定初始预防性维修大纲的不同对策如表 2.12 所示。

表 2.12 传统维修观念与 RCM 原理之七对制定初始预防性维修大纲的不同对策

传统维修观念	初始预防性维修大纲在设备投入使用之后才去制定，一经制定，一般不再进行修订
RCM 原理之七	初始预防性维修大纲在设备投入使用之前的研制阶段就着手制定，一般是不够完善的，需要在使用中不断地修订，才能逐步完善

2．RCM 原理之七的说明

传统维修观念重设计、制造，轻使用、维修。维修被视为"事后"工作，只有在设备研制出来后，甚至投入使用之后，才开始考虑维修的问题。初始预防性维修大纲总是在设备投入使用之后才制定，而且一经制定，就不再修订。按照以可靠性为中心的维修理论，初始预防性维修大纲在设备投入使用之前的研制阶段就着手制定，以保证新设备及时投入使用，其内容包括维修的产品（项目）、类型、间隔期和级别。初始预防性维修大纲一般是不够完善的，需要在使用过程中收集使用的数据资料，不断修订才能逐步完善。

在制定初始预防性维修大纲时，可用的数据资料通常只限于类似机件的以往经验，对研制部门的设计了解，以及新设备的研制试验和疲劳试验的结果。利用这些数据资料可以粗略地估算出使用寿命和间隔期。如果没有足够的数据资料确定故障问题，则可采取保守的"暂定答案"对策，此时所确定的间隔期是比较短的。如果研制部门采用了较多的新技术、新材料和新工艺，或者设备将在一种新环境中使用，则使用寿命和间隔期也许更短。确定使用寿命和最佳间隔期所需要的数据资料，只有在设备投入使用之后才能取得。如果机体故障后果严重，首次故障后为了避免严重事故再一次出现，必然采取更改设计的措施，此后就不会再有这种故障机件的数据资料了。如果机件故障后果不严重，那么虽然可以收集到机件出现故障以后的完整使用数据资料，但有没有这些数据资料都无关紧要。因此，在制定初始预防性维修大纲时，统计信息总是会出现"先天不足"的情况，只能依据不完善或不确实的推测数据。此外，还要对尚未发生，而且可能永远不会发生的故障模式的可能性和后果做出决断。在这种情况下，漏掉某些故障模式和故障影响是不可避免的，同时会错误地评估某些机件的故障后果和维修频率。因此，初始预防性维修大纲一般是不够完善的，需要在使用过程中不断收集使用的数据资料，及时进行动态修订，才能逐步趋于完善。

2.4.8　RCM 原理之八

1．RCM 原理之八的内容

RCM 原理之八的内容为，预防性维修大纲只有通过使用维修部门和研制部门长期共同协作才能逐步完善。

传统维修观念与 RCM 原理之八对完善预防性维修大纲的不同对策如表 2.13 所示。

表 2.13　传统维修观念与 RCM 原理之八对完善预防性维修大纲的不同对策

传统维修观念	一个完善的预防性维修大纲能单独由使用维修部门或研制部门制定出来
RCM 原理之八	一个完善的预防性维修大纲不能单独由使用维修部门或研制部门制定出来，只有通过双方长期共同协作才能完成

2．RCM 原理之八的说明

传统维修观念认为，设备的维修任务由使用维修部门来完成，因为他们最熟悉维修工作，因此可以制定出完善的维修大纲。事实上，这种做法会带来不良的后果。因为设备本身作为维修对象，对维修是具有决定意义的。维修只能在固有可靠性水平的基础上施加影响，发挥作用，维修不可能把可靠性提高到其固有水平之上。如果研制时的固有可靠性水平"先天不足"，那么投入使用后将会后患无穷。这时的维修只能面对既成事实，被动地面对固有可靠性水平不足所造成的寿命短、故障多、维修频繁、利用率低、费用高等一系列问题。由此可见，使用维修部门难以单独制定出完善的预防性维修大纲。

但这并不意味着研制部门就知道用户所要求的各种事项。研制部门虽然掌握设备设计、制造和试验方面的资料，知道设备的应力和抗力水平，但不可能完全知道今后在使用维修中将会出现的各种问题，特别是一些难以预料的故障模式及其后果。所以，研制部门也难以单独制定出完善的预防性维修大纲。

　　设备的固有可靠性是由研制部门设计、制造出来的，而这个特性又是靠使用维修部门实施预防性维修工作来保持的。因此，固有可靠性的目标需要研制部门和使用维修部门双方共同努力来实现。由表 2.10 可知，要解决不同故障后果，可以做预防性维修工作，或者更改设计。这两种办法中究竟选择哪一种，取决于研制部门与使用维修部门的相互了解和密切协作。维修类型和维修间隔期取决于设计，预防性维修大纲不能推迟到设备制造出来后才着手制定，而应在设备研制初期就认真考虑维修的要求，优化设计方案。也就是说，要从设计上考虑如何防止严重故障后果的出现，如何降低故障率，如何使零部件便于检测，如何便于故障件的更换，如何使隐蔽功能故障变为明显功能故障，如何消除维修费用特别高的故障模式等。通过维修实践的检验，暴露问题后再修改设计方案，经多次修改才能逐步达到提高维修效果、降低维修费用、保证使用安全的目的。所以，一个完善的预防性维修大纲只有通过研制部门与使用维修部门长期共同协作才能逐步制定出来。

第 3 章 航空器的维修准则

维修方案是维修思想的具体体现,民用航空器的维修方案由维修思想开始,形成维修计划文件及维修大纲,最终落实于维修工卡。维修大纲是维修工作的指导性文件,全面准确地理解维修大纲对民航安全和维修经济性至关重要。

3.1 基本概念

1. 飞机维修手册（Aircraft Maintenance Manual, AMM）

飞机维修手册包含有关飞机及机载设备运营和维修方面的所有基本资料。该手册对每个系统和子系统的结构、工作原理进行了解释说明,并对各种基本的维修和维护措施加以说明,如对航线可更换组件的拆卸和安装说明；同时,对在系统和设备上进行的各种试验分别给予说明,如功能试验、运营试验、调试、各种油液的补充添加及其他各种维护任务。

2. 维修计划文件（Maintenance Planning Document, MPD）

维修计划文件用来向航空运营人提供在飞机上进行的维修和维护任务清单。它包含维修审查委员会（Maintenance Review Board, MRB）报告的所有项目。该文件中有些内容被确定为审定维修要求（CMR）,并且由飞机制造商所在地的民航主管部门作为航空器审定要求。除制造商推荐的其他任务外,该文件中还包含所有按照 MSG 程序制定的任务,并且这些任务由航空公司进行计划安排。

3. 工卡（Task Card, TC）

飞机维修手册中规定的某些任务,如拆卸、安装、试验、养护,以及类似的维修项目,可从飞机维修手册中摘录出来并填写在不同的卡片或单子上,以便机务人员执行该任务，而不需要将整个维修手册带到飞机上，这样的卡片或单子称为工卡，也称为工作单。这些工卡可以按照"当前状态"使用，也可以由运营人根据航空公司制定的文件对工卡进行更改。

4. 服务通告（Service Bulletin, SB）、服务信函（Service Letter, SL）和维修建议

每当飞机或发动机制造商为了改进修理和/或维护而做出一些更改或建议时，他们就会向有关的航空公司发布适当的书面文件。服务通告通常就是为改进系统安全或运营而提出的对一个系统的更改，在通告中详细规定了所要求做的工作和所需要的零件。通常情况下，服务通告是非强制性的，贯彻与否由航空公司来决定。服务信函通常是为改进维修措施提供有关资料信息，而不涉及设备更改。维修建议是对维修人员提出的，以便给予其工作上的帮助，并改进工作状态。

5. 维修计划（Maintenance Schedule, MS）

目前，维修计划都是按美国航空运输协会（ATA）章节分系统编写的，以表格的形式列出每个系统的维修工作项目，包括工作内容、检查间隔、工作区域、工作类别等。

6. 工程指令（Engineering Order, EO）

标准的维修计划包括的任何维修任务必须通过颁发工程指令进行确认，标准的维修计划是由工程部门根据维修审查委员会报告或运营规范提供的数据制定的。这种工程指令是正式的书面文件，它由工程部门颁发，由质量保证部门批准，并且通常通过生产计划与调度部门贯彻实施。某些航空公司把该文件称为"工作指令"。

7. 咨询通告（Advisory Circular, AC）

咨询通告是飞机制造商所在地的民航局颁发的一种文件，用以对航空运营人提供帮助，以满足各项航空条例的要求。咨询通告不像法律那样具有约束力，而仅仅是对于如何满足其他要求的建议。咨询通告常常阐明它是贯彻条例的"一种手段，但又不是唯一的手段"。在如何贯彻航空条例方面，民航局允许有某些余地，目的是在没有对航空运营人试图实行微观管理的情况下，仍能取得预想的效果。

8. 适航指令（Airworthiness Directive, AD）

适航指令实际上是飞机制造商所在地的民航局颁发的条例，以便克服产品（指航空器、航空发动机、螺旋桨或设备）存在的不安全状态。适航指令的贯彻是强制性的，当发现不安全状态后，可以首先由民航局颁发适航指令；也可以在飞机制造商针对某些明显问题颁发服务通告后，再由民航局颁发适航指令。贯彻服务通告不是强制性的，但是

一旦民航局将服务通告并入适航指令，它的贯彻就变成强制性的。

民航局要求航空器拥有人或运营人保持航空器符合各有关适航指令的要求。典型的适航指令应包括：对不安全状态的描述；该适航指令适用的产品；要求的纠正措施；实施的日期；在何处得到补充资料；以及在适用的情况下，关于其他方法的符合性资料。

9. 营运规范（Operation Specifications，OpSpecs）

营运规范是由航空公司严格按照民航局的要求，并且通常在民航局代表的帮助下制定的。对航空公司飞行运营的每种飞机型号都要求有运营规范。它是一个综合性文件，涉及其他许多文件，并对航空公司的维修、检查和运营项目做出了详细的规定。

10. 必检项目

必检项目是指如果没有正确实施或使用了不合适的零件，将会危及飞机运营安全的项目。它包括下列任务。

（1）飞行控制装置的安装、试验或调试。

（2）大的结构部件的安装。

（3）发动机的安装。

（4）对大的部件的大修、校验或试验，如发动机、传动装置、齿轮箱及导航设备等。

如果是必检项目，进行该项工作的机务人员在工作完成后则必须对任务签字验收，然后由第二个人来审查并签字验收。其中，第二个人应当是经过质量保证部门批准进行这种检查的机务人员。

11. 主最低设备清单（Main Minimum Equipment List，MMEL）

主最低设备清单是飞机制造商所在地的民航局确定在特定运行条件下可以不工作，并且仍能保持可接受的安全水平的设备清单。主最低设备清单包含这些设备不工作时航空器运行的条件、限制和程序，是运营人制定各自最低设备清单的依据。

主最低设备清单由飞机制造商提出，并由民航局批准，以表明某些设备在飞机签派时允许性能降低或带故障。主最低设备清单包含适于该飞机型号的所有现用设备的数据资料。按照具体设备制定自己的手册是航空公司的责任。

12. 最低设备清单（Minimum Equipment List，MEL）

最低设备清单是航空公司依据主最低设备清单并考虑到各航空器的构型、运行程序和条件所编制的设备清单。MEL 必须经民航局批准，它是航空公司实施飞机适航放行、保证运行安全的重要依据文件。

1) MEL 产生的背景

第二次世界大战后，民用飞机的设计及制造技术获得快速发展，普遍采用推力大、工作可靠的涡扇发动机，配装先进、多备份的电子设备，系统设计采用余度技术，降低了部件和设备的故障率，提高了飞机的安全系数和工作可靠性。

在这种条件下，全世界许多航空公司、飞机制造商和民航局纷纷研究和探索了一条在不危及安全要求的前提下充分提高飞机使用率、降低运行成本的途径。通过大量调查资料和技术验证发现：对于某些特定情况，在失效（故障）设备被修复之前，飞机可以在一段有限的时间里继续运行，并保持一个可接受的安全水平，即从安全性的角度考虑，对于一个特定的运行需求，要求飞机上全部设备工作正常是没有必要的。

为了规范携带有故障设备的飞机继续运行的行为，民航局确定用 MEL 的形式规定航空公司相关运行限制。1964 年，美国联邦航空管理局对按照 FAR121 部营运的航空公司建立和采用了 MEL 程序；1978 年，按照 FAR135 部营运的多发飞机的航空公司纳入 MEL 程序管理；1991 年，按照 FAR135 部营运的单发飞机的航空公司也被要求执行 MEL 程序。

2) MEL 产生的过程

（1）飞机制造商在飞机型号合格审定期间联合航空公司、制造国民航局飞机评估组（Aircraft Evaluation Group，AEG）制定了主最低设备清单建议书（PMMEL），将其与相关的支持性文件一并提交 AEG 评审。

（2）AEG 召开飞行运行评估委员会（Flight Operation Evaluation Board，FOEB）会议对 PMMEL 进行技术评审，制造商、航空公司及航空协会代表等利益方也被邀请参加会议；在经评估达成共识后，形成主最低设备清单（MMEL）草案，公开征求包括航空公司和航空工业界在内的各方意见；在确保 MMEL 草案的相应协调工作全部完成后，民航局批准并公布 MMEL，提供给飞机运营人编写各自的 MEL。

（3）航空公司根据 MMEL，结合执管飞机的特定构型、操作程序和环境要求，并参考制造商推荐的程序手册来制定自身的 MEL。当 MEL 被民航当局批准和授权使用后，航空公司即可依据 MEL 在特定条件下运行带有某些故障设备的飞机。

3) MEL 的基本内容

运营人 MEL 的基本内容包括：MMEL 序言、MMEL 正文、要求的维修程序（M）和操作程序（O）、其他必需的限制条件文件、民航局的批准文件。

4) 编制 MEL 的原则

航空公司编制 MEL 时应注意以下原则。

（1）参考资料的完整性。航空公司必须依据 MMEL、制造商推荐的程序手册（如波音公司的 DDG、空客公司的 MMEL 程序手册）编制自己的 MEL，同时应参考适用的民航规章、咨询通告（AC）、飞行手册、维护手册、航空公司运行规范、航空公司运行手册等文件。

（2）飞机构型的适用性。飞机制造国民航当局批准的某一机型 MMEL 和飞机制造商提供的 DDG/MMEL 程序手册，其内容涵盖了这一机型的所有衍生型号及相应构型。对于航空公司而言，即便是同一型号的飞机，由于引进的时间和来源的差异、飞机技术状态的改进、安装设备的不同等，也会有不同的构型。对于确已查明不符合本公司机队中所有飞机构型的项目或设备，为便于 MEL 的编制、审批，同时防止执行过程中发生误判、误用等人为因素，航空公司在编制本公司 MEL 时，必须筛选适用执管飞机特定构型的内容。

（3）设备状况的准确性。编制 MEL 时，航空公司必须认真核对每架飞机的详细规范（其中包括客户选装项目、制造厂选装项目）和机载设备清单，以确定每架飞机上是否安装及安装了几个 MMEL 涉及的项目。航空公司某一机型 MEL 通常必须确定每架飞机上允许失效的特定设备的实际数量，而 MMEL 一般依照某一机型正常配备数量来给出项目的安装数量。显然，航空公司执管的每架飞机的设备安装数量可能与 MMEL 上的数量不一致。

（4）手册使用的可行性。航空公司在实际使用 MEL 放行飞机时，主要参考的就是 MEL "放行所需数量"和"备注或例外"栏目中的内容，以及相关的程序。

13．双发飞机延程运营（ETOPS）

20 世纪 50 年代中期，美国联邦航空管理局对双发和三发飞机（三发涡轮螺旋桨飞机除外）规定了一条基本规则，这条规则至今有效，即美国联邦航空条例 FAR121.161。其部分规定如下：除非美国联邦航空管理局根据地形特点、运营种类或所使用飞机的性能另外授权，任何持证人不准使用双发和三发飞机（三发涡轮螺旋桨飞机除外）在航路上从适当的机场延长超过一个飞行小时的航程（在空中有一台发动机不工作时以正常巡航速度飞行）。

美国联邦航空管理局咨询通告 AC120-42A 中进一步阐明：重要的是应当指出本规则适用于在跨洋区域飞行的或在整个陆地航路飞行的活塞式发动机，以及涡轮螺旋桨、涡轮喷气和涡轮风扇发动机飞机。

当年制定规则时，双发飞机的动力装置基本上都是带有螺旋桨的活塞式发动机。这种内燃机式的发动机在飞行中容易发生故障和停车。为此，人们为飞机准备了多台备用发动机，但故障情况仍然没有明显改观。然而，对于三发或四发飞机来说，即使有一台发动机不工作，其余发动机通常还是有足够的动力使飞机继续安全飞行。这样，三发和四发飞机能够从备用机场安全飞行更远的航程。对于双发飞机，按照美国联邦航空条例 FAR121.161 的规定，万一有一台发动机在空中停车，要求飞机从备用机场飞行不超过一小时。

相对于活塞式发动机，喷气式发动机有了巨大的改进，并且有更优秀的安全和性能记录。自喷气式发动机首次使用以来，该发动机的性能越来越好。20世纪80年代初期，现代玻璃驾驶舱飞机（波音757、波音767、空客300）出现，运营人想使用这些飞机在北大西洋航线上从美国飞往欧洲。然而，双发飞机规则仍然要求他们从适当的备用机场通过全航程的飞行时间不应超过60min。也就是说，从纽约到伦敦和其他的欧洲城市要飞越格陵兰，而三发和四发飞机可以飞行北大西洋航线较短的航路。

为了解决上述矛盾，工业界要求美国联邦航空管理局更改60min规则，理由是除了现代导航系统有了改进，在发动机技术和性能方面也有了巨大改进。美国联邦航空管理局没有取消或更改60min规则，而是在1985年颁发了一份咨询通告，通告中规定了一些指导原则，指出若运营人满足某些要求，则允许该运营人从适当的备用机场延长飞行达120min。这样就允许经过ETOPS批准的双发飞机运营人使用北大西洋航线，这是一条更短、更具竞争力的航线。

美国联邦航空管理局在1988年12月对上述咨询通告做了修正，即AC120-42A。通告规定，只有运营人满足某些附加要求，才可以得到从适当的备用机场延长航程达180min的特许飞行。对咨询通告的这一修正，使双发飞机几乎能飞越世界各地。然而，在北太平洋地区的运营人，由于没有合适的备用机场而受到限制。最近几年，美国联邦航空管理局允许这些运营人从适当的备用机场延长航程飞行达180min以上，进而扩大到207min。这不仅填补了航线上的一些漏洞，而且使北太平洋地区的双发飞机的运营对备用机场有了更好的选择。为了满足207min的ETOPS审定要求，飞机必须从原始设计上就考虑到ETOPS，并且根据情况逐一获得ETOPS批准。

尽管美国联邦航空条例FAR121.161规定的基本规则从来没有更改过，但是美国联邦航空管理局已经规定了偏离该规则的批准要求。这些要求涉及对设备及对航空公司的维修大纲和飞行运营要求的具体更改。

1）设备更改

过去对于ETOPS的主要要求是更改飞机发动机，以满足更高的可靠性标准。后来，对辅助动力装置也进行了更改，以确保有一台发动机在空中停车时，它可以用作备用动力源。此外，在一些型号的飞机上，还安装了一台液压马达发电机，在辅助动力装置有故障时用来提供辅助的交流电源。

所有这些更改都是通过服务通告贯彻的，并符合构型维修与程序标准。对于这些服务通告，不进行ETOPS的运营人可以任选。

2）飞行运营要求

ETOPS的咨询通告规定，飞行机组的工作负荷不应当由ETOPS飞行而增加。也就是说，从一个合适的备用机场进行进一步延长60min以上的飞行时，或者在单发工作的情况下，向一个备用机场飞行时，除了常规飞行的机组任务，不应当对机组有额外的要求。然而，在准备 ETOPS 飞行时，对航空公司却有一些额外的要求。

ETOPS 飞行的始发地和目的地如果确定，就必须标齐备用机场，并且必须标绘出具体航路。根据飞机、发动机综合因素和进行飞行的区域，确定到每个备用机场的距离。在一台发动机不工作的情况下，根据要飞越的实际地形，确定要飞的高度和最佳燃油消耗需要的高度。按照上述这些条件，确定飞行速度，计算出到备用机场的时间，并将时间换算成相应的距离，这就是按照美国联邦航空管理局批准的所能飞行的备用机场的距离。确定下来的这条航线及相应的飞行航程和高度，应在整个运营过程中保持不变。然而，对于每次的 ETOPS 飞行，航空公司的签派人员必须确定该航线的风力和天气情况，以及所选用的备用机场的条件，然后计算飞行到备用机场需要的燃油储备量，并按照基本燃油需要量添加。

3）维修大纲更改

咨询通告规定，如果航空公司当前经美国联邦航空管理局批准的维修大纲中没有包括咨询通告中规定的程序和措施，则应当对该大纲进行改进，以便包括这些程序和措施，或者必须使用能够达到相同目标的其他程序和措施。

3.2 维修评估逻辑分析

全面准确地理解维修大纲规定的维修工作和这些维修要求的背景，严格按维修大纲和航空公司的维修方案完成所规定的维修工作，对保证运行安全、提高运行效率和控制维修成本十分重要。

航空公司维修方案的制定主要是以飞机制造商所在地的民航局批准的维修大纲和飞机制造厂家提供的维修计划文件为依据。在制定初始维修方案时，必须体现维修大纲规定的维修要求。飞机制造厂家为方便航空公司实施维修工作，将维修大纲规定的维修要求以更易于操作的格式重新编排后，以维修计划文件的形式提供给航空公司。维修大纲是民航局批准文件，而维修计划文件无须民航局批准。

维修大纲是航空公司制定初始维修方案的主要依据，那么维修大纲中规定的维修要求是如何制定的？这些维修要求对航空公司维修和工程管理人员到底意味着什么？要回答这些问题，有必要对业界广泛使用的用于制定维修要求的航空运输协会（ATA）维修指导委员会（Maintenance Steering Group，MSG）分析逻辑进行初步了解。

早期飞机的维修要求基本上由飞机制造厂家确定，主要是对飞机结构和系统、零部件进行定时翻修。随着新技术的应用和飞机系统的日趋复杂与完善，以及飞机使用数据的收集和积累，业界对飞机投入使用后应该完成的维修要求有了更新的认识，提出了更为先进有效的制定维修要求的新思路，即航空运输协会维修指导委员会分析逻辑（ATA MSG Decision Logics），它是航空运输协会的文件，而不是民航局也不是飞机制造厂家的文件。

早期航空公司的维修方案基于预防更换或恢复的理论，建立在"机器要工作——工作必然磨损——磨损引起故障——故障危及安全"的基础上。因此，该理论认为：

（1）故障的发生、发展都同时间有关。
（2）任何一个机件出了故障都可能直接危及飞行安全。
（3）通过多做维修工作可以预防故障。
（4）定时维修是进行维修工作的恰当方式。

定时维修方式下，航空器的结构和零件在规定的周期内进行大修。

在 20 世纪 60 年代初期，FAA（美国联邦航空管理局）组建了一个机构以建立保证航空器可靠性的代替方式。各航空公司也在寻求一个更加连贯的整套规则，以此制定维修方案。在此背景下，民用航空界出现了维修指导委员会，由航空器制造商、航空公司、FAA 代表和供货商组成。

1968 年，创立的 MSG-1 分析逻辑（维修评估和方案制定文件或维修评审和大纲制定手册）首先应用在早期波音 747 和波音 707 飞机上，用以制定波音 747 飞机的初始最低例行维修要求。那时，波音公司推出了第一个故障诊断树。从此，航空维修业有了维修理论。在此之前，对于飞机上的每个部件都有使用寿命限制，而 MSG-1 首次提出部件可以视情更换。MSG-1 在维修人员中普遍建立起决策树的概念。

1968 年，针对当时最大的民用飞机波音 747，波音公司组织公司设计和维修大纲小组、供应商、航空公司及美国联邦航空管理局的代表，建立了结构、机械系统、发动机和辅助动力装置（Auxiliary Power Unit，APU）、电气与航电系统、飞行控制与液压系统和区域 6 个工业工作小组（IWG）。每个小组针对自己所负责的系统，以相同的方法制定出初始维修大纲。在充分掌握有关系统工作、重大维修项目（Maintenance Significant Item，MSI）及其有关功能、故障状态、故障影响、故障原因等情况的基础上，工作组用逻辑树方法分析每个项目，以便确定各项要求。

应用 MSG-1 分析逻辑制定维修大纲在早期波音 747 飞机上运用得很成功。这种维修大纲的制定方法过去被称为从下往上法，因为这种方法把部件看作设备故障最可能的原因。分析的目的是确定三个维修方法（HT、OC 和 CM）中需要使用哪个来修理该项目。

1970 年，在 MSG-1 的基础上，美国联合航空公司和波音公司在充分利用航空公司使用数据的基础上，共同推出了 MSG-2 分析逻辑（航空公司/制造厂家维修计划数据）。

MSG-2 是针对维修方式的分析逻辑，其分析结果是为飞机的单独项目制定维修方式。波音 727-200 是首先应用这个分析逻辑的飞机。

MSG-2 是面向过程的维修，根据 MSG-2 制定维修大纲，对飞机的每类组件（系统、部件或设备）采用从下往上的分析方法，为其确定适宜的维修方式：定时、视情或状态监控。

MSG-2 分析逻辑如图 3.1 所示。

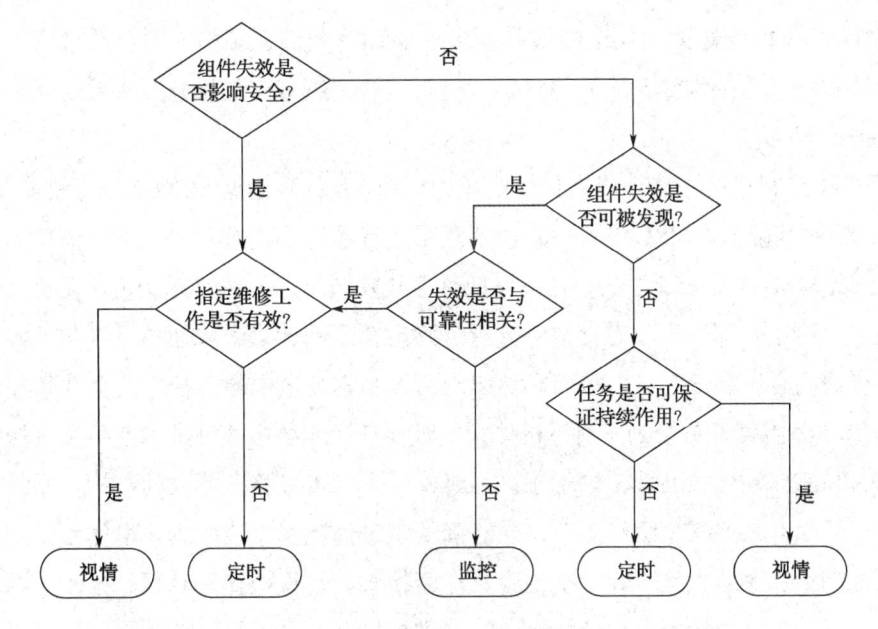

图 3.1　MSG-2 分析逻辑

飞机系统单独项目指定维修方式的简化流程如图 3.2 所示。

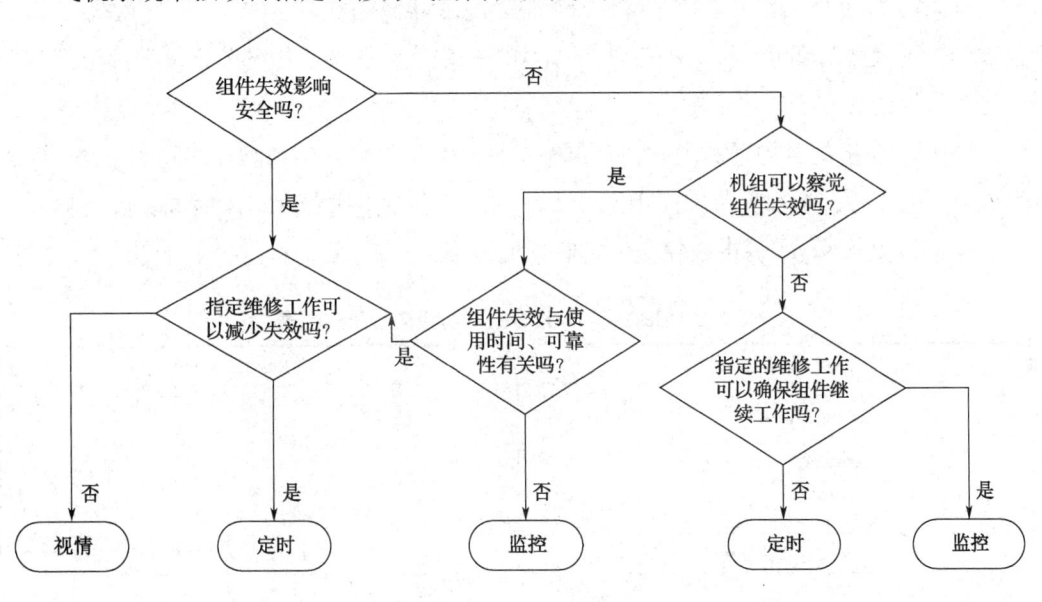

图 3.2　飞机系统单独项目指定维修方式的简化流程

自此以后近10年的时间里，美国联合航空公司广泛收集飞机系统、结构、发动机和零部件的使用数据，对其失效方式，以及对所监控的失效模式和采取的维修措施之间所形成的相互关系进行分析，编写出版了《以可靠性为中心的维修》一书。该著作利用从飞机维修行业所收集的数据，建立了一套基本上可以适用于所有行业任何硬件设施的可靠性分析的方法，由此奠定了现在广泛使用的、用于制定飞机例行维修要求的 MSG-3 分析逻辑的基础。

MSG-2 飞机维修大纲规定的维修要求主要针对飞机系统单独项目的维修方式（定时、视情和状态监控维修方式）。MSG-3 飞机维修大纲规定的维修要求针对飞机系统或子系统的维修工作。

MSG-3 与 MSG-2 比较，没有构成实质性偏离，并且是根据 MSG-2 现行框架制定的。在 MSG-2 的基础上，MSG-3 程序对决断逻辑进行了适当调整，以保证更简单而直接的逻辑推理。MSG-3 是一种"从上往下"或称"故障结果"的逻辑方法，从飞机系统的最高管理层面而不是部件层面进行故障分析，确定合适的计划维修任务，以防故障发生和保证系统的固有可靠性水平。故障必然属于两种基本类型中的一种：安全性和经济性。

MSG-3 将维修任务分为三种：机体系统维修任务、结构项目维修任务及区域维修任务。与 MSG-2 相比，MSG-3 增加了区域维修任务，可以将区域内的结构、系统任务进行集成，从而有效地减少维修项目，同时降低工时消耗和维修成本。机体系统维修任务有 8 项：润滑、勤务、检查、功能检查、运营检查、目视检查、修复、报废。结构项目维修任务有一般目视检查、详细检查、特别详细检查。区域维修任务是保证飞机规定区域内的所有系统、部件和装置都受到必要的监控，以确保安装和总体状态的安全性。

MSG-3 分析将工作的重点从零部件转移到航空器的各个功能系统，包括系统/动力装置部分、飞机结构部分、区域检查部分、闪电/高强度辐射场防护部分，每一部分都有自己的解释性内容和逻辑决断图。

MSG-3 分析的目的是提供一种确定预定维修大纲工作任务和维修间隔的方法。预定维修大纲的工作任务和维修间隔由运营人、制造厂和制造国管理当局的专家协商制定。

MSG-2 和 MSG-3 分析逻辑应用对照表如表 3.1 所示。

表 3.1　MSG-2 和 MSG-3 分析逻辑应用对照表

MSG-2	MSG-3
分析逻辑的应用 • 飞机系统 • 飞机结构	分析逻辑的应用 • 飞机系统 • 飞机结构 • 区域分析
针对维修方式的分析逻辑	针对维修工作的分析逻辑

续表

MSG-2	MSG-3
自下而上的分析逻辑 • 飞机 • 飞机系统 • 零部件 • 组件	自上而下的分析逻辑 • 飞机 • 飞机系统 • 零部件 • 组件
从最低的可管理层面开始分析	从最高的可管理层面开始分析
结果是定时、视情、状态监控维修方式	结果是润滑、勤务、检查、目视检查、功能检查、运营检查、修复和报废等

3.3 制定维修大纲

维修大纲（Maintenance Review Board Report，MRBR）又称维修审查委员会报告，是针对新型和衍生型航空器，由航空器制造商制定并由民航局批准的初始最低计划维修和检查要求，包括维修任务和维修间隔，但其中并不包含独立未装机发动机的维修要求。维修大纲是航空运营人针对该机型制定初始维修方案的基础，它的目的是保持航空器固有的安全性和可靠性水平。目前，通过 MSG-3 分析获得的结果，可以制定出新型和衍生型飞机的初始维修大纲以便运营人使用。飞机制造商以当地的民航局批准的文件，即维修审查委员会报告的形式予以发表。该报告包括初始计划维修大纲，运营人根据此大纲制定出航空公司维修大纲以获得民航局批准。

维修大纲的目标如下。

（1）保证实现设备的固有安全性和可靠性水平。

（2）出现性能衰退时，将安全性和可靠性恢复到固有水平。

（3）未能达到固有水平时，需要收集调整和优化维修大纲所需的信息。

（4）对固有可靠性不定的项目，需要收集信息进行设计改进。

（5）以最低的总费用完成上述目标。

设备在投入运营后，出现问题不能一味指责制造商，航空公司必须首先调查自己的运营状况。与航空公司实现其维修大纲目标有关的任何领域出现严重问题，都会影响航空公司从民航局获得运营许可。所以，航空公司要密切监控自己的运营状况，一旦发现问题就应当予以纠正。

维修大纲的制定流程如图 3.3 和图 3.4 所示。

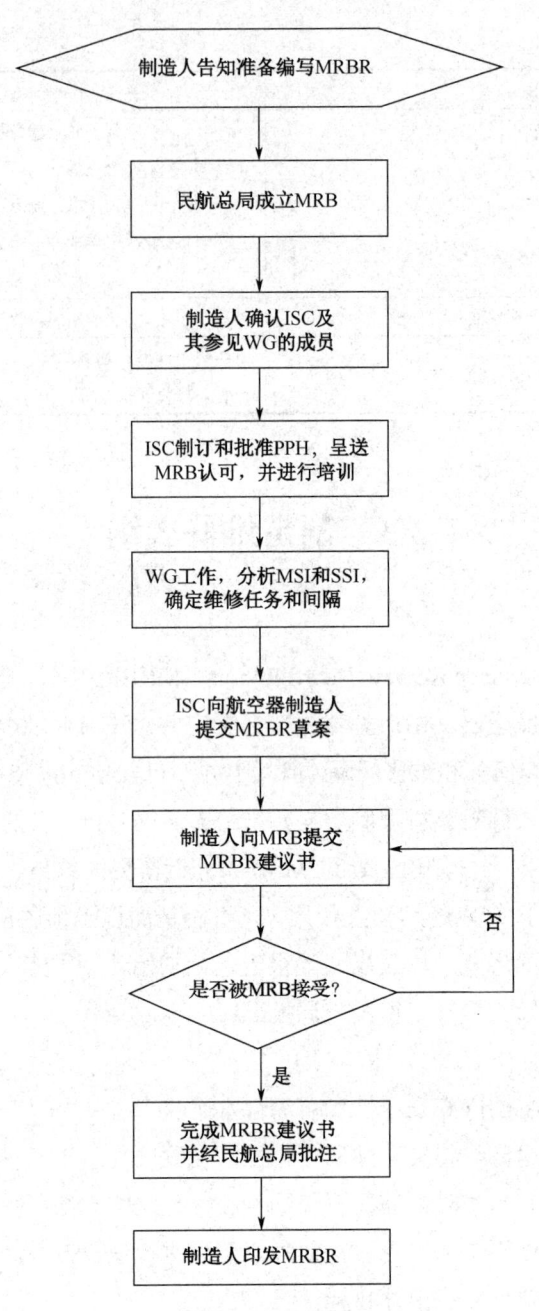

```
            制造人告知准备编写MRBR
                     ↓
              民航总局成立MRB
                     ↓
            制造人确认ISC及
            其参见WG的成员
                     ↓
            ISC制订和批准PPH，呈送
            MRB认可，并进行培训
                     ↓
            WG工作，分析MSI和SSI，
            确定维修任务和间隔
                     ↓
            ISC向航空器制造人
            提交MRBR草案
                     ↓
            制造人向MRB提交
            MRBR建议书           ←──┐
                     ↓               │
              是否被MRB接受？ ──否──┘
                     ↓ 是
            完成MRBR建议书
            并经民航总局批注
                     ↓
              制造人印发MRBR
```

图 3.3　维修大纲的制定流程（一）

维修大纲的批准流程和分析内容分别如图 3.5 和图 3.6 所示。

制定维修大纲的组织与管理机构如图 3.7 所示。

维修审查委员会（MRB）的任务是在制定 MRBR 及改版的过程中向工业指导委员会（Industry Steering Committee，ISC）和工作组（Working Groups，WG）提出审查意见，它受航空器评估组（AEG）指派的 MRB 主席领导。

图 3.4 维修大纲的制定流程（二）

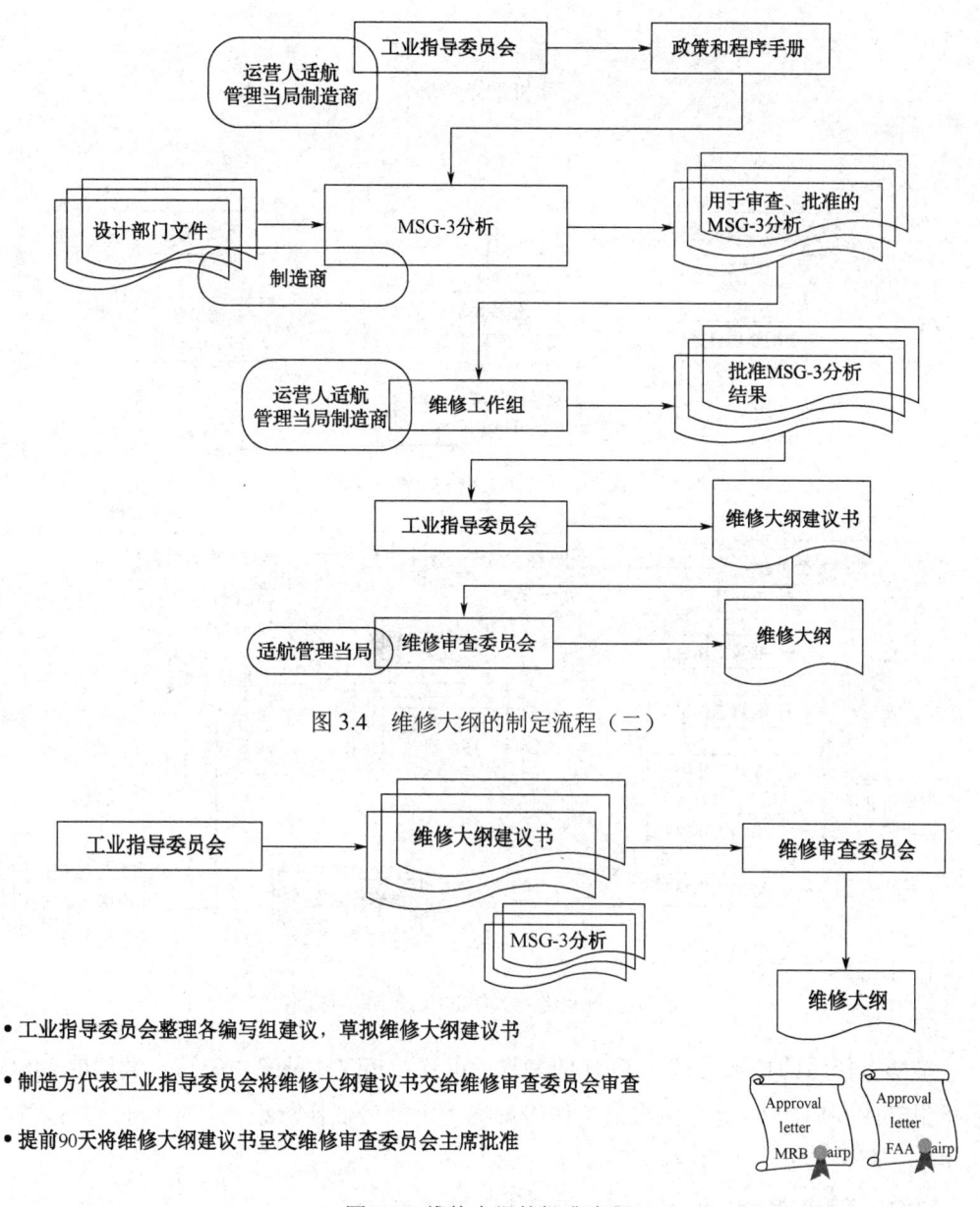

图 3.5 维修大纲的批准流程

- 工业指导委员会整理各编写组建议，草拟维修大纲建议书
- 制造方代表工业指导委员会将维修大纲建议书交给维修审查委员会审查
- 提前90天将维修大纲建议书呈交维修审查委员会主席批准

  ISC 的任务是研究并制定 MRBR 建议书的政策和程序手册（PPH），指导工作组的工作，准备 MRBR 建议书，它受由航空器制造商和航空运营人推荐产生的 ISC 主席领导。

  政策和程序手册是由 ISC 编写和批准的管理文件，包括各方职责、计划安排、分析方法（MSG-3）和表格要求等。ISC、航空器制造商、航空运营人和 MRB 成员依照此文件编写和审议 MRBR 建议书。

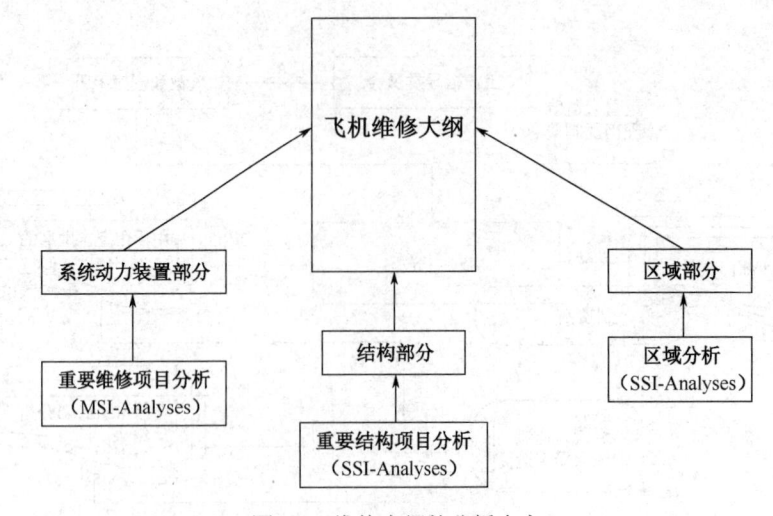

图 3.6 维修大纲的分析内容

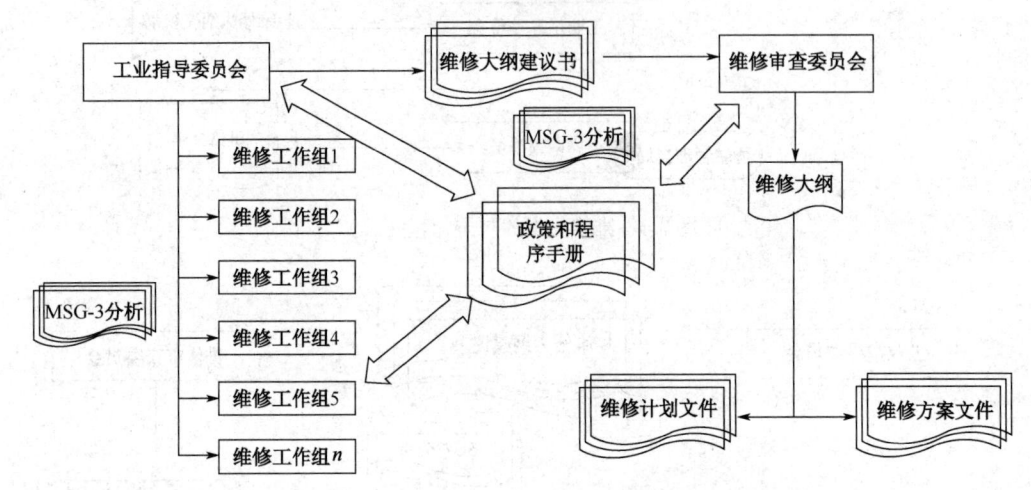

图 3.7 制定维修大纲的组织与管理机构

维修工作组的任务是按照 PPH 的要求，审查、修改和备签由制造商制定的 MSG-3 分析报告，并向 ISC 提交由维修工作组最终确定的最低例行维修任务和时间间隔初始清单。

MRB 成员和观察员由来自适航管理当局的代表组成。

ISC 成员包括：

（1）有关的运营人。

（2）飞机机身和发动机的主要制造商。

（3）应邀参加 ISC 会议的 MRB 代表。

（4）被分配到各个维修工作组进行政策指导并向 ISC 报告实施过程中遇到的困难的 ISC 顾问。

维修工作组成员和顾问（见图 3.8）包括：

（1）有关的运营人。
（2）飞机机身和发动机的主要制造商。
（3）民航局顾问。
（4）ISC 顾问。

顾问

维修审查委员会
- 在工作组中作为适航管理当局的代表
- 以顾问的身份参与工作

ISC顾问
- 在工作组中作为ISC的代表
- 向工作组提供有关政策方面的指导

维修工作组

工作组成员和顾问应具有必要的技术专长和实践经验

成员

组长
- 由飞机制造商推荐
- 由ISC批准

用户代表
- 航空公司等

制造商代表
- 飞机制造商
- 发动机制造商
- 主供应商

图 3.8　维修工作组成员和顾问

空客 A380 维修工作组如表 3.2 所示。

维修工作组由来自运营人和主要飞机机身与发动机制造商的专家组成。为了处理飞机系统和部件的复杂性问题，要求维修工作组成员具有丰富的知识和经验。

表 3.2　空客 A380 维修工作组

维修工作组号	名称	分配的 ATA 章节/区	备注
1	液压和飞行控制	27：飞行控制 29：液压传动 55：稳定器（仅系统）	关于 ATA 55 的结构分析将在 MWG5 中介绍
2	环境	21：空调 26：灭火系统 30：除冰（不包括 30-21） 35：氧气 36：气体力学	—
3	动力装置（RR & EA）和辅助动力装置	71～80 49：空中辅助动力 54：吊架（排水） 30-21：发动机除冰	—

续表

维修工作组号	名称	分配的 ATA 章节/区	备注
4	航空电子	22：自动驾驶仪 23：通信 24：电力 31：仪表 33：灯光 34：领航 42：集成标准航空电子技术和航空电子数据通信网 44：客舱 45：空中维护系统 46：信息系统	—
5	结构	52：舱门 53：机身 54：挂架 55：稳定器 56：观察窗 57：机翼	—
6	区域和低/高强度辐射场	整机	—
7	燃油	28：燃油	
8	起落架	32：起落架	关于 ATA 32 的结构分析将在 MWG8 中介绍
9	内部	25：设备/客舱设备 38：水/废物 50：货物和附件舱 52：舱门（仅系统） 53：机身（仅系统） 56：观察窗（仅系统） 57：机翼（仅系统）	关于 ATA 52、ATA 53、ATA 56 和 ATA 57 的结构分析将在 MWG5 中介绍

主要飞机机身与发动机制造商将为维修工作组提供必要的信息，以便在 PPH 规定的期限之内制定出 MPP。飞机制造商与维修工作组活动有关的主要作用和职责是向 ISC 提供初始重要项目清单（系统、结构），进行初始 MSG-3 分析并把相关的结果提交给工作组，根据工作组审查结果做进一步的修正分析。

工作组中的客户与航空公司成员负责确保制造商提出的分析结果在技术上是正确的，确保他们提出的针对新飞机的例行维修要求已被考虑，并且确保在分析时充分考虑了他们从其他飞机维修中获取的经验。

MRB 与民航局代表作为工作组顾问,应尽早将其对 MSG-3 分析结果或间隔时间选择的有关意见告知维修工作组。

另外,如果需要,那么 ISC 可以指派一代表负责向 MWG 提供有关政策方面的指导。

维修工作组的主要工作如图 3.9 所示。

- 对制造商选取的重要维修项目(MSI)和重要结构项目(SSI)进行审查,如有必要,则进行修改
- 审查制造商或供应商对每个 MSI 和 SSI 所做的初始 MSG-3 分析,如有必要,则进行修改
- 从分析中选择最有效的维修任务和恰当的维修间隔(写入维修大纲草案)
- 向 ISC 和 MRB 提供会议报告(工作进程、存在的问题、协调单、已达成的结论)

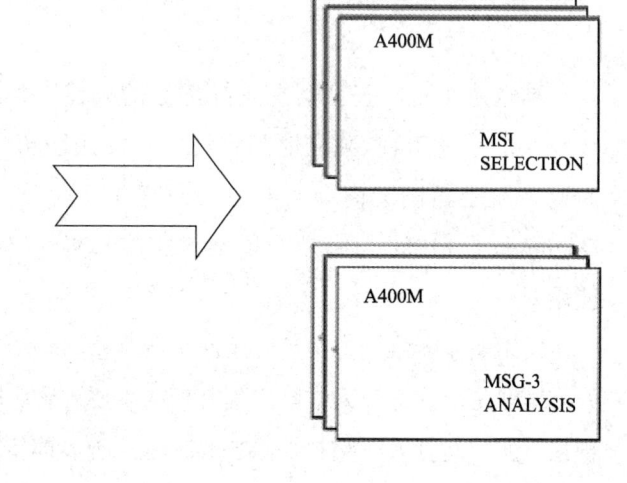

A400M MSI SELECTION

A400M MSG-3 ANALYSIS

图 3.9 维修工作组的主要工作

维修大纲的制定流程包括准备阶段、制定阶段和批准阶段,如图 3.10 所示。

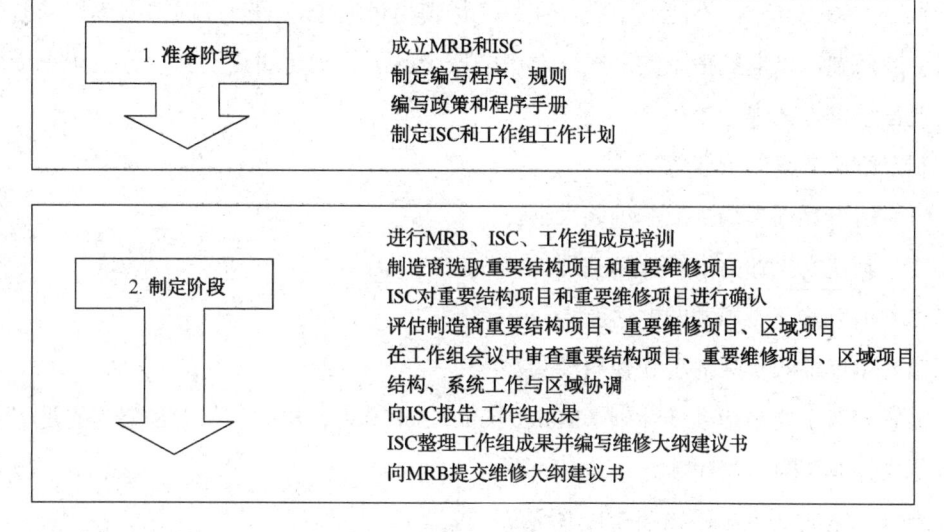

1. 准备阶段
   - 成立 MRB 和 ISC
   - 制定编写程序、规则
   - 编写政策和程序手册
   - 制定 ISC 和工作组工作计划

2. 制定阶段
   - 进行 MRB、ISC、工作组成员培训
   - 制造商选取重要结构项目和重要维修项目
   - ISC 对重要结构项目和重要维修项目进行确认
   - 评估制造商重要结构项目、重要维修项目、区域项目
   - 在工作组会议中审查重要结构项目、重要维修项目、区域项目
   - 结构、系统工作与区域协调
   - 向 ISC 报告 工作组成果
   - ISC 整理工作组成果并编写维修大纲建议书
   - 向 MRB 提交维修大纲建议书

图 3.10 维修大纲的制定流程

3. 批准阶段	MRB最终审查维修大纲建议书 批准维修大纲 印刷维修大纲

图 3.10 维修大纲的制定流程（续）

3.4 维修方案

维修方案是一整套具有指导意义的维修工作基本技术文件。制定维修方案是一项复杂的系统工程，独立地制定维修方案往往超出了航空公司维修工程部门的能力。因此，航空器制造商会向航空公司提供一份维修计划文件（Maintenance Planning Document，MPD），它是一种推荐性技术文件，可以作为航空公司最初的维修方案使用。

民用航空器维修方案是民用航空器维修活动的依据和标准，因此编制民用航空器维修方案就是航空运营人维修工程管理的重要内容。随着航空器设计的改进和维修经验的积累，航空运营人在编制维修方案时越来越多地体现自身特色，而且在保证航空器运行的安全性和可靠性的同时，也越来越多地关注运营成本的控制。

运营人必须根据维修大纲，结合自己的机队规模、航线结构、维修能力、使用经验，制定本单位的维修方案。在维修方案中规定的维修工作必须满足维修大纲的要求，只能高于维修大纲的要求，不能低于它。在航空器使用过程中，适航部门根据该型号航空器使用中的问题，以适航指令的形式，对影响安全的因素规定纠正措施，这些纠正措施必须反映在维修方案中。

制定维修方案的依据包括：

（1）适航管理当局批准的维修大纲。

（2）制造商推荐的维修计划文件。

（3）适航管理当局颁发的适航指令。

（4）本单位的实际情况和使用经验。

维修方案主要是指维修计划（Maintenance Schedule，MS）。与 MS 配套的是工卡，工卡是执行 MS 的作业标准。

维修方案的制定流程如图 3.11 所示。

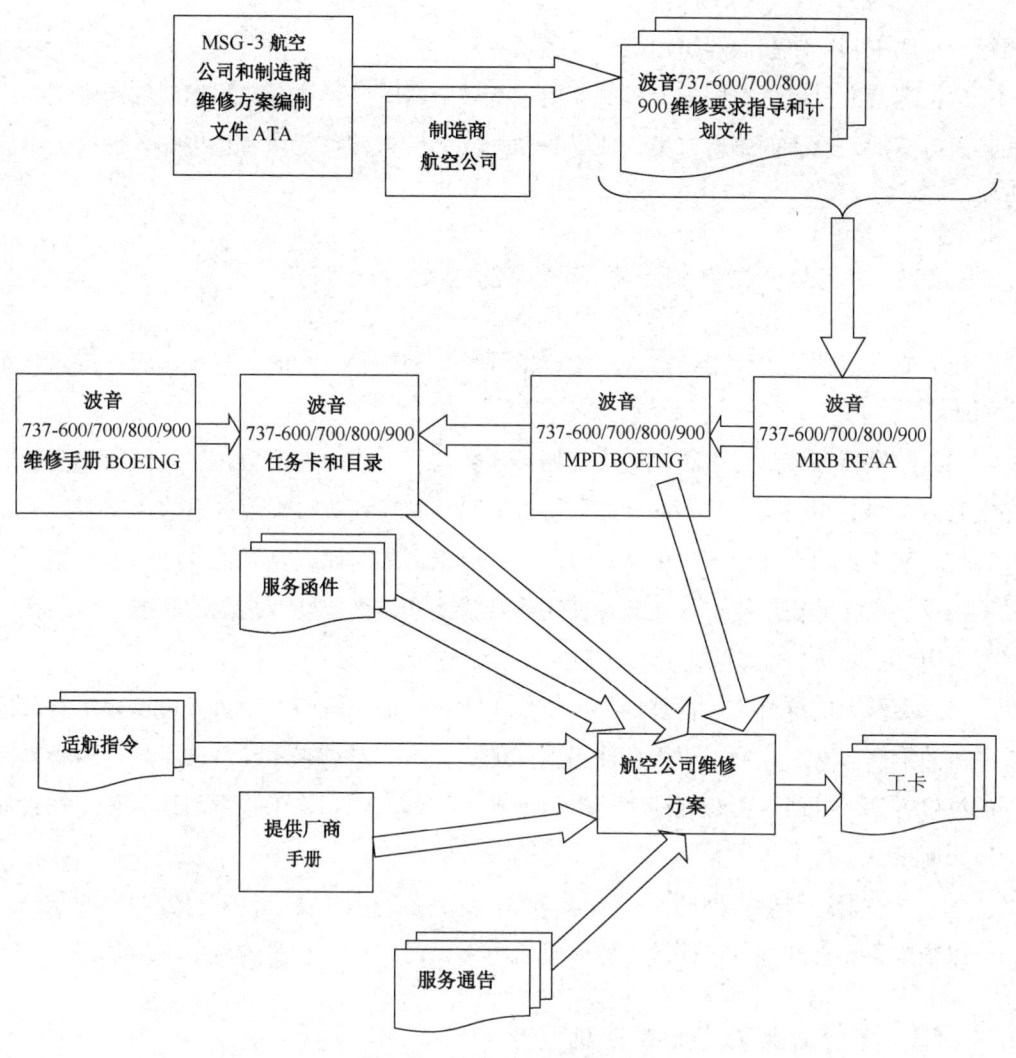

图 3.11　维修方案的制定流程

3.4.1　航空器维修方案的制定要求

（1）新运营人引进新航空器时，应当根据该机型现行有效维修审查委员会报告（MRBR）、制造商提供的有关持续适航文件（如维修计划文件、审定维修要求）和中国民用航空局的有关要求制定初始维修方案。

（2）新运营人引进使用过的航空器时，应当根据该机型现行有效维修审查委员会报告、制造商提供的有关持续适航文件，并结合中国民用航空局的有关要求制定初始维修方案。如果运营人的初始维修方案与航空器原维修方案有差别，则还应当按照相应的原则制定初始维修方案的时间转换方案，或者补做相应的检查工作后直接加入运营人的初始维修方案。

（3）运营人引进已有同样型号的新航空器时，可选择直接加入已有的维修方案或按照第一项要求制定航空器的初始维修方案。

（4）运营人引进已有同样型号的使用过的航空器时，可选择按照相应的原则制定时间转换方案加入已有的维修方案，或者补做相应的转换检查工作后直接加入已有的维修方案。

3.4.2　制定航空器维修方案应考虑的因素

（1）航空器预计的使用特点，如运行的环境、结构和系统的负荷等，应在维修方案中明确。

（2）航空器预计的利用率，如飞行循环次数与飞行小时的比值、平均航段长度等，在维修方案中必须明确，并在选择计划检查间隔和维修任务时采用合适的控制值。

（3）航空器的设计数据，如飞行时间与机身寿命的对比、预先估计的可靠性等。

（4）航空器的使用历史，尤其是使用困难情况和结构损伤或缺陷的状况，应当在维修方案中给予特殊控制说明。

（5）运营人的维修工程管理能力。维修工程管理能力较强的运营人可以采用复杂但较经济的维修方案；维修工程管理能力较弱的运营人则必须采用经济性不好，但容易控制的维修方案。维修工程管理能力一般以专业工程师的配备、工程管理经验和工程管理手段来衡量。

（6）航空器维修的方便性。如果运营人自身具备能力或可方便获得较深度的维修，则可以制定将计划维修工作分散实施的维修方案，以减少航空器的集中停场时间。

3.4.3　维修方案的实施和控制

（1）为保证航空器维修方案的实施，航空运营人应当建立航空器使用状况记录和运行性能监控系统，以保证统计航空器使用时间的准确性和统一性，并对机组报告或维修过程中发现的使用困难、故障或缺陷情况及时进行记录和处理。

（2）航空运营人应当按照 AC121-54（可靠性方案）的要求建立可靠性管理体系，以监控维修方案的有效性，并按照规定的程序对维修方案进行调整和优化。

（3）为保证航空器维修方案的规范实施，航空运营人应当建立有关的工作程序，并在获得相应民航地区管理局的认可后实施维修工作。

（4）航空运营人应当建立完善的质量管理系统，以确保所有维修工作是按照维修方案和工作程序实施的，发现问题应及时提出改正要求，并持续跟踪改正措施的落实情况和效果。

3.4.4 维修方案的调整和优化

航空运营人应当对航空器的初始维修方案进行必要的调整和优化,以持续保持航空器的维修方案符合中国民航局的要求,并达到保证航空器运行安全性和可靠性的目的。维修方案至少一年修订一次。已批准的维修方案应该定期审查,以确保它们反映目前型号合格证持有人的建议、维修大纲的修订内容、改装情况、运营经验、强制性要求和可靠性结果。已批准维修方案的修改应该反映审查后的结果。

维修方案的更新流程如图 3.12 所示。

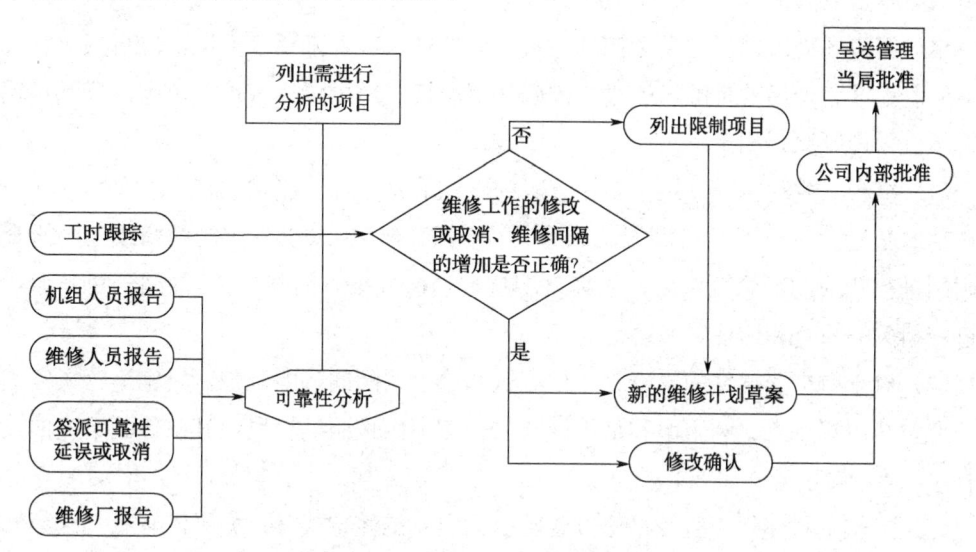

图 3.12 维修方案的更新流程

需要进行航空器维修方案调整和优化的情况包括:

(1) 维修方案实施过程中发现问题的改正措施。

(2) 中国民航局或型号审定当局规定的要求。

(3) 航空器执行改装或服务通告后造成对维修方案中涉及部分的必要修改。

(4) 航空器使用特点和利用率的改变造成的原维修方案的不适用性。

(5) 航空运营人建立的可靠性管理体系分析的结果。

航空运营人可对维修方案调整和优化的内容包括:

(1) 维修间隔分类的修改(如飞行小时、飞行循环次数、日历时间等)。

(2) 维修间隔的增加或减少。

(3) 维修任务或维修方式的改变(如检查、功能检查、操纵检查等维修任务,定时、视情、监控等维修方式)。

(4) 具体工作内容和要求的修改。

(5) 维修任务的删减或增加。

（6）工作程序的修改。

修改或删减维修任务时，应当遵循以下限制：

（1）不涉及重要维修项目和重要结构项目的区域检查项目。

（2）不影响与视情和监控维修方式相关的系统维修任务。

（3）不涉及按照 MSG-2 逻辑决断与安全或隐蔽故障相关的维修任务。

（4）不涉及按照 MSG-3 逻辑决断与 5/8 类失效相关的维修任务。

（5）不涉及与适航性限制和审定维修要求（Certification Maintenance Requirements，CMR）相关的维修任务。

维修间隔的修改应当通过可控制方式（如抽样试验）来逐步实现，但事先必须获得相应民航地区管理局的批准，通过监控确认状况良好后才可逐步扩大范围，直到实现预定目标值。控制原则如下。

（1）机身、发动机翻修或主要检查时间限制的延长，应当建立在对所有相关使用记录评估的基础上，至少对一架/台该航空器/发动机在达到 95%以上的翻修或主要检查时间限制进行相应的维修工作后，继续以不超过当前批准时间限制 5%的间隔对其运行情况进行相关的检查和评估。

（2）对于航空器部件的检查、台架测试和修理时间间隔的延长，航空运营人应当在充分考虑其运行特点、利用率和使用经验的基础上，按照航空器或其部件制造商的建议进行。

（3）当航空器部件由监控维修方式转换为定时维修方式时，如果没有上一次翻修的记录，则可用部件总的装机使用时间减去最后一次装机后的使用时间作为翻修后的使用时间（Time Between Overhaul，TBO）；如果按上述原则仍无法确定，则该部件必须进行大修。

第4章 维修大纲

前面各章系统地介绍了以可靠性为中心的维修理论。不难看出，现代民用运输机的维修管理已形成一个完整的系统工程。围绕航空器的全部维修活动，自然是该理论指导思想在各个维修环节的体现。从内场对航空器的翻修工作到外场的维修工作，两者之间有着密切的内在联系，形成了不可分割的整体。因此，外场维修管理人员应研究现代维修理论，要了解机型维修大纲在该理论指导下的研制过程，以及运营人的工程部门如何编制本公司机队维修方案的原本和实施要求，以保证机务工作被纳入运营人工程管理范围。外场维修管理人员应时刻清楚自己在整个机务工程管理系统中所处的位置和所扮演的角色，这对运营人和所属维修单位的工作无疑是有很大益处的。

4.1 维修大纲概要

维修大纲又称为维修审查委员会报告，是针对新型和衍生型航空器由航空器制造商制定并由民航局批准的初始最低计划维修和检查要求，包括维修任务和维修间隔，但其中并不包含独立未装机发动机的维修要求。维修大纲是航空运营人针对该机型制定初始维修方案的基础，它的目的是保持航空器固有的安全性和可靠性水平。其主要项目包括适航责任、维修手册、维修单位、维修计划、维修记录系统、维修与改装的完成与批准、外委维修、持续分析与监督、人员培训、有害材料和危险品等。

1. 适航责任

按照航空器制造商所在地的民航局的规定，航空承运人或运营人负责航空公司航空器的所有维修和改装工作。航空公司对所飞行的每种型号的航空器必须有运营规范，并且必须遵守经航空器制造商所在地的民航局批准的、在运营规范上注明的维修大纲。如果航空公司通过数据和记录证明更改是有保证的，则该维修大纲可以进行更改，这些更改必须经过航空器制造商所在地的民航局批准。在贯彻维修与检查大纲时，航空公司不仅必须遵照执行自己制定的政策和程序，还要遵守规章制定当局的政策和程序。在某些情况下，航空公司可以把某些或全部维修任务通过转包合同委托另一承运人或第三方维修单位完成。该航空公司负责保证：这些外部承包商为其完成的任何工作都必须按照该航空公司自己的维修进度、标准和要求进行，并且无论控制承包商的那些要求如何，都必须遵守该航空公司的规章制定当局的各项要求。简而言之，无论维修任务实际上由谁完成，该航空公司都应负责保证其航空器处于适航状态。

2. 维修单位

航空器制造商所在地的民航局要求航空公司必须有一个维修单位，该单位能够执行、监督、管理并修正自己的维修大纲，能够管理和引导其维修人员完成维修任务，并提供为达到维修大纲的目的所必需的指导。按照咨询通告的规定，这种维修单位的主要要素归纳如下。

（1）能够完成所指定任务的单位。

（2）负责全面工作的维修主任（或类似头衔），必须是由持有航空器制造商所在地的民航局所颁发执照的机务人员提升上来的。

（3）要有一个总检验师（或类似头衔）。

（4）要有一个部门或一套规程来制定并改进维修手册，该手册应述及维修大纲的各个方面。

（5）要有监督和检查规定，以保证维修是按照航空公司的维修手册完成的。

（6）要有必检项目的职责，该职责应与其他日常检查和维修职责区分开来。

（7）要有进行维修所需要的合格人员和适当的设施。

（8）要有各种程序，以保证在维修之后放行使用的每一架航空器都具有适航性，并经过正确维护。

（9）努力保证当航空器状态发生改变时，维修大纲仍然保持有效性。

（10）要有一批合格的、有丰富经验和专业技能的管理人员，以便有效地组织、管理和控制维修单位。

3. 维修计划

航空器制造商所在地的民航局要求航空公司有一个维修计划，用以表明有什么维修项目要做、怎样去做，以及何时或每隔多长时间去做。这种维修计划来源于航空器制造商与航空器一起交付的各种文件提供的数据资料。关于计划维修任务的基本维修计划是由航空器制造商制定的，并通过维修审查委员会加以明确，它是经过航空器制造商所在地的民航局批准的一种文件。与维修有关的其他补充资料和任务也可以在其他的制造商文件中提供。这些任务可以按照建议的周期（间隔）进行分类，如飞行小时、飞行周期或日历时间等。各项检查可以每天进行、每次飞行进行，也可以按照具体的运营周期加以明确，如每 200 飞行小时、每 3000 飞行小时进行一次检查。

然而，航空器制造商提供的这些文件仅仅用于指导，因为运营人是不同的，这主要体现在各航空公司在航空器构型、运营和环境条件，甚至运营与维修的质量和范围上都是不同的。正是由于这些原因，维修计划的要求和任务完成的进度将随着航空公司的不同而不同。因此，调整初始的 MRB 计划，以便满足自身的需要，就是各航空公司的责任。这些工作安排及其调整在本书前面的章节中讨论过。

4．外委维修

尽管航空公司承担其航空器上的所有维修责任，但是不一定所有的维修项目都是由它自己来完成的，经常出现的情况是，某些或全部维修项目按照转包合同转包给其他航空公司或第三方维修单位完成。外委维修可以按照常规方式进行（有计划安排的），这是最常见的情况，但是有许多情况不能按照常规方式进行。例如，飞机在某些基地，航空公司在那里没有自己的维修业务，也没有永久的承包商。在这些情况下，航空公司只能与某维修单位签订一次性的临时转包维修协议。

航空公司的维修大纲必须包括转包维修安排的程序，以保证维修工作按照运营人自己的大纲和程序正确进行。这就是说，航空公司负责向这些外委维修单位提供有关其程序方面的培训，并负责保证这些外委维修单位拥有符合其要求的人员、技能和设施。对于长期的转包合同，航空公司应当对预期的承包商进行审查。当然，短时间内的审查难以证实一个单位的能力，但这种审查还是应当进行。

5．人员培训

航空公司应当制定一个培训大纲，以保证完成工作的每个人（包括检查人员）都能够充分了解各程序、技术及所使用的新设备，并且有能力履行其义务。这个规定是简单而又笼统的，但是咨询通告对这个问题阐述得较为详细。例如，美国联邦航空条例第 147 部规定了对航空维修技术学校的要求。在这种学校，学员通过学习可以获得飞机和动力装置的维修执照，但是这种执照不足以使一个人有资格在某一具体航空公司的飞机上从事维修工作，它仅仅说明拥有该执照的人经过了维修机务工作的训练，并且考试是合格的。为了有资格承担航空公司的维修任务，一个机务人员还必须接受关于航空公司及其政策、程序和设备构型方面的定向培训，他（或她）必须在航空公司接受培训，以便在该承运人的具体设备上工作，或者该航空公司必须通过适当的考试认可该机务人员的技能。航空公司的培训要求中还说明：对于设备、程序、条例等的任何更改，该航空公司的培训单位必须向机务人员交代清楚，以保证机务人员在其工作的各个方面得到知识更新。

4.2　系统和动力装置维修大纲的制定

确定系统和动力装置预定维修的任务和维修间隔的方法，是应用一个循序渐进的

MSG-3 逻辑决断图，在现有技术数据的基础上评定每个重要项目。

1. 选择 MSI

在将 MSG-3 逻辑决断图实际应用于一个项目之前，必须确定航空器的重要维修项目（Maintenance Significant Item，MSI），即航空器的重要系统和部件。

应用工程判断法确定 MSI 是以预期的故障后果为基础的保守评定过程。这种自上而下的逻辑分析方法是在最高可管理层上对航空器的 MSI 进行评判的。

MSI 选择程序如下。

第一步：制造商把航空器分割成几个主要的功能模块，即 ATA 系统和子系统。这个程序一直进行到确定了航空器上所有可单独更换的部件为止。

第二步：制造商按照自上而下的逻辑分析方法，制定一个包括所有需要进行是否属于 MSI 的问题判断的项目清单。

第三步：制造商对第二步确定的项目清单按下面的问题进行判断，即在正常职责范围内，故障对空勤组来说是无法发现或不易察觉的吗？故障影响航空器的安全性（地面或空中）吗？故障有无重要的使用性影响？故障有无明显的经济性影响？

第四步：①对于这些项目，只要有一个问题是肯定答案，MSG-3 分析就需要继续进行，并且最高可管理层就被确定下来。②一个 MSI 通常是一个系统或一个子系统，在多数情况下，MSI 的等级都高于第一步所述的最低等级（在航空器上）。这个等级就被认为是最高的可管理层等级。③如果上述四个问题的答案都是否定的，那么就不需要再进行 MSG-3 分析，也不需要进行更低层次的 MSI 分析。

第五步：一旦最高可管理层在第四步被确定了，由此产生的项目清单就将被视为"候选 MSI 清单"，并由制造商提交给 ISC。ISC 经过审阅并批准后把该清单下发给维修工作组。

第六步：维修工作组将审查该清单，并对它进行 MSG-3 分析以验证所选择的最高可管理层，或者在需要时向 ISC 提出对候选 MSI 清单的修改意见。维修工作组审查的主要目的是确保没有重要项目被忽略，并确定所选择的是合适的分析等级。

2. 分析程序

当 MSI 被选定后，必须按下面的条款对每个 MSI 进行鉴定。

（1）功能——项目正常的特性、作用。

（2）功能故障——项目不能在规定的期限内履行其指定的功能。

（3）故障影响——功能故障的后果是什么？

（4）故障原因——为什么发生功能故障？

在定义一些功能故障时，需要详细了解系统及其设计原则。例如，有些系统部件的单个元件有双重加载通道的特性，如同心管或双层板，每个通道的功能应该单独分析。

当给出功能、功能故障、故障影响和故障原因时，需要注意所有保护设备的功能。保护设备主要包括以下功能：①异常情况能引起飞行组注意；②在故障发生时会关闭设备；③可以消除或减轻故障所引起的非正常状况；④能替代故障设备的功能。

在将 MSG-3 逻辑决断图应用于一个项目之前，应该确定一个定义了 MSI 及其功能、功能故障、故障影响、故障原因，以及其他与此项目相关数据的工作清单。

3. MSG-3 逻辑决断图

系统与动力装置的 MSG-3 逻辑决断图如图 4.1 和图 4.2 所示。

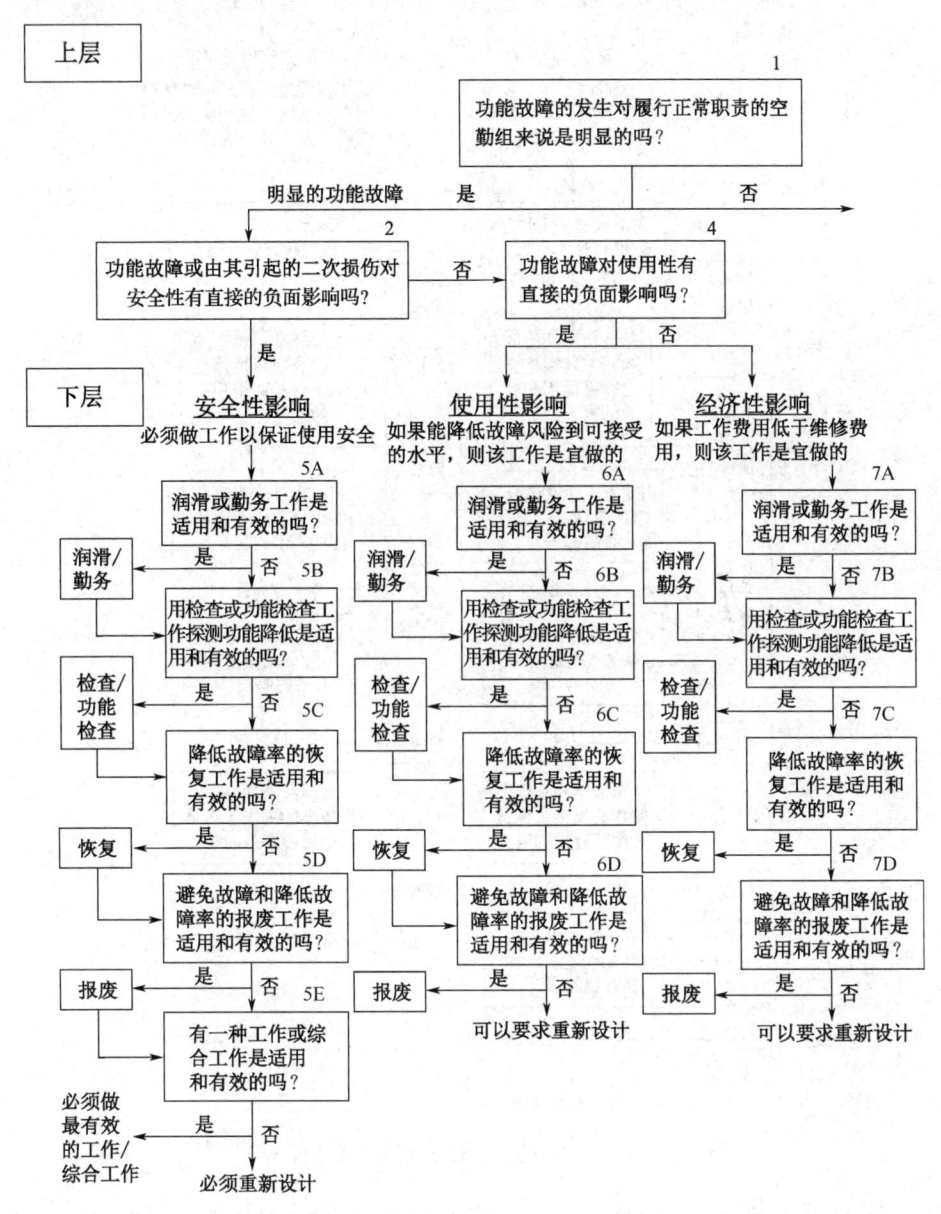

图 4.1 系统与动力装置 MSG-3 逻辑决断图（一）

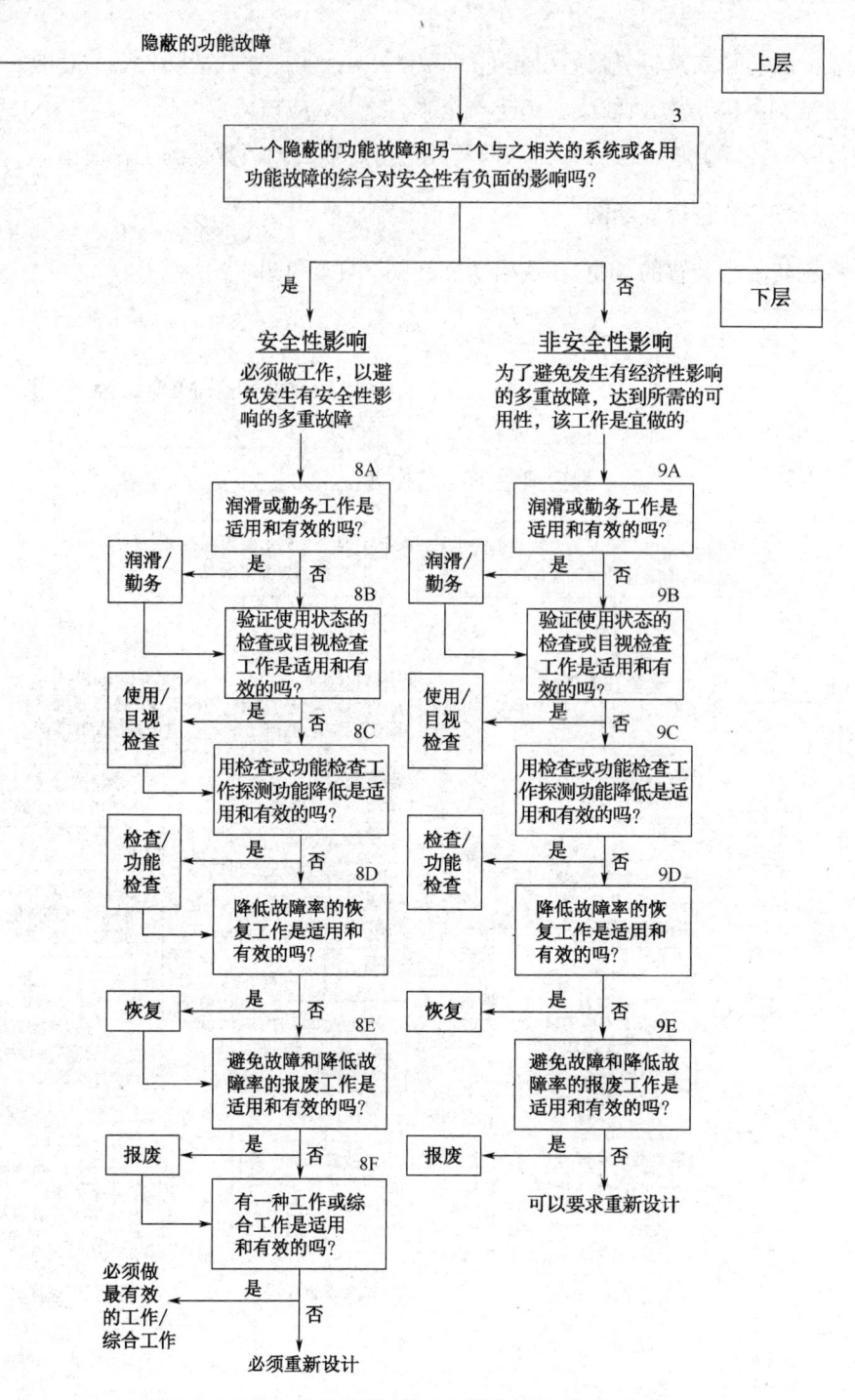

图 4.2　系统与动力装置 MSG-3 逻辑决断图（二）

决断逻辑有两层。上层即第一级（问题 1、2、3、4），对每个功能故障进行分析，以确定故障影响，即明显的安全性、使用性、经济性影响，以及隐蔽的安全性和非安全性影响。下层即第二级（问题 5、6、7、8、9），根据每个功能故障的原因来选择特定的工作类别。

4. 故障影响（上层）

逻辑决断图有助于确定所要求的任务。上层有 4 个问题。

1）明显/隐蔽的功能故障

问题：功能故障的发生对履行正常职责的空勤组来说是明显的吗？

此问题是问空勤组在履行其正常职责时是否会发现功能的丧失（故障）。该问题必须针对每个功能故障进行分析。这是为了把明显的功能故障和隐蔽的功能故障区分开。空勤组包括驾驶舱和客舱中合格的机务人员。

如果某些系统的使用频率不确定，那么就需要做一些假设。这些假设要记录在分析清单中，以便将来核对时使用。

2）对安全性有负面影响的功能故障

问题：功能故障或由其引起的二次损伤对安全性有直接的负面影响吗？

直接功能故障或间接损伤必须是由故障本身造成的，而不是与其他功能故障合并在一起造成的（没有冗余度，并且它是一项重要的放行必备项目）。对安全性有负面影响，即故障影响是极其严重的，或者可能是灾难性的，甚至导致机毁人亡。

回答"是"意味着该功能故障必须在安全性影响类别内进行分析，回答"否"意味着影响是使用性的或经济性的。

3）隐蔽的功能故障对安全性的影响

问题：一个隐蔽的功能故障和另一个与之相关的系统或备用功能故障的综合对安全性有负面的影响吗？

该问题考虑了这样一种功能故障情况：隐蔽的功能故障本身并不影响航空器的安全性，但是其和另一个功能故障合在一起对安全性有负面的影响。

如果回答"是"，则表示存在安全性影响；如果回答"否"，则表示存在非安全性影响。

4）使用性影响

问题：功能故障对使用性有直接的负面影响吗？

在下次飞行签派之前，要么执行使用性限制，要么对其予以排除，要求空勤组启用非正常或紧急程序。一个功能故障对使用性有没有影响需要根据 MMEL 或/和其他使用程序文件来确定。

如果该问题的答案为"是"，则功能故障对使用性有负面影响；如果回答"否"，则表示功能故障对经济性有影响。

5. 故障影响类别（上层）

一旦分析者回答了上层的应用问题，就会进入以下 5 种故障影响类别分析阶段：明显的安全性影响（第 5 类）、明显的使用性影响（第 6 类）、明显的经济性影响（第 7 类）、隐蔽的安全性影响（第 8 类）、隐蔽的非安全性影响（第 9 类）。

1) 明显的安全性影响（第 5 类）

针对该类别，一定要做工作以保证安全性。如果分析后认为无有效的工作可做，则必须重新设计。图 4.3 所示为有明显安全性影响的功能故障的 MSG-3 逻辑决断图。

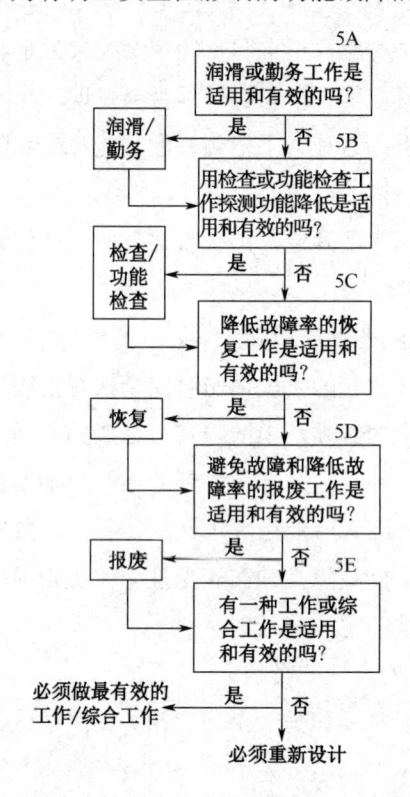

图 4.3 有明显安全性影响的功能故障的 MSG-3 逻辑决断图

2) 明显的使用性影响（第 6 类）

如果一项维修工作能使发生故障的风险降到一个可接受的水平，则应做此项维修工作。无论对问题 6A 的回答是"是"还是"否"，都应进入下一个问题。对于问题 6B，如果回答"是"，则将完成分析，所得出的维修工作能满足要求。若所有答案都是"否"，则无工作可做。如果使用性影响是非常严重的，则可以要求重新设计。图 4.4 所示为有明显使用性影响的功能故障的逻辑分析流程图。

3) 明显的经济性影响（第 7 类）

如果工作费用低于维修费用，则该工作是宜做的。无论对问题 7A 的回答"是"还是"否"，都应进入下一个问题。对于问题 7B，如果回答"是"，则将完成分析，所得出的维修工作能满足要求。若所有答案都是"否"，则无工作可做。如果经济性影响是非常严重的，则可以要求重新设计。图 4.5 所示为有明显经济性影响的功能故障的逻辑分析流程图。

4) 隐蔽的安全性影响（第 8 类）

对这类项目必须做工作，以避免发生有安全性影响的多重故障。如果没有有效的工作，则必须重新设计。图 4.6 所示为有隐蔽安全性影响的功能故障的逻辑分析流程图。

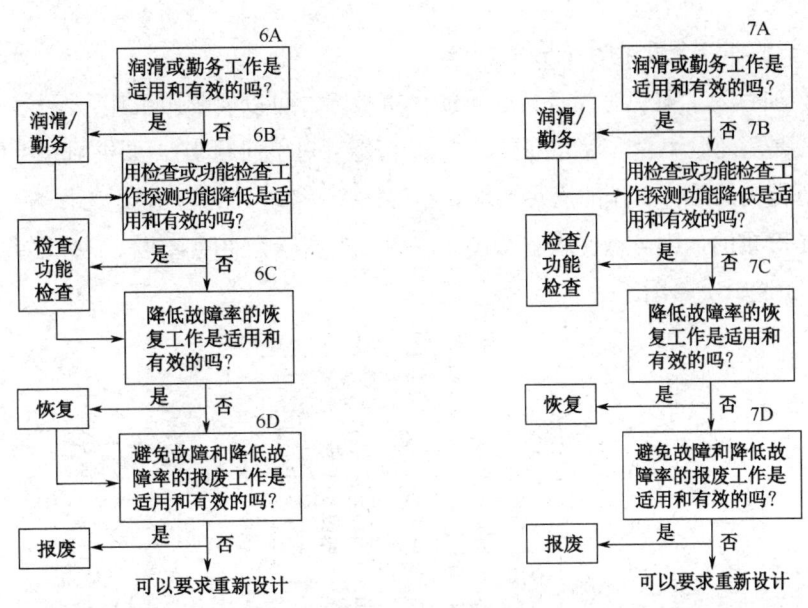

图 4.4 有明显使用性影响的功能故障的 MSG-3 逻辑决断图

图 4.5 有明显经济性影响的功能故障的 MSG-3 逻辑决断图

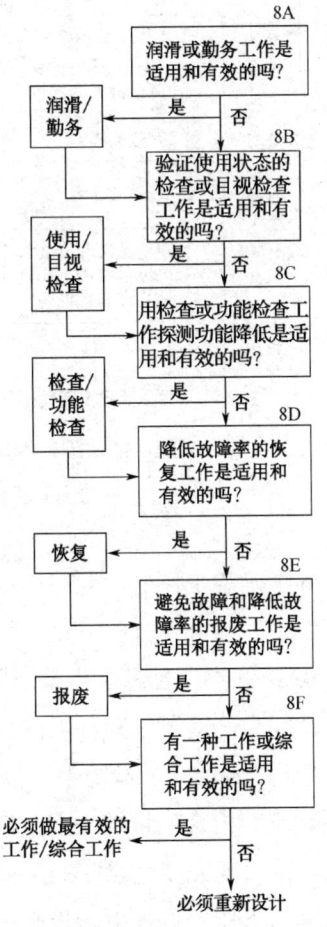

图 4.6 有隐蔽安全性影响的功能故障的 MSG-3 逻辑决断图

5）隐蔽的非安全性影响（第 9 类）

对这类项目为了避免有经济性影响的多重故障，可以要求做工作。不论对问题 9A 的回答是"是"还是"否"，都要进入下一个问题。对于问题 9B，如果回答"是"，则分析完成，所得出的维修工作能满足要求。若所有答案都是"否"，则无工作可做。如果经济性影响是严重的，则可以要求重新设计。图 4.7 所示为有隐蔽非安全性影响的功能故障的 MSG-3 逻辑决断图。

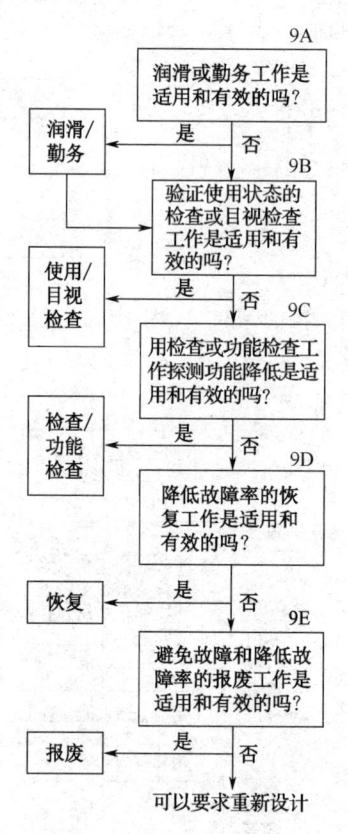

图 4.7　有隐蔽非安全性影响的功能故障的 MSG-3 逻辑决断图

6．工作的确定（下层）

在各影响类别中，有以下 6 个确定工作的问题。

1）润滑/勤务（所有类别）

问题 5A、6A、7A、8A、9A：润滑或勤务工作是适用和有效的吗？

这是指任何能保持固有设计能力的润滑或勤务工作。

2）使用/目视检查（只适用于隐蔽的功能故障）

问题 8B 和 9B：验证使用状态的检查或目视检查工作是适用和有效的吗？

使用检查是指确定某一项目是否能完成其预定的工作目的的任务。这种检查不是一种定量检查，只是一种发现故障的工作。目视检查是指通过观察确定某一项目是否能完成其预定的功能。这种检查也是一种发现故障的工作。

3）检查/功能检查（所有类别）

问题 5B、6B、7B、8C 和 9C：用检查或功能检查工作探测功能降低是适用和有效的吗？

（1）一般目视检查（General Visual Inspection，GVI）。

对内部和外部区域、装备或组件进行目视检查，以寻找明显的损伤、故障或不正常的迹象。这种检查应在可接触到的距离内进行。在检查区域时，为了提高目视检查的可达性，有必要借助镜子来检查暴露表面。这种检查可在正常光线下进行，如日光、机库内灯光、照明灯光等。为了更好地接近检查区域，有时可能需要拆掉或打开检查口盖、门，也可能需要准备工作台、梯子等。

（2）详细检查（Detailed Inspection，DET）。

对特定的结构项目、装备或组件进行仔细的目视检查，以寻找损伤、故障或不正常的迹象。检查者可借助镜子、放大镜等辅助工具，必要时，可以要求进行表面清洁处理和采取复杂的接近手段。

（3）特殊详细检查（Special Detailed Inspection，SDI）。

对特定项目、装备或组件进行仔细观察，以寻找损伤、故障或不正常的迹象。这种检查必须使用特定的检查技术和设备，并且要进行复杂的清洁，甚至分解工作等。

4）恢复（所有的类别）

问题 5C、6C、7C、8D 和 9D：降低故障率的恢复工作是适用和有效的吗？

恢复就是把一个项目恢复到规定标准所需的工作。

由于恢复工作可以是单个零件的清洗或更换，也可以是全面翻修，因此必须规定每个项目所选工作的范围。

5）报废（所有类别）

问题 5D、6D、7D、8E 和 9E：避免故障和降低故障率的报废工作是适用和有效的吗？

报废就是按规定的寿命限制使项目退役。

报废工作通常适用于单个零件，如滤芯、壳体、筒体、发动机机盘、安全寿命结构件等。

6）综合（仅安全性类别）

问题 5E 和 8F：有一种工作或综合工作是适用和有效的吗？

这是一个安全性类别的问题，一定要做工作，必须分析所有可能的方法。为此，需要审查所有适用的工作，通过审查选出最有效的工作。

维修工作的选择准则如表 4.1 所示。

表 4.1 维修工作的选择准则

工 作	适 用 性	安 全 性	使 用 性	经 济 性
润滑/勤务	消耗性材料的补充必须能降低功能恶化速度	工作必须能降低发生故障的风险	工作必须能将发生故障的风险降低到一个可接受的水平	工作必须是有经济效果的
使用/目视检查	故障状况必须是能够确定的	工作必须能保证达到具有适当可用性的隐蔽功能，以降低发生多重故障的风险	不适用	工作必须能保证达到隐蔽功能的适当的可用性，以避免发生有经济性影响的多重故障，并且必须是有经济效果的
检查/功能检查	抗故障能力的下降必须是可探测的，且在功能故障和恶化状况之间存在合理的稳定时间间隔	工作必须降低发生故障的风险，以保证安全性	工作必须能将发生故障的风险降低到一个可接受的水平	工作必须是有经济效果的，即维修工作的费用必须低于预防故障的费用
恢复	项目必须在某个可鉴定的使用期内显示出功能恶化特性，且该项目的大部分必须能生存到该使用期，还必须能把项目恢复到抗故障能力规定的标准	工作必须能降低发生故障的风险，以保证安全性	工作必须能将发生故障的风险降低到一个可接受的水平	工作必须是有经济效果的，即工作的费用必须低于预防故障的费用
报废	项目必须在某个可鉴定的使用期内显示出功能恶化的特性，并且该项目的大部分必须能生存到该使用期	安全寿命限制必须能降低发生故障的风险，以保证安全性	工作必须能将发生故障的风险降低到一个可接受的水平	经济寿命的限制必须是有经济效果的，即维修工作的费用必须低于预防故障的费用

7. 确定系统和动力装置维修工作间隔

作为 MSG-3 分析的一部分，对于满足适用性和有效性准则的维修工作，维修工作组（Maintenance Working Group，MWG）应确定每项计划维修工作的时间间隔。维修工作组应该根据可获得的数据和工程经验判断法，为每项计划维修工作选择合适的时间间隔。

确定最优维修工作间隔所需的数据只有在设备投入使用之后才能得到。在许多情况下，可以借鉴以前相同或相似项目的经验。

1）信息来源

维修工作组在确定维修工作间隔时应该考虑下列因素：①制造厂的试验数据和技术分析；②制造厂的数据与/或供应商的推荐资料；③客户需求；④由类似或相同部件和子系统得到的使用经验；⑤工程最优估计法。

为估计最优维修工作间隔，维修工作组应该考虑以下问题。

（1）在确定有效维修工作间隔时，由其他航空器上通用或相似的部件、附件、系统获得什么样的经验数据？

（2）为获得更长的维修工作间隔已采用了什么样的设计进行改进？

（3）销售商或制造厂根据试验数据或故障分析推荐什么样的维修工作间隔？

2）维修工作间隔参数

最常用的参数有日历时间、飞行小时、飞行循环次数、发动机或 APU 的工作小时和循环次数。

维修工作间隔的确定包括以下步骤：第一步是定义主要参数。对多数系统和动力装置来说，飞行小时是主要参数。然而，对某些任务来说，飞行循环次数或日历时间可能是主要参数。第二步是根据上述参数确定维修工作间隔，其也可能由多个参数一起来表述。

3）维修工作间隔的选择准则

润滑和勤务（故障预防）：维修工作间隔应该以消耗件的使用频率、库存中消耗件的数量（如果适用的话）和恶化特性为基础。

使用和目视检查（故障发现）：当隐蔽功能失效时，要考虑在恶化环境中造成一个隐蔽性故障的暴露时间的长短及由其产生的后果；维修工作间隔的基础应该是将发生关联的多重故障的风险降低至维修工作组认可的可接受水平；在故障查找工作及其间隔的确定过程中，应该考虑该项工作使隐蔽功能处于失效状态的可能性。

检查和功能检查（潜在故障发现）：应该明确存在潜在故障的条件；维修工作间隔应该比从潜在故障变成可探测故障开始到恶化成一个功能故障为止的时间间隔短；在这一间隔内完成该项维修工作是可行的；从开始发现潜在故障到功能故障发生后应该再留有足够长的时间，以便采取适当的措施避免、消除故障或把故障的影响降到最小程度。

恢复和报废（故障避免）：当出现严重恶化及故障的条件概率明显增加时，恢复和报废间隔应该根据"可识别的工龄"来确定；考虑供应商推荐的类似部件所使用的数据；确保故障发生的多数情况出现在这个检查时间之后，这样可使发生初始故障的风险降低到一个可接受的水平。

4）"由接近确定"的间隔

有时候，直到一个部件或系统被拆卸或更换时才可能完成某项维修工作，所以这时的检查间隔应该与部件或系统的拆卸或更换时间间隔相一致。

如果部件或系统的拆卸或更换间隔短于要求的维修工作间隔，那么维修工作间隔应该由维修工作组定义为拆卸或更换间隔。如果维修工作间隔比拆卸或更换间隔短，则将其确定为"由接近确定"的间隔是不合适的。

5）审定维修需求（CMR）

除了通过 MSG-3 分析确定维修工作及其间隔，预定的维修工作还可能由航空条例审查程序产生。

CMR 是一种必须做的周期性工作,是在飞机的设计审定中作为型号审定的一个使用性限制而制定的。CMR 是在型号审定过程中确定的一部分维修工作。CMR 能够产生正式的数字化分析结果,它可以反映灾难性和危险性的故障状况。CMR 的目的是检查重大隐蔽性故障,以保证预期的安全性。CMR 来源于一个不同的分析过程,而不像维修工作及其间隔来源于 MSG-3 分析。

6)抽样

针对系统和动力装置分析程序中定义的项目,可采用抽样检查。抽样检查是为了确认没有意外的恶化特性。按已确定的间隔对一定量的项目进行检查,未被抽样的项目可持续使用直到抽样结果表明需要进行附加的计划维修为止。

4.3 飞机结构维修大纲

飞机结构维修大纲包括制定飞机结构预定维修工作的指导原则。这些指导原则将预定维修工作与未被探测的结构损伤后果联系起来。每个结构项目都是根据持续适航的重要性、对各种损伤的敏感性和检查损伤的难易程度来评定的。一旦建立了这些指导原则,制定的飞机结构维修大纲就在飞机使用寿命期内对防止或检测由疲劳损伤、环境恶化、偶然损伤造成的结构损伤有效。作为维修大纲的一部分,飞机结构维修大纲必须满足 MRB 和飞机型号审定工作的要求。

适航性限制中所包含的结构安全寿命件的强制性更换时间,作为持续适航规定文件的一部分是管理当局要求的;与疲劳相关的结构件的检查要求也应包括在内,还应包括根据使用单位的经验所制定的腐蚀预防和控制大纲(Corrosion Prevention and Control Program,CPCP)。

偶然损伤(Accidental Damage,AD)、环境恶化(Environmental Deterioration,ED)、疲劳损伤(Fatigue Damage,FD)和腐蚀预防与控制的要求,是飞机结构维修大纲的基础。

1. 飞机结构的定义

飞机结构由所有承载部件组成,主要包括机翼、机身、尾翼、发动机吊架、起落架、飞行操纵面和相应的连接点。

根据结构件失效后对飞机安全性造成的影响,可将结构件划分为下述项目。

(1)重要结构项目(Structural Significant Item,SSI)是指承受飞行、地面、增压或

操纵载荷的重要结构细部、结构部件和结构组件,它们发生故障将影响结构的完整性,而且危及飞机的安全性。

SSI 可能被包含在主要结构元件(Principal Structural Elements,PSE)中。PSE 是任何对飞行、地面、增压或操纵载荷产生重要影响的结构元件,并且其故障影响是灾难性的。所有的 PSE 都被认为是重要的结构。

(2)其他结构项目是非重要结构项目,在区域边界内可以定义为内部和外部的结构项目。

2. 预定结构维修

预定结构维修的目的是在整个使用寿命期内以经济的方式保持固有的适航性。为达到这一目的,检查工作必须满足根据偶然损伤、环境恶化和疲劳损伤确定的每项检查要求。所有的项目都被列入机队的检查中。

推荐的初始计划维修工作是结构维修大纲的基础,各型飞机工业指导委员会制定结构维修大纲时应考虑使用经验、制造厂的建议和系统的分析要求。

1)结构维修工作

作为结构维修大纲制定程序的一部分,应根据 SSI 的每个恶化过程来选择适用和有效的结构维修工作。为了确保在结构损伤容限评定与结构维修大纲之间建立直接对应关系,有必要对每项检查工作进行说明。

在所有可能的范围内,有关检查方法和定义应尽可能与 MSG-3 词汇表中的定义一致,对检查方法和定义的更改和/或增加,必须经工业指导委员会批准。

2)检查门槛值

对于每个 SSI 来说,初始检查时间是下列损伤来源的函数。

(1)偶然损伤。

对偶然损伤的首次检查时间(门槛值)常与确定的重复检查间隔相等,从首次投入使用开始算起。

(2)环境恶化。

所有检查等级的首次检查时间应根据使用单位和制造厂对类似结构的使用经验,以及保守的工龄探索方法来确定。

(3)疲劳损伤。

与疲劳直接相关的检查将在门槛值之后进行。由制造厂确定和管理当局批准的检查门槛值通常是损伤容限审定要求的一部分。这些要求可根据使用经验、补充的试验或工作分析进行修改。

3)重复检查间隔

每次检查工作完成后,重复检查间隔就确定了本次检查工作至下次检查工作的期限。

（1）偶然损伤。

有关偶然损伤的重复检查间隔，应根据运营人和制造厂对类似结构的经验来确定，其通常选择与预定维修检查间隔相对应的单级检查或多级检查来进行。

（2）环境恶化。

应根据已有结构件的使用经验和制造厂的建议来确定探测、预防、控制环境恶化（包括腐蚀、老化、分层）的重复检查间隔。

（3）疲劳损伤。

有关疲劳损伤的重复检查间隔，应根据损伤容限的评定来确定。在这些重复检查间隔中，适用和有效的检查工作可以为每个 SSI 的疲劳损伤探测提供足够的保证。

4）有关疲劳的抽样检查

飞行循环次数（起落次数）最多的飞机对初始疲劳裂纹最为敏感，这就意味着对这类飞机进行适当的检查，将会为疲劳损伤的适时探测提供最大的帮助。抽样检查计划的编制是根据一定的统计变量进行的。这些变量包括：①经过检查的飞机数目；②检查方法和重复检查间隔；③完成的飞行循环次数。

结构工作组把适合疲劳抽样检查的 SSI 列成表，提交给工业指导委员会批准，并落实在维修审查委员会报告的建议书中。在飞机达到疲劳损伤检查门槛值之前，由运营人和制造厂的联合工作组根据制造厂的技术评定要求，编制疲劳抽样检查的全部细节。

5）腐蚀预防和控制大纲

建立腐蚀预防和控制大纲，用以保证整个飞机在化学和环境作用下的抗腐蚀（与工龄相关的系统性恶化）能力。腐蚀预防和控制大纲是根据对环境恶化的分析（假设飞机处于典型的使用环境中）而制定的。在任何检查期间，如果发现腐蚀现象超过一级，则运营人必须对该区域的防腐方案进行重新评估，并将其控制在一级或更高的水平。

6）工龄探索大纲

在腐蚀预防和控制大纲的工作门槛值之前，应该制定工龄探索大纲以核实飞机抗腐蚀的能力。对于非金属重要结构，为优化检查工作的时间间隔，应该制定工龄探索大纲，以确定结构退化的速度。工龄探索的指导方针应该由结构工作组制定，经工业指导委员会批准，并体现在结构预定维修工作和间隔中。

7）区域检查大纲

对 SSI 和大多数其他结构项目来说，部分检查工作可以由区域检查大纲来提供。区域检查大纲中的检查工作和检查时间间隔由运营人和制造厂根据类似结构的经验来制定。对于包含新材料和新结构的工作部件，检查内容和检查时间间隔应在对制造厂的建议进行评估的基础上制定。

8）检查结果报告

为了从预定结构维修中收集和推广使用经验，型号合格证持有人和运营人应建立一个完善的报告系统。该报告是现行条例所要求的故障、失效或缺陷的报告系统的补充（如使用困难报告）。

3．损伤来源和检查要求

1）损伤来源

为了选择维修任务，结构评定应该考虑下面的损伤来源。

（1）偶然损伤。其特点是随机发生的离散事件，它可以降低结构的固有剩余强度水平。这类损伤来源于地面和货物运输设备碰撞、外来物撞击、雨水侵蚀、冰雹、雷击、跑道破碎、渗透、冰冻和融化，以及在飞机制造、使用及维修过程中的人为差错。

对于大尺寸的偶然损伤，如发动机解体、鸟类撞击或与地面设备的较大碰撞造成的损伤是很容易检查到的，不需要对其维修工作进行评定。

（2）环境恶化。它是由不良天气或环境所引起的结构强度的变化。需要对应力腐蚀和非金属材料的强度衰退进行评定。应力腐蚀可能取决于时间或使用期。例如，表面防护层损伤的恶化很可能是由于日历时间增加而造成的；相反地，由于厨房渗漏造成的腐蚀却是随机发生的离散事件。

（3）疲劳损伤。其特点是初始疲劳裂纹是由交变载荷引起开裂及其持续扩展造成的。它是一个与飞机使用时间（飞行小时或飞机循环次数）有关的累积过程。

2）检查要求

与损伤来源有关的检查要求如下。

（1）应力腐蚀和其他形式的腐蚀在本质上都是随机发生的，即在飞机整个服役期内的任何时刻都有可能发生。因此，检查要求适用于使用期内机队的所有飞机。

（2）大多数腐蚀取决于使用时间和使用期，并很可能随机队使用期的延长而发生。在这种情况下，可以借鉴运营人和制造厂对类似结构的使用和维修经验来确定合适的维修检查工作。

（3）由于可探测的疲劳裂纹在机队成熟期之前是无法预料的，因此预定结构维修工作可被修改。在机队中飞机循环次数最多的飞机对初始疲劳裂纹最为敏感，这类飞机是疲劳抽样检查的最佳候选机。

4．预定结构维修大纲的制定

预定结构维修工作和检查间隔应该根据飞机的结构设计信息、疲劳和损伤容限的评定、类似结构的使用经验及相关的试验结果来制定。在选择维修工作时，应该考虑下列因素。

（1）结构退化的来源：偶然损伤、环境恶化、疲劳损伤。

（2）结构对每种退化来源的敏感程度。

（3）结构退化对持续适航性产生的影响：①损伤对飞机的影响；②多部位或多元件疲劳损伤；③结构损伤和系统与动力装置故障相互作用对飞机飞行特性或响应特性的影响；④飞行中结构项目的丢失。

（4）预防、控制或探测结构恶化方法的适用性和有效性，考虑首次检查期限（门槛值）和重复检查间隔。

相关的流程图如图 4.8～图 4.13 所示。

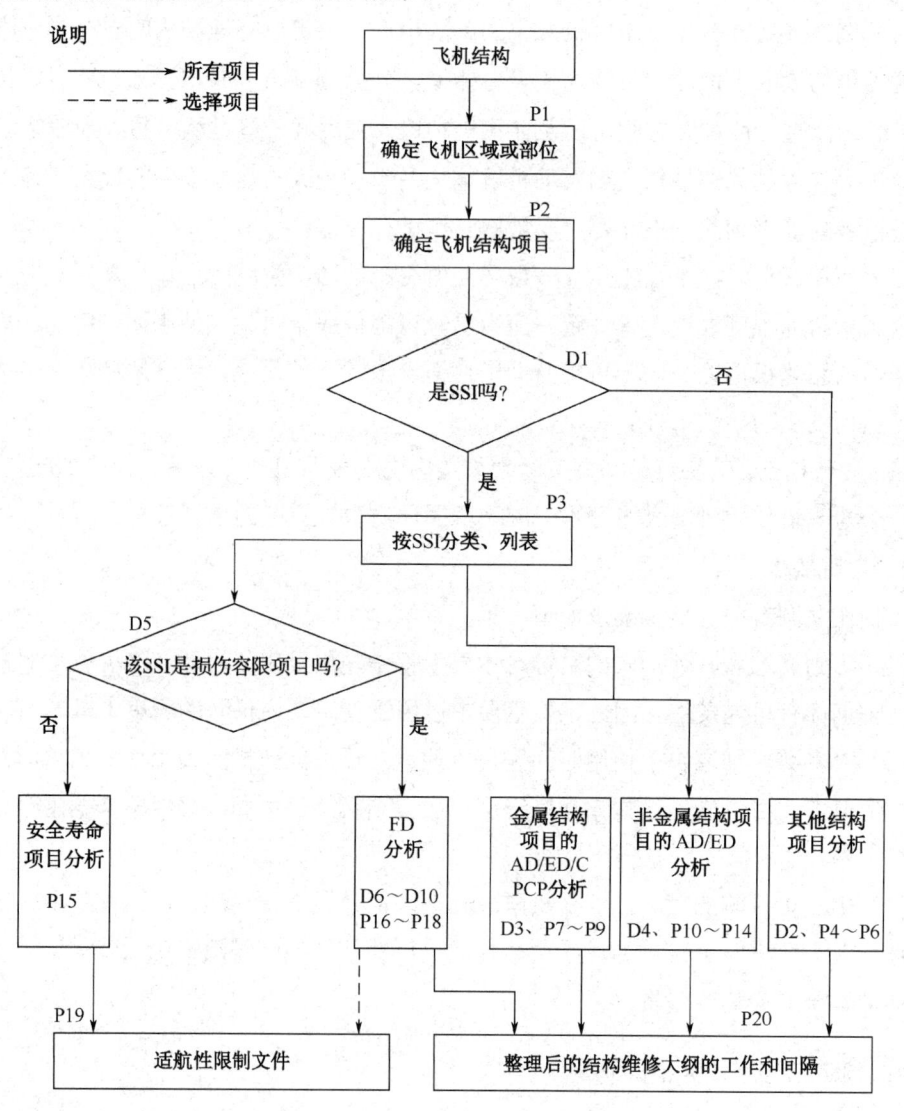

图 4.8　结构项目 MSG-3 逻辑决断图

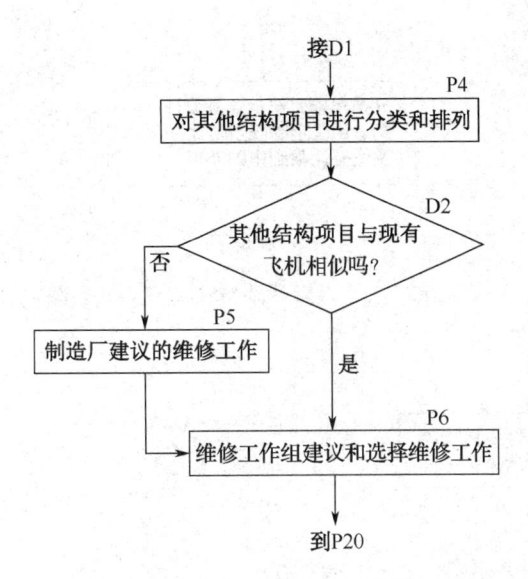

图 4.9　其他结构项目的 MSG-3 逻辑决断图

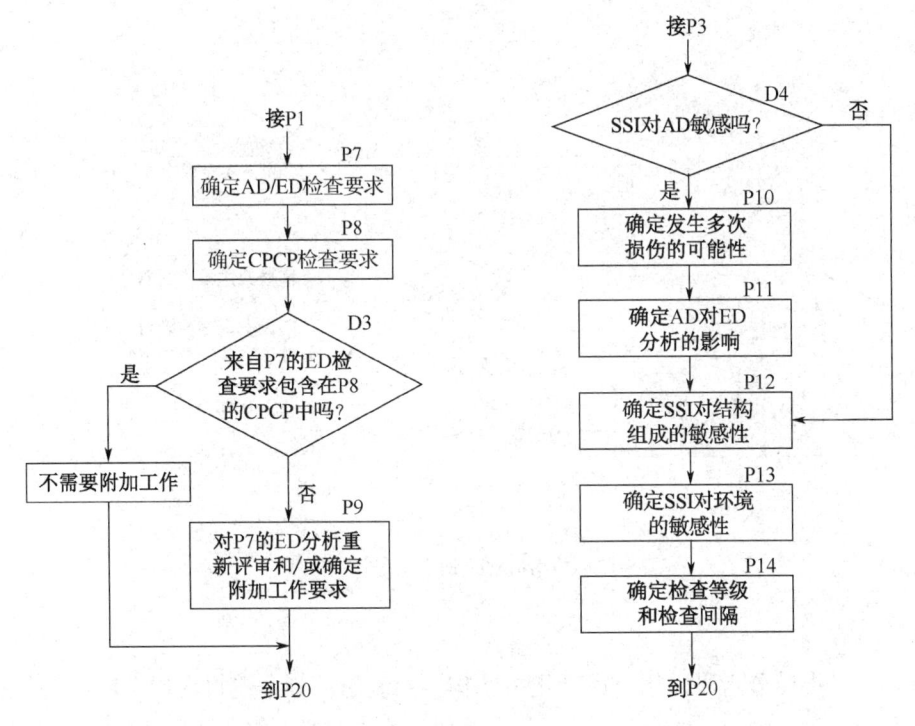

图 4.10　金属结构项目的偶然损伤和环境恶化损伤 MSG-3 逻辑决断图

图 4.11　非金属结构项目的偶然损伤和环境恶化损伤 MSG-3 逻辑决断图

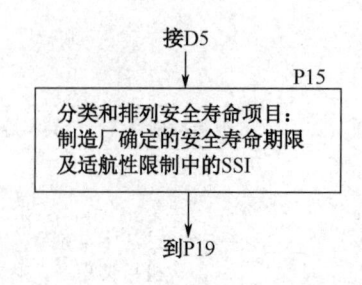

图 4.12　安全寿命项目 MSG-3 逻辑决断图

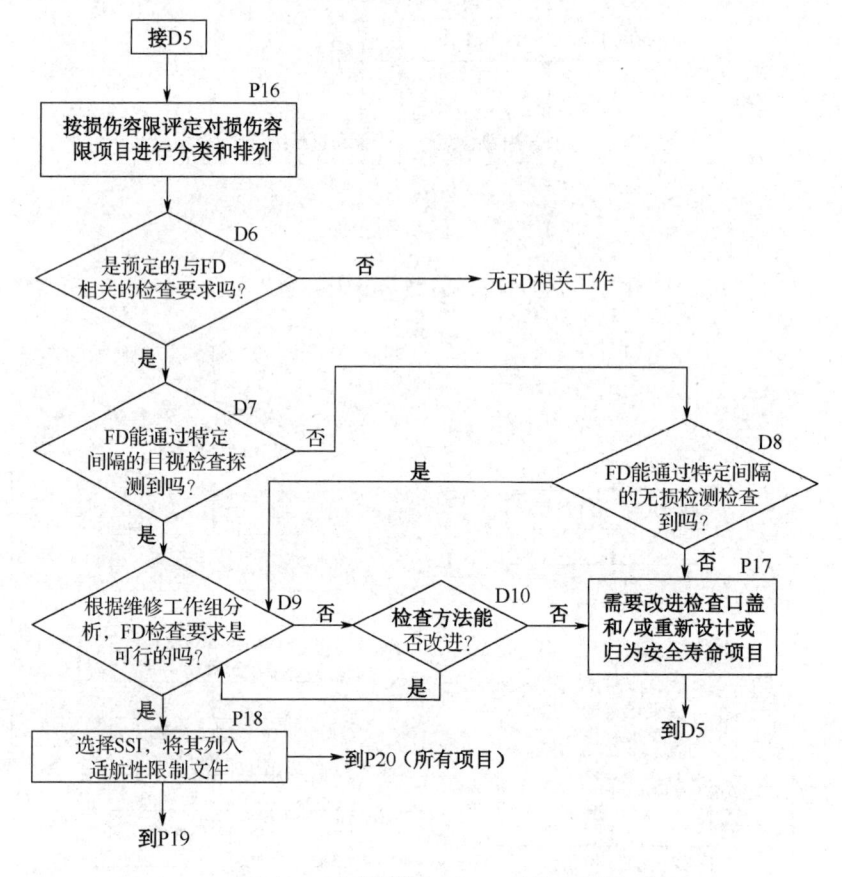

图 4.13　疲劳损伤 MSG-3 逻辑决断图

具体流程如下。

（1）结构维修分析可以用于所有飞机结构，由制造厂划分飞机区域（P1）和结构项目（P2）。

（2）制造厂对结构项目进行分类（D1），根据这些项目的失效或故障对飞机安全性的影响，将它们划分为 SSI（P3）和其他结构项目（P4）。

（3）重复采用相同的程序，直到对所有的结构项目都进行了分类为止。

（4）按照 SSI 进行列表（P3），它们将被区分为安全寿命项目和损伤容限项目

（D5），而且必须进行 AD/ED/CPCP 分析（要么是金属结构项目，要么是非金属结构项目）。

（5）将其他结构项目（P4）与现有飞机的类似项目进行比较（D2）。那些类似的或被制造厂认为不是新材料或新设计概念的项目（P5），由维修工作组制定维修建议。维修工作组所选择的所有工作都包括在预定结构维修大纲中（P20）。

（6）制造厂必须考虑金属结构项目的 AD/ED 分析（P7～P9）和非金属结构项目的 AD/ED 分析（P10～P14）。

（7）为了及时探测 AD/ED，应对所有金属件的 SSI 确定检查要求（P7）。根据 SSI 的位置、边界、检查口盖、故障分析等比较性评定来确定每个 SSI 的检查要求。制造厂的评级系统也可以用来确定这些检查要求。

（8）对于包含金属件的 SSI，应该按照 CPCP 考虑腐蚀预防和控制的要求（P8）。

（9）ED 的检查要求应与 CPCP 的检查要求进行比较（D3）。如果这两种要求是相似的或相同的，ED 的检查要求将包含在 CPCP 的检查要求中；如果尚不满足 CPCP 的检查要求，则应对 ED 检查工作进行评审，并确定附加的工作或制定独立的 CPCP 检查要求（P9）。

（10）重复 P7、P8、P9，直到所有金属件的 SSI 均已被评审为止。

（11）包含非金属件的 SSI 的评审，应根据 SSI 的位置、损伤来源的暴露频次、损伤位置及对 AD 敏感与否来确定（D4）。

（12）包含非金属件且对 AD 敏感的 SSI，应该按照损伤来源的暴露频次及多重故障发生的概率（P10），以及它对 ED 的影响分析来评定（P11）。

（13）确定 SSI 对结构组成的敏感性（P12）和对环境的敏感性（P13）时，必须考虑 AD 对 ED 分析的影响和材料的种类。

（14）对于包含非金属件的全部 SSI，必须确定检查等级和检查间隔（P14）。制造厂的评级系统可以用于确定这些检查要求。

（15）所有由结构工作组选择的通过 AD/ED 分析得到的需要完成的工作都包含在结构维修大纲（P20）中。

（16）制造厂根据损伤容限或安全寿命期限来划分 SSI（D5）。

（17）对属于安全寿命的每个项目，制造厂确定的安全寿命期限（P15）应包括在飞机持续适航性限制文件中（P19）。在结构维修大纲中没有为保证飞机持续适航的与疲劳损伤相关的检查工作。

（18）所有剩余的 SSI 都是损伤容限项目，制造厂所确定的要求能否及时地探测 FD 取决于预定的检查工作（P16）。如果 SSI 承受规定载荷时造成的损伤在飞机日常使用过程中容易被探测到（D6），则不需要在结构维修大纲中规定与 FD 相关的检查工作。

（19）为了提供足够的 FD 探测机会，在预定维修检查中使用目视检查是适用和有效的（D7）。

（20）为了提供足够的 FD 探测机会，当目视检查不适用时，在预定维修检查中应用无损检测（Non-Destructive Inspection，NDI）方法进行检查（D8）。

（21）与检查要求有关的 FD 的详细资料要提供给维修工作组，并由其确定是否可行（D9）。如果没有切实可行的和有效的目视检查和无损检测方法（D10、P17），则必须改进检查口盖和/或重新设计该 SSI。如果制造厂认为这种办法不可行，则该 SSI 应该归为安全寿命项目（P15）。

（22）维修工作组所选择的疲劳检查要求包括在初始结构维修大纲中（P20）。

（23）为了支持型号合格审定工作，选择与 FD 相关的检查工作，将其列入适航性限制文件（P18、P19）。

（24）对于所有损伤容限的 SSI，重复执行 FD 的分析程序。

（25）经过 AD、ED、FD 及其他结构项目分析产生的检查工作，应列入预定结构维修大纲中（P20）。

（26）所有 SSI 的检查要求及其他结构项目的维修工作，应提交给工业指导委员会批准，并作为维修审查委员会报告建议的一部分。

（27）应为适航性限制文件中的结构维修部分单独编写一份文件，并提交给适航管理当局审定批准。

4.4 飞机区域分析程序

区域检查可使用区域分析程序制定，它要求对飞机的每个区域进行综合评审，而且通常在结构、系统与动力装置的 MSG-3 分析之后进行。

在 MSG-3 自上而下的分析中，对于许多辅助项目（如系统管路、导管、其他结构和线路等），应评价它们引起功能故障的可能性。当需要通过一般目视检查（GVI）来评定恶化状况时，区域检查是一种合适的方法。程序如下。

（1）按照 ATA 2200 规范的定义把飞机内部和外部划分为不同的区域。

（2）为每个区域准备一份工作单，确定区域位置和接近通路、尺寸（体积）、所安装系统和元件的类型、线束的功率等。

（3）制定等级表以确定区域检查间隔。该表需要考虑区域中的 AD、ED 的可能性及区域中设备的密集度。

（4）对于包含系统设备的所有区域，使用上一步制定的等级表进行标准区域分析，以确定区域检查间隔。

（5）确定包含电子线路和易燃材料的区域，进行增强区域分析（增强区域分析只对内部进行检查），即进行独立的检查工作，把易燃材料造成的污染降到最低。根据等级表中所列的邻近线路和系统遭受火灾威胁的潜在影响，按区域大小和安装设备的密集度来确定检查级别。GVI 对于整体区域是有效的，详细检查只对区域内的特殊项目是有效的。使用考虑了 AD 和 ED 影响后制定出的等级表，可完成检查间隔的确定工作。

（6）为了将污染降到最低所进行的 DET 与工作，应该包括在系统与动力装置检查中。

（7）将增强区域分析的 GVI 与标准区域分析的区域检查相比较。如果所用接近方式相同，并且建议的检查间隔是一样的，则可以考虑将前者合并到区域检查中；否则，单纯的 GVI 项目应该放在上一步所确定的工作中，即包括在系统与动力装置的检查中。

（8）可将系统与动力装置、结构的 GVI 与标准区域分析的区域检查进行比较。用工作单记录初始分析所建议的检查间隔。如果接近方式相同，并且建议的检查间隔是一样的，甚至标准区域间隔更小，则可认为这些 GVI 完全包含在整体区域检查中；否则，已标识的 MSI 或 SSI 应该单独进行 GVI。

（9）将闪电/高强度辐射场防护分析的 GVI 与标准区域分析的区域检查相比较（4 项）。如果接近方式相同，并且建议的间隔更小，则这些 GVI 应完全包含在区域检查中；否则，系统与动力装置检查项目中应该单独进行 GVI。

（10）假如系统工作组认为在区域检查中，目视检查项目的失效已经被注意和处理了，则区域检查可覆盖目视检查；否则，在系统与动力装置的维修任务中应保留那些需要特别注意的项目的维修任务。

（11）通过标准区域分析所确定的所有检查工作应该放在区域检查中。为了可靠起见，对来自系统与动力装置、结构分析的 GVI 或目视检查，应该在 MRB 报告的区域检查任务中标明。为了避免对这些项目过度重视，将不在任务/工卡中标明。

典型区域 MSG-3 逻辑决断图如图 4.14 所示，线路检查任务 MSG-3 逻辑决断图如图 4.15 所示。

区域检查间隔是根据机件对损伤的敏感性、区域中的维修工作量，以及运营人和制造厂使用相似系统与动力装置、结构的经验来确定的。如果可能的话，那么区域检查间隔应与预定维修检查间隔相一致。对于给定的区域，可能不止一项任务。在这种情况下，检查次数与要求的通路数量成反比，即通路越多，检查次数越少。

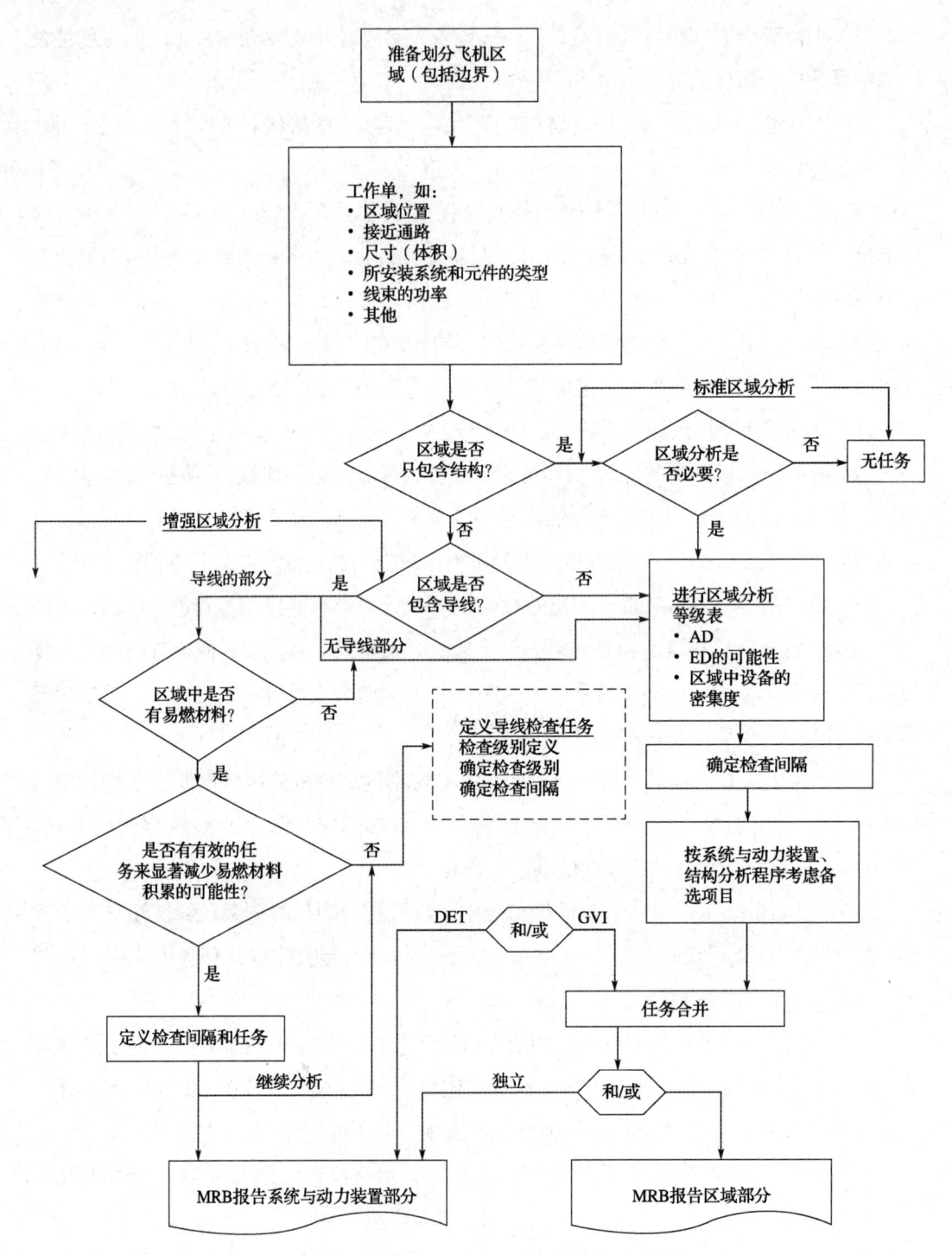

图 4.14　典型区域 MSG-3 逻辑决断图

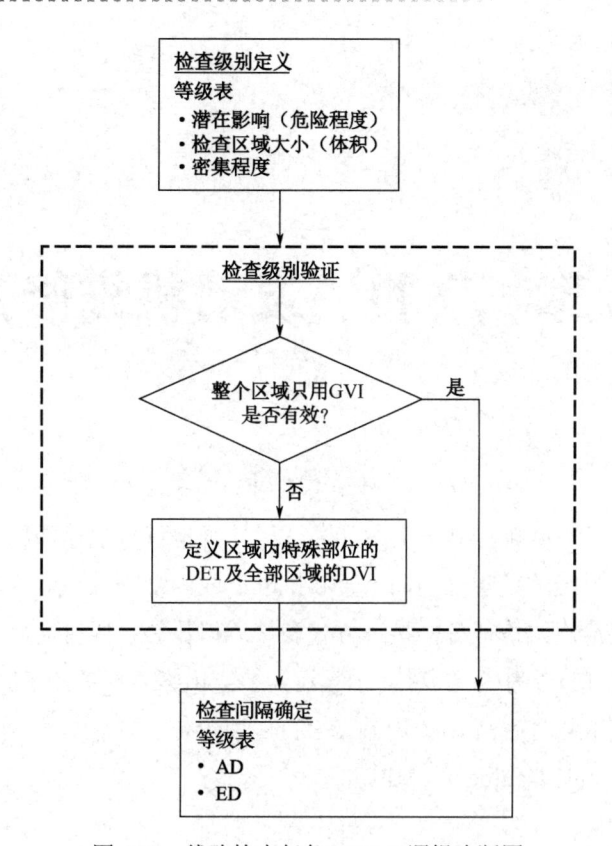

图 4.15 线路检查任务 MSG-3 逻辑决断图

第 5 章　飞机、发动机维修方案

对民用飞机而言，基础维修方案中加入适当的维修任务描述即构成了维修大纲建议书，维修大纲建议书经适航管理当局审查和批准后成为维修大纲。为了进一步落实维修大纲，还必须明确给出维修任务的接近方式和接近口盖等；同时，为了便于航空公司进行维修人员的确定和维修任务的安排，一般还需要给出维修任务的工时和进行任务合并。这些内容加入维修大纲后就构成了制造商推荐的维修方案，也称为维修计划文件（Maintenance Planning Document，MPD）。

5.1　维修计划文件

根据前文的介绍可以看出，维修大纲虽然解决了什么时间做什么维修任务的问题，但是并没有说明完成这些维修任务需要的工时，更没有确定实施维修任务时的接近方式和接近口盖说明，还有润滑等方面的要求也需要确定。

5.1.1　维修计划文件简介

维修计划文件是航空器制造厂为了帮助航空公司和用户尽快制定符合运行规章要求的维修方案而以维修大纲为框架编写的指导性维修技术文件，航空公司可参照该文件更好地执行维修大纲。

对于一些小型航空器或低利用率航空器，根据适航规定和相关要求，一般不强制编写维修大纲，这时编写维修计划文件就显得更加重要。它与其他适航文件之间的关系如图 5.1 所示。

维修计划文件虽然不是民航局审批的文件，但其主要是在维修大纲的基础上制定的，其制定流程如图 5.2 所示。制定（含修订）维修计划文件需要依据的文件如下。

第 5 章 飞机、发动机维修方案

图 5.1 维修计划文件与其他适航文件之间的关系

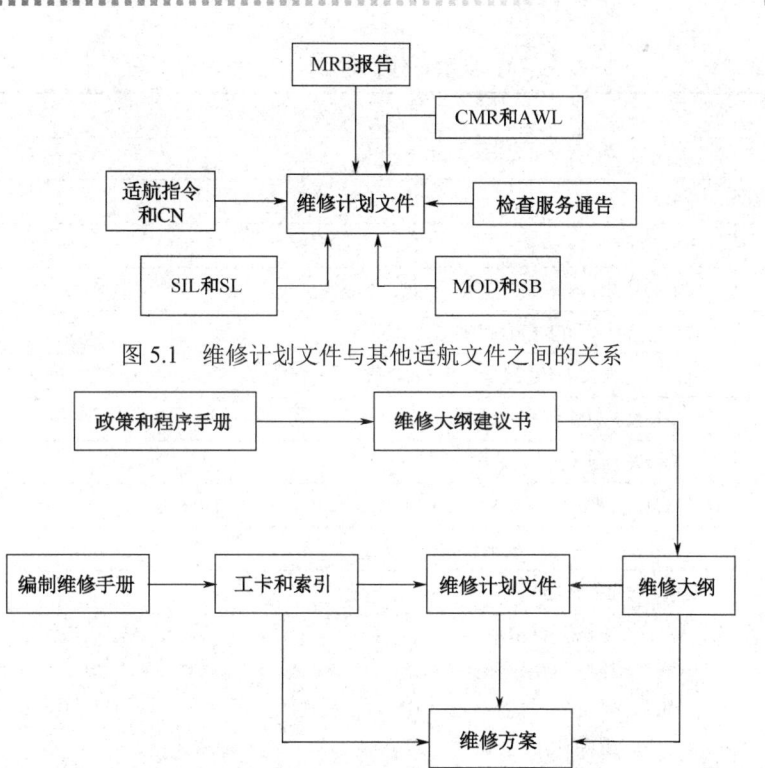

图 5.2 维修计划文件制定流程

（1）该机型经过批准的 MRB 报告。
（2）该机型按照航空条例相关审定要求确立的航空器型号审定维修要求（CMR）。
（3）型号合格审定中必不可少的适航性限制（Airworthiness Limitations，AWL）项目。
（4）该机型适航指令和适航指令要求的重复检查（CN）。
（5）机型改装通告（MOD）和服务通告的改装要求。
（6）各种技术性服务信息函件（SIL）和服务函件（SL）。
（7）检查服务通告。

5.1.2 维修计划文件的主要内容

由于维修计划文件不是适航管理当局审批的文件，所以其格式存在许多差异，但总的来说，所有航空器的维修计划文件都是以 MRB 报告为框架制定的，列出了 MRB 报告、适航和运行规章所规定的维修任务；给出了每项维修任务所需的维修工时；给出了按照维修间隔排列的维修任务项目；给出了不同组合形式的维修任务工时分析和维修停场时间。此外，还给出了承运人制定维修方案和完整计划维修任务所需要的其他参考资料。

典型维修计划文件的主要内容如表 5.1 所示。

表 5.1 典型维修计划文件的主要内容

序号	名称
0	修改说明和有效页清单
1	概述
2	飞机尺寸
3	飞机区域划分图解
4	接近口盖和各种门（飞机内外）
5	润滑/勤务要求（含过滤器清洗更换要求）
6	系统维修大纲或系统与动力装置维修大纲
7	结构检查大纲（含图解清册）
8	区域检查大纲（MSG-3 制定的 MRB 报告，含 HIRF 维修检查要求）
9	适航性限制和审定维修项目要求
10	腐蚀预防和控制大纲
附录	i 航线可更换件（LRU） ii 损伤容限率（DTR）检查表和差异结构报告表 iii 可覆盖系统/动力装置检查项目的区域检查项目 iv 动力装置/附件厂家寿命件 v 地面设备和工具 vi 维修工时分析和任务组合 vii MRB/MPD/工卡号对照 viii 以间隔时间分类的维修任务项目

5.1.3 维修性与维修工时

维修性反映了航空器维修是否迅速、有效和经济的固有设计属性，所以其定义为系统在规定条件下和规定时间内，按规定的程序和方法进行维修时，保持或恢复到规定状态的能力。显然，维修性的评价指标主要包括可达性、可拆卸性、标准化、简化设计、防差错设计、模块化设计、测试性等。如果一架航空器的维修性好，则表明在对其进行维修时具备便于接近、拆卸容易、设计简单、出错概率低、测试方便等特点，且有很好的人因工程设计。维修活动过程示意图如图 5.3 所示。

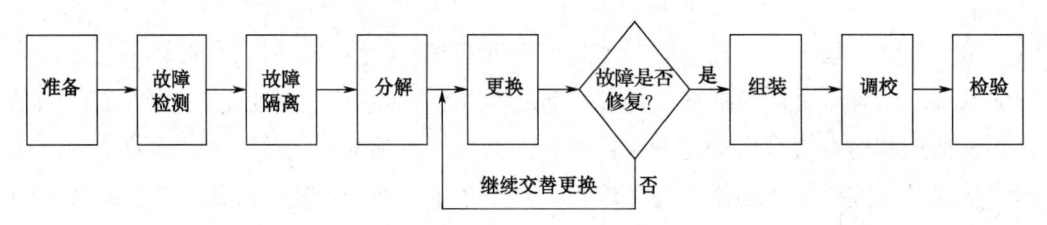

准备 → 故障检测 → 故障隔离 → 分解 → 更换 → 故障是否修复？ —是→ 组装 → 调校 → 检验
                                          ↑   ↓否
                                          └─ 继续交替更换 ─┘

图 5.3 维修活动过程示意图

维修工时是维修计划文件中的一项重要内容，它主要受航空器维修性、维修设备和维修人员的技术水平等的影响，有着重要的作用。首先，维修工时决定了维修任务量，直接影响维修任务的安排、维修人员的确定与计划；其次，维修工时还是评价航空器维修性的依据，对于同样类型的航空器，总的维修工时比较少，则说明实施维修任务的项目少，实施维修任务的间隔比较长，完成同样的维修任务所花费的维修时间比较少；最后，通过分析维修工时还便于发现航空器中维修性设计差的项目，为进行维修性改进设计提供技术数据支持。

维修工时主要包括维修准备时间、故障检测时间、故障隔离时间、分解时间、更换时间（修复时间）、组装时间、故障调校时间及检验时间等。显然，如果航空器的维修性设计得好，则实施维修任务时在上述方面所花的时间少，整机的维修工时也少；反过来，如果该航空器在实施维修任务时所花的维修工时少，则可以证明该航空器的维修性好。所以，维修工时是维修性的一种表现形式，而维修性的好坏又会对维修工时的各组成部分造成影响，直接决定航空器的维修工时。

精准确定维修工时比较困难，下面是工程上常用的一些方法。

1）经验估算法

经验估算法的基本思路是请多名有经验的维修工程师，就航空器的维修工时提出个人估计值，然后以此为基础进行数学平均来确定其维修工时。显然，经验估算法受到个人经验、知识层次等因素的影响，这是一种比较粗略的估算方法，一般可以用于设计阶段的粗略估算。

2）经验确定法

经验确定法的基本思路是请多名有经验的维修工程师，就装备系统维修工时用实际操作的方法得出多个实际操作测定值，然后以此为基础进行数学平均来确定其维修工时。显然，经验确定法只能在装备生产出来之后使用，所以它可以用于验证用经验估算法粗略估算的维修工时，但是这种方法会受到维修工程师维修的熟练水平的影响。

3）相似类比法

相似类比法的基本思路是首先选定某类航空器中一个具有可比性和代表性的航空器，以其作为标准航空器进行工时研究，再以其维修工时作为标准工时；然后，根据该类型其他航空器与标准航空器之间的相似度，采用工时换算系数修正的方法，即以标准航空器维修工时乘以换算系数得到其他航空器维修工时的具体数值。相似类比法的核心是确定标准航空器和工时换算系数，而工时换算系数又主要受标准机型与待定机型相似度的影响，只有待定机型与标准机型具有比较高的相似度时才能获得比较准确的维修工时。

4）抽样评分法

抽取装备中足够多的可更换单元，先按照核对表对其维修作业进行评分，再用经验公式估算出维修工时。

5）定量分配法

先将指标分配到各子系统，再进一步分配到更低一级的产品层次。定量分配法涉及的航空器使用参数比较多且难以确定，所以实际操作起来比较困难。

6）时间累计法

通过前面的分析可以看出，维修工时对航空器的维修费用影响非常大，要想降低维修费用，显然要努力降低维修工时。而降低维修工时主要表现为减少维修任务项目或降低每项维修任务的维修工时。所以在确定维修工时时，可以采用两种方法：一种是从宏观角度出发，根据类似机型数据或设计目标值进行维修工时的分配，这是设计范畴的概念；另一种是在设计完成后，从微观角度出发，在具体确定一项维修任务的维修工时时，根据该维修任务所包含的维修活动进行逐一分解和确定，最后进行累加即可，这种确定维修工时的方法又称维修工时的预计。

5.2 用户维修方案

5.2.1 维修计划文件的客户化

从严格意义上讲，客户化是开始于航空器服役，终止于航空器报废的全过程。制造厂应该全程监控航空器的全寿命服役过程，及时得到反馈信息，不断地更新相关的技术资料系统，以配合航空器构型的变化，从而正确指导航空器的维修任务。

维修计划文件的客户化要以方便客户使用为目的。针对不同的客户，维修计划文件中要有不同的指导数据，并通过修订系统保证其实时有效，故而维修计划文件的客户化方针应该包括两方面的内容。一方面，在新机型投入运营时，根据客户的选型不同，出台针对不同客户的维修计划文件。一般情况下，不用颁发给每位客户一套适合他们的维修计划文件，而是在通用的维修计划文件中罗列出针对不同客户的项目、数据和要求，方便客户有针对性地使用，为客户快速、准确地编撰自己的维修大纲、维修方案打下良好的基础。另一方面，在新机型投入运营后，跟踪监控所有机队每架航空器的使用状况，及时处理反馈数据，结合适航管理当局的要求和 MRB 报告的变化，不断更新修订维修计划文件的内容，使维修计划文件的客户化内容保持有效，这同样是维修计划文件客户化决策。

1. 客户群的分类

在航空器制造初期，制造厂应将航空器的客户群进行分类，不同航空公司要有专职的部门和专门的人员负责针对性销售。在接受客户的订单后，要根据不同客户的不同选型进行细化归类，按系统与动力装置、附件等的配置不同划分出不同的组群，并以最优化的体系和方式记录在案，以便设计、制造和资料服务部门分门别类地实施相关的客户化任务。例如，波音757飞机的动力装置有RR公司的RB211-353E4、普惠公司的PW2037两种选型，而在飞机的客舱登机门/服务门的选型中，波音公司也为客户提供了3门和4门的选型。对于这些差异性数据，制造厂必须组织不同的设计、制造等环节进行有效的客户化控制，在资料控制系统中正确显示所有选型的不同维修要求。

2．飞机的分类

飞机的分类是制造厂的重要任务之一，有效的飞机编号系统对从设计、制造到服役和报废的全过程的控制是至关重要的。从资料管理上来讲，飞机的分类是以飞机的编号参数来实现的，维修计划文件和维修工卡的索引系统同样是利用分类编码系统来完成其客户化过程的。总的说来，飞机的分类编号系统就像飞机的身份证，不过与人类的身份证不同的是，飞机可以根据资料的类别不同，使用不同的编号参数，如飞机可以有注册号、流水线号、工程可变号和客户有效号等（见表5.2），这样可以分别用于飞机的工卡、检查服务通告、技术图纸等系统中，使飞机的客户化管理成为可能。

表5.2 某航空公司部分飞机的编号参数

机型	注册号	流水线号	工程可变号	客户有效号	出厂序号	出厂日期	选呼号	报呼号
B737-300	B-2656	2519	PQ471	431	26292	19930906	DRLS	FBE
B737-500	B-2975	2822	PT031	804	26338	19961015	GHFM	KLM
B737-700	B-5039	1315	YA710	710	28258	20030512	FMER	KNY
B757-200	B-2869	1010	NN052	402	32942	20020408	JLES	ZFO
B737-200	B-2524	1585	PN521	011	24236	19880802	LMHJ	BFZ

5.2.2 航空公司维修方案

由于维修方案主要根据维修大纲、维修计划文件等制定，而上述文件又会根据新飞机投入使用时发现的问题不断进行修订，因此维修方案也需要进行不断的改进和修订。另外，由于维修方案中还包括一些非计划维修任务，所以维修方案还会根据先锋用户在飞机运行中发现的新问题进行必要的调整。维修方案一般分为制造厂维修方案和航空公司维修方案。

航空公司维修方案（Maintenance Schedule，MS；Maintenance Program，MP）也叫承运人维修方案，是航空公司根据制造厂编写的维修方案，或者直接根据维修大纲、维修计划文件、客户化维修计划文件等，结合自身的维修能力等实际情况而编写的适合本航空公司使用的维修方案。

航空公司维修方案是航空器持续适航的基本要求，也是航空器运行的基本要求。按照国际民航公约的要求，承运人必须确保航空器的维修是按照维修方案执行的。民用航空器的使用人和/或维修单位应根据经适航部门批准或认可的航空器维修大纲或维护技术规范及航空器制造厂推荐的维修计划文件，结合本单位的具体情况，如航线结构、地区特点、维修管理水平、维修设备和航材储备等，制定航空器的维修方案，并获得所在地区管理局适航处的批准。所以，维修方案是民用航空器承运人或飞机用户根据飞机构型、运行环境和维修经验，执行航空器维修大纲或技术维修规程、适航和运行规章要求，遵循制造厂建议而制定的计划维修检查要求。

航空器维修方案是航空公司运行规范的重要组成部分，给出了航空公司保持机队持续适航性的具体做法，体现了承运人的责任和承运人机队全寿命管理的原则。维修方案的地位和作用主要包括以下几点。

（1）航空器维修方案是各航空公司用户对所使用的各型飞机进行维修任务的总方案和总要求，是保证飞机持续适航的具体措施。

（2）没有维修方案的用户，不得维修飞机；没有维修方案的机队飞机，不能发给适航证，也不能参加营运飞行。

（3）制定维修方案时，必须根据各公司用户的具体情况，认真分析研究，选择最佳方案，力求在保证安全的前提下，获得较高的经济效益。

5.3 维修方案的修改与优化

5.3.1 维修方案的修改及其批准程序

1. 维修方案的修改程序和原则

（1）工程分部负责维修方案的制定和修改。

（2）可靠性管理委员会在技术指标和可行性方面对维修方案的修改建议进行审查，控制并批准维修方案的修改。

（3）质量分部确保维修工作按照制定的标准执行。

（4）维修方案中涉及适航管理当局有关飞机持续适航的条例和其所做的要求与规定，可靠性管理委员会无权进行修改的审查和批准。适航管理当局有关飞机持续适航的条例和其所做的要求与规定如下（不限于此）。

①适航指令。

②最低设备清单（MEL）的项目。

③外形缺损清单（CDL）的项目。

④寿命件。

⑤审定维修要求（CMR）。

⑥MRB 报告要求的结构抽样检查周期。

⑦允许首次腐蚀检查的实施不迟于门槛值加 10%重复检查间隔后的期限。重复检查间隔可增加 10%，但不超过 6 个月，任何此类延长应得到民航地区管理局的批准。

（5）维修方案中以下几个方面的修改不需要可靠性管理委员会批准。

①MRB 报告的修改项目。

②适航指令要求的修改。

③对飞机持续适航很有必要的修改。

④对不涉及维修间隔、维修范围的维修任务的修改。

（6）维修方案的修改以"修改决定"的方式下达。

（7）任何维修方案的修改，只要没有经过可靠性管理委员会审查和批准，就必须由机务部工程分部经理和质量分部经理同时签字后方才有效；可靠性管理委员会审查和批准的修改，由工程分部经理签字后即生效。

2．增大机群检查间隔的规定

（1）为增大机群检查间隔，必须对机群进行抽样检查，以评估实施增大检查间隔飞机的可靠性。

（2）抽样时，样本为机群的 10%，但不得少于 2 架。样本的实际实施状况必须达到新体系要求的 90%以上。

（3）实施抽样检查前，工程分部必须将抽样检查的要求和计划，以"工程评估"的方式报可靠性管理委员会审查和批准，然后转发技术通告（TB）或工程指令（EO）具体落实。

（4）经过分析和评估，已经表明不能增大检查间隔的项目不应再进行增大检查间隔的抽样检查。

（5）抽样检查结束后，应对检查期间产生的非例行数据或现象（非例行工作）进行评估和分析，工程分部应提出对增大检查间隔的意见，并以"工程评估"的方式向可靠性管理委员会报批。

（6）维修方案获准修改检查间隔后，可进行下一轮的增大检查间隔抽样工作。

（7）飞机数量不多于 3 架时，有关增大机群检查间隔的规定另案处理。

3．维修方案中增大个别项目检查间隔的修改规定

（1）抽样样本应不少于总量的 10%，且样本的使用状况应覆盖至少 90%的检查间隔。

（2）定时（HT）或视情（OC）部件的拆换率必须处于 A 级状态，并且所采取的修

改措施不与过去对可靠性报告的评估中对维护过程的不足所采取的更正措施相冲突。

（3）可靠性报告中过去 12 个月的报警情况、部件的磨损和性能衰退情况与大修或功能检查之后的使用期限必须是可以接受的。

（4）在未获制造厂同意的情况下，对 HT 或 OC 部件送修间隔的任何一次增大不得多于 15%。

4．重大故障的处理规定

（1）可靠性中心及时提供相关部件的使用时间、规定寿命等信息，以及非计划拆换率等可靠性分析数据，以"可靠性通报"的方式送至机务部总经理、工程分部、质量分部。

（2）工程分部收到此报告后，立即指定相应系统工程师进行调查，并于一周内写出调查报告，召集相关部门人员讨论、审定纠正措施，并提交公司总工等相关人员。

（3）由公司总工决定是否需要召开可靠性委员会议，以审议修改维修方案。

5．飞机结构腐蚀的处理规定

（1）若腐蚀是在没有相应工卡的情况下发现的，则应评估是否增加相应的防腐工卡。

（2）若发现的腐蚀是Ⅰ级腐蚀或没有腐蚀，且已有防腐工卡，则无须调整。

（3）若发现的腐蚀是Ⅱ级腐蚀，腐蚀的损伤刚超过允许的标准，且同型号其他飞机的检查结果也为Ⅱ级腐蚀，则应对防腐工卡进行调整，将腐蚀控制在Ⅰ级或更高的水平；如果同型号其他飞机检查结果为Ⅰ级腐蚀，则应在以后的历次检查中关注此腐蚀区域，一旦腐蚀损伤成为Ⅱ级，就必须对防腐工卡进行适当的调整。

（4）若发现的腐蚀是Ⅱ级腐蚀，且腐蚀远超过允许的损伤极限，在评估机队中其他飞机存在类似或更严重的腐蚀可能性后，应对其他飞机进行类似的检查，并修订防腐工卡。

（5）若发现的腐蚀是Ⅲ级腐蚀，则必须在 7 日内对同型号的其他飞机进行类似的检查，并在 3 日内通知民航地区管理局，同时报批对其他飞机相同区域的检查计划，并修订防腐工卡。

5.3.2 维修方案的优化

飞机维修方案是飞机所有预防性维修任务的指导性文件。制造商（如波音公司）的飞机维修方案优化流程如图 5.4 所示。维修方案不仅关系到飞机的安全与适航，而且直接影响飞机维修的成本。只有结合航空公司自身的实际情况，通过可靠性数据采集分析和工程评估，科学动态地优化维修方案，才能真正实现以最低的维修费用保证飞机的持续适航。下面通过对维修组合和维修项目的优化来介绍飞机维修方案的优化。

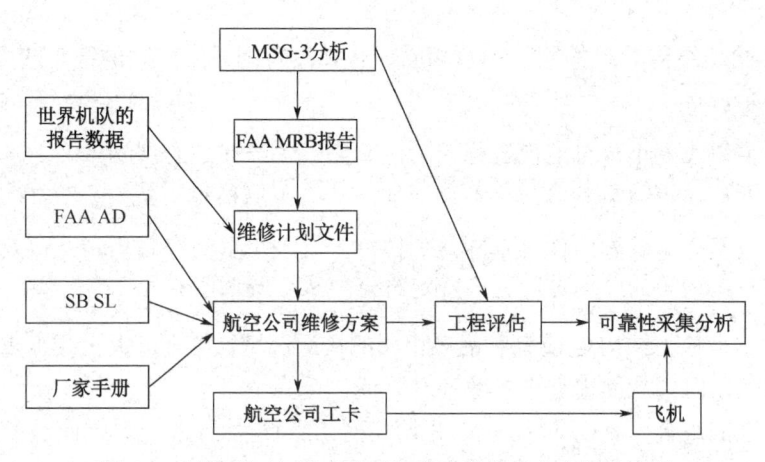

图 5.4　制造商（如波音公司）的飞机维修方案优化流程

可以建立一个优化模型来研究飞机维修方案的优化策略。用 C_t 表示需要优化的目标值，C_{tm} 表示总维修成本，C_m 表示材料成本，C_h 表示人工成本，C_p 表示由于飞机停场导致的营运损失，则

$$C_{tm} = C_m + C_h$$
$$C_t = C_m + C_h + C_p$$

影响 C_m 的主要因素是维修的频次及每次维修需要的材料、备件的数量，影响 C_h 的主要因素是维修工时，影响 C_p 的主要因素是飞机停场时间。因此，优化飞机维修方案的基本策略就是在保障安全的前提下，设法缩短维修停场的时间、降低维修频次或减少每次维修更换备件的数量，尽可能降低 C_m、C_h 或 C_p，实现 C_t 最小。

为此，根据航空公司机队的实际运行情况、维修项目任务量和任务周期，合理地将检查间隔相近的维修项目进行优化组合，才能编制出科学可行的维修方案。通过合理的维修组合完成相同的维修项目，可以减少定检的停场时间和工时，进而达到减小 C_t 的目的。

案例一：波音 757-200 飞机 C 检维修组合的优化。

波音 757-200 飞机的 MRB 报告定义系统 C 检的间隔为 6000FH 或 18 个月，先到为准；而结构 C 检的间隔为 3000FC 或 18 个月，先到为准。

厦航公司的航线多为国内短航线，波音 757-200 飞机 18 个月大约飞 4200FH/3100FC。因此，3000FC 最先到，其次是 18 个月，最后才是 6000FH。按照维修大纲的要求，飞机飞行 3000FC（大约 4065FH）要求做结构 C 检，飞机飞行 18 个月（大约 4200FH）要求做系统 C 检。系统 C 检和结构 C 检间隔相差大约只有 135h。

在满足维修大纲要求的前提下，考虑航线结构的变动，以 4000FH 作为系统 C 检和结构 C 检的共同基准，将系统检查和结构检查组合在一起。对于以飞行小时及飞行循环次数为检查间隔的项目，通过分析，一部分进行附件监控，另一部分经过相应的折算，归并到周期性的定检中。

系统 C 检和结构 C 检的间隔大致相同，合并没有因系统间隔的缩短造成太多浪费，且可带来以下好处。

（1）只需以飞行小时对定检进行控制，简化了生产计划的调配。

（2）合并后飞机的 C 检停场次数减少了一半，显著降低了 C_p。

（3）在人员充足、维修任务不冲突的情况下，利用最短线路原理，可对飞机实行多路并行维修，用最短的停场时间完成既定维修要求，降低了 C_p。

（4）系统 C 检与结构 C 检有着诸多相同的接近区域，组合可大大减少重复打开和关闭接近口盖的工时，从而提高任务效率，降低 C_h。

通过合理的组合，使 C_p 和 C_h 同时下降，而由于 C_m 大致相同，因此 C_t 大幅减小，降低了维修成本。

以上的组合优化是动态的，如果航空公司的航线结构发生显著改变，则需要进行相应调整。

合理地制定预防性维修项目可以减少非计划排故，从而降低维修费用。维修项目的优化主要是利用飞机的系统及部件可靠性数据，通过 MSG-3 逻辑决断图，按照从简到繁的方式进行逻辑决断，确定合理的维修对象、维修方式和维修间隔，在保证飞机适航的前提下减小 C_t。

案例二：波音 757-200 飞机空气循环机（Air Cycle Machine，ACM）维修方式的改进。

1997 年，厦航公司波音 757-200 机队频繁出现 ACM 叶片被打坏的情况，导致非计划拆换。当时世界机队 ACM 的平均故障间隔时间（MTBF）为 12000FH 左右，而厦航机队 ACM 的 MTBF 仅为 6000FH。虽然按照波音 757-200 飞机最低设备清单，在一个空调组件失效的情况下可以放行，但是一个 ACM 的价格为 4 万多美元，每次送修费用大约为 1.2 万美元。ACM 的可靠性低将直接导致 ACM 的备件成本和送修成本大大增加。为此，有必要对波音 757-200 飞机空调系统的维修方案进行重新评估，并做出相应调整。

通过分析 ACM 厂家的修理报告发现，导致 ACM 故障的主要原因是异物（冰块）击伤了 ACM 的涡轮叶片。冰块的产生是由再加热器和低限活门的防冰性能下降所致。其根本原因是国内机场所处的环境清洁度较差，空调系统再加热器、分离器及其喷嘴和低限活门性能衰减过快。为了解决这一问题，对波音 757-200 飞机空调系统的维修方案做了相应的项目修订，如表 5.3 所示。经过一段时间的运行发现，ACM 的非计划拆换率明显下降，可靠性显著提高。ACM 的 MTBF 从以前的 6000FH 增加到 12000FH。

以一年为限，机队规模为 7 架，在位 ACM 为 14 台。假设维修工时费为每人一小时 35 USD，飞机的平均日利用率为 8h，机队每台 ACM 平均每年使用的总时间为 2800h，ACM 平均每次送修费用为 12000 USD。方案优化前后的维修成本比较如表 5.4 所示。虽然空调系统的维修方案优化后导致 C_h 上升，但每年可以节省的总维修成本为 37896.6 USD，效果十分显著。

表 5.3 修订的维修项目

维 修 对 象	维 修 方 式	维 修 间 隔	维修工时/h
低限活门	操作检查	由 2C 缩短为 1C	0.8（1 架飞机）
分离器及其喷嘴	操作检查	由 1C 缩短为 5A	1.2（1 架飞机）
再加热器	检查与清洁	2C	12（1 架飞机）

表 5.4 方案优化前后的维修成本比较

单位：USD

优化前的 C_h	优化后的 C_h	优化前的 C_m	优化后的 C_m	减少的 C_{tm}
274.4	1577.8	78400	39200	37896.6

根据航空公司的航线结构，科学合理地安排预防性维修；利用飞机的系统与部件可靠性数据，有针对性地制定预防性维修方案。最终实现在保证飞机持续适航的同时，尽可能地降低需要优化的目标值 C_t。

第 6 章　飞机维修管理

飞机维修效率关系到航班准点率与航空公司运营效益,对飞机维修进行管理是保证维修效率的主要环节。科学地进行维修生产活动的组织与管理、合理安排维修生产管理体系、正确制定工卡并对其进行打包是飞机维修管理的主要工作。

6.1　维修生产活动的组织与管理

为了提高航空器的维修效率,减少维修带来的停机问题,首先需要根据预计的维修任务进行维修活动分类,然后针对不同的维修活动组织不同的维修生产活动。这样不仅能保证维修任务的有序进行,而且能最大限度地发挥不同维修组织的作用,从而间接提高航空器的可用度。

6.1.1　维修生产活动

维修生产活动主要包括航线维修、定期维修、车间维修及部附件维修。不同的维修组织有不同的维修对象,维修能力和维修成本也不相同。但是无论哪种维修组织,都必须能通过维修活动使一个失效(或故障)的项目(或产品)保持(或恢复)规定的状态。维修生产活动包含以下基本的维修任务。

(1) 检查/功能检查。这是检查一个项目的技术状态或测试该项目的功能状态是否在规定限度内的定量检查。

(2) 润滑/勤务环节。对一些特定的设备、项目实施润滑/勤务工作(或保养),即为了保证一个项目或结构处于规定状态所需要采取的维修措施,包括润滑、清洗、添加燃油或润滑油等工作。

(3) 故障定位。根据故障的表现形式及经验,确定故障的大体位置。

(4) 故障隔离。进一步把故障部分确定到必须进行维修的范围。

（5）分解过程。为了便于检查、维修、调整等而对维修项目进行结构拆分。

（6）更换。将需要拆换或出现故障的项目拆下来，换装新项目。

（7）修复。对出现裂纹或其他故障的项目或结构采取修复措施，以恢复其功能。

（8）再装（结合）/组装。把分解拆下的各种零部件重新组装好。

（9）调整。根据修复项目的情况，对其中工作不协调的部分进行调整校正，使项目恢复到规定工作状态的过程。

（10）使用检查。为检查或检验维修效果，对修复项目进行试运转检查，保证项目能够在规定状态下正常工作。

（11）校准。由指定机构或用标准的测量仪器查出并校正仪表或检测设备的任何偏差。

6.1.2　维修记录要求

民用飞机运营人应当保存所运营的飞机的维修记录，包含下述内容。

（1）机体的总使用时间。

（2）每一台发动机和螺旋桨的总使用时间。

（3）每一台机体、发动机、螺旋桨和设备上的定寿件的现行状况。

（4）装在飞机上的所有要求定期翻修项目自上次翻修后的使用时间。

（5）飞机目前的维修状态，包括按照飞机维修方案要求进行的上次检查或维修工作后的使用时间。

（6）目前适用的适航指令的符合状况，包括符合的方法和数据，如果适航指令涉及连续的工作，则应当列明下次工作的时间和日期。

（7）目前对每一台机体、发动机、螺旋桨和设备进行的重要改装的情况。

同时，民用飞机运营人应当按照下述期限要求保存维修记录。

（1）除飞机、发动机、螺旋桨和设备上次翻修的记录外，维修记录应当保存至该工作完成后至少两年。

（2）飞机、发动机、螺旋桨和设备上次翻修的记录应保存至该工作被等同范围和深度的工作取代。

（3）每一台发动机和螺旋桨的总使用时间的记录应当保存至飞机出售或永久性退役后一年。飞机出售时，维修记录应随同飞机转移。民用飞机运营人终止运行时，所有保存的维修记录应转交给新的合格证持有人；民用飞机运营人如果将飞机干租给另一民用飞机运营人超过 6 个月，则所有保存的维修记录应转交给新民用飞机运营人；如果干租的租赁期小于 6 个月，则所有必要的维修记录都应转交给承租方，或者承租方可以获取这些记录的副本。除此之外，民用飞机运营人应当保证可以将所有的维修记录提供给中国民航局或国家授权的安全调查机构。

6.1.3 飞机放行要求

民用飞机运营人在每次完成维修工作和对任何缺陷、故障进行处理后，应该按照飞机放行要求，由被授权的维修放行人员在飞机飞行记录本上签署飞机放行，飞机放行的条件如下。

（1）维修工作是按照合格证持有人的要求进行的。

（2）所有的工作项目都是由合格的维修人员完成的，并按照CCAR-145R4颁发了维修放行证明。

（3）没有已知的飞机不适航的任何状况。

（4）至目前所完成的维修工作为止，飞机处于安全运行的状态。

在规定的使用限制条件下，民用飞机运营人可以在符合中国民航局批准的最低设备清单和外形缺损清单的情况下，放行带有某些不工作的设备或带有缺陷的飞机。对于航线维修、A检或相当级别（含）以下的飞机定期检修工作及结合其完成的改装工作，如飞机放行结合CCAR-145R4维修放行证明一同进行，则无须重复签署。

6.2 维修生产管理体系

为了保证维修生产活动的合理有序进行，必须对航空器上所有需要维修的项目、部件和结构等进行合理的分配，保证最低的维修成本和航空器最高的可用度。一般来说，车间维修生产活动的能力最强，但其维修成本也最高；部附件维修由于具有一定的独特性，其本身成本相对较少，因此可以在更换下来后对其进行维修，技术难度相对较低，产品的修复性好；航线维修主要是进行一些勤务工作，包括一般目视检查、清洗和添加润滑油等工作。航空器维修生产活动及其关系如图6.1所示。

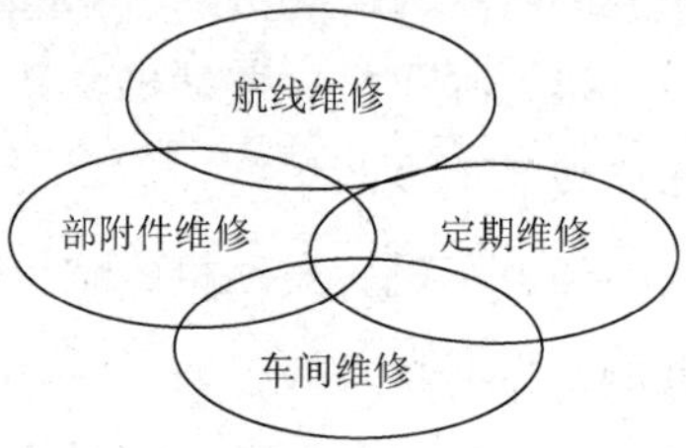

图6.1 航空器维修生产活动及其关系

6.2.1 航线维修

1. 航线维修的定义

航线维修（也叫低级维修）主要包括航行前维修、航行后维修及过站（短停）维修三部分。

航行前维修是指每次执行任务前的维修任务。

航行后维修是指每天执行完飞行任务后进行的维修任务。

过站（短停）维修是指执行过一次飞行任务，再次执行飞行任务之前的维修任务。

显然，航线维修的成本最低，维修航空器时应尽可能地将维修任务分配到航线维修中。所以，航线维修的科学规划对保障航空器正点正常运营、及时掌握航空器及其部附件技术参数的变化、恢复航空器固有可靠性、保持航空器持续适航、保证航空公司的运营安全和效益都有极大的影响。一般来说，航线维修具有以下特点。

1）最基础的维修单位

运营人在组建自己的维修单位时，维修能力和维修经济性是其考虑的主要因素。在考虑维修成本、投资回报率及组织风险等问题时，运营人也只有从航线维修开始，在积累一定经验后，经过经济及风险评估，才能考虑设立更大规模的维修机构。因此，航线维修是航空公司最基础的维修单位。

2）最基础的维修生产活动

航空器营运显然是为了创造更大的社会效益和经济效益，安全与正点成为承运人与被承运人关心的焦点。飞机营运期间最直接的维修生产活动便是航线维修，从而使得航线维修成为最基础的维修生产活动。为了降低维修成本、缩短飞机停场时间、提高维修效率，越来越多的维修生产活动被纳入航线维修之中，如低级定检维护、发动机孔探及拆卸、低级防腐及结构修理、无损检测、可靠性数据采集等。

3）最被人关心的维修生产活动

首先，航线维修的时间性强，因为不论是航行前、过站维修，还是航行后维修，时间都是固定的，稍有拖延就会延误航班。其次，航线维修的另一重点是处理 AOG（Airline On Ground，飞机故障停飞）事件。飞机的 AOG 事件大多由航材、停场时间、人员等引起，一旦发生在外站就需要调机，每次费用约为 5 万美元。显然，航线维修的这种"消防员"角色，尤为运营人所关注。

2．航线维修生产原则

作为最基础的维修单位和维修生产活动，航线维修相对于其他维修生产活动而言，具有维修成本低、管理方便、效果明显等特点，所以为了保证飞行安全和正点飞行，并达到航空公司对维修经济性的要求，可以按照下述原则对其进行管理。

1）减少航线维修的内容

首先，因为航线维修是在定期检查的基础上完成的，而所有计划维修都被安排在定期维修之中，所以从理论上来讲，通过计划维修应该完全可以排除故障的发生，可以不做航线维修，至少应该将航线维修的内容减到最少；其次，由于航线维修的时间性比较强（因为航行前、航行后及过站维修的时间都是固定的），这在客观上也要求不能将潜在故障保留到航线维修时处理。因为一旦由于时间性原因而不能发现故障或不能排除故障，轻则造成飞机航班的延误或取消，重则导致严重的事故；最后，由于航线维修时间的紧迫性和维修内容比较少，一般来说，不可能为航线维修准备过多的维修工具和设备，这样也决定了航线维修不能排除更加复杂或太多的故障。

2) 重视航行后维修

首先，航行后维修是在完成一个飞行任务后进行的，如果这时飞机上存在不当问题或潜在故障，一般应该有一定的表现，而这些表现往往会被机组人员发现，而且机组人员会将其记录在飞行记录本上，以协助航行后维修任务的开展，帮助维修人员对故障进行定位，从而较容易排除已经存在的潜在故障。即使没有被机组人员及时发现，航行后维修人员也可以根据其已经掌握的故障发生规律，以及由此制定的航行后维修计划，及时发现和检查出故障，并将其予以排除。

其次，由于航行后维修的时间性相对弱一些，而航行前维修和过站维修的时间非常有限，所以航行前维修和过站维修根本不可能在如此短的时间内发现故障，而航行后维修有相对充足的检查时间和维修时间，所以基本不会出现发现问题而不能确定，最终以"请飞行中观察"或"地面检查正常"了事。这样做可以有效降低航行前维修的工作量。

3) 合理分配定期维修

一般来说，航空器多采用定期维修和非计划维修结合的办法，而定期维修包括A、B、C、D检。虽然有些航空器没有采用字母检的方式，但是基本都根据维修间隔的目标值将维修活动集中在一个时间段内。显然，其维修成本所占的比例也相对较大。为了降低定期维修压力，应该尽量减少定期维修项目，缩短维修工时，所以航空公司一般都会尽量将一些定期维修内容分配到航线维修中，以提高整体维修效率。

3. 航线维修管理

航空运营人在任何外站的航线维修必须由持有维修许可证的单位进行，由于航线维修任务的管理主要在航空运营人的主基地，因此鼓励航空运营人在其主基地管理的基础上申请在外站的航线维修许可，并允许在书面落实责任的情况下采取等效安全措施；如果外站单独申请维修许可证，则不能采取类似的等效安全措施；航空运营人的维修单位对除自身外的航空器进行航线维修时被视为独立的航线维修单位。

一般勤务工作不作为航线维修项目，无论航空运营人采用自理方式还是协议委托其他单位实施勤务工作，均由航空运营人承担全部责任，因此航线的一般勤务工作不单独批准，而是作为航空运营人运行许可审查的一部分。

为了便于实施航空器的航线维修，对于航空器制造厂提供的适航性资料，除外站现场配备外，航空运营人的维修单位还可以采用机上携带的方式配备常用的适航性资料，非常用的适航性资料还可以在需要时以传真或电子邮件的方式提供，但必须在外站维修管理手册中说明，并对使用适航性资料的有效性负责。

对于航空运营人的维修单位自编的航线维护手册（如使用）及其他维护指南，必须在外站现场配备其有效的复印件。

对于航线维修质量的监管，要求航空运营人的维修单位必须明确对外站维修管理的责任部门及管理职责，这些责任可分解到不同的部门，但应避免职责的重叠和交叉。

此外，不论使用何种人员，航空运营人的维修单位必须对外站航线维修有关的各类人员明确其资格要求，并建立人员岗位资格评估制度。对于满足资格要求的人员，应当以书面的形式进行授权。维修人员的授权可以由质量分部经理或其授权的人员签署；放行人员的授权应当由责任经理或由其授权的质量分部经理签署；在质量分部应当保存一份完整的对外站维修人员授权的记录，在外站的工作现场应当保存一份复印件；在质量分部经理处应当保存一份完整的对外站放行人员授权的记录，在外站的工作场所应当保存一份授权的复印件。

航空运营人的维修单位必须建立外站工作程序，工作程序应当涵盖航空运营人的维修单位基地对外站的管理和外站具体的航线维修任务程序，若不同航站的维修方式及其管理不同，则应分别建立不同的工作程序并明确其适用范围，制定和修改工作程序应当由责任经理或由其授权的质量分部经理批准，并且批准后应当在实际工作中实施。

1）维修单位手册

航空运营人的维修单位如果申请外站的维修许可证，则维修单位手册应包含与外站航线维修有关的全部内容，其管理部分可包含在总的维修管理手册中，也可单独编成外站维修管理手册（此单独的手册也要经中国民航局或当地管理局签字批准）。特别地，航空运营人的维修单位还必须编制列出航站的名称、地址、机型和维修方式（如跟机或派驻人员进行×××工作、委托×××单位进行×××工作）的航线维修能力清单，作为维修管理手册或外站维修管理手册的附件。航空运营人维修单位的维修管理手册或外站维修管理手册必须分发至外站现场，并提供给有关人员。

2）维修协议

航空运营人的维修单位如果在外站委托其他单位进行航线维修或放行工作，则应当与外站委托单位签订明确的维修协议。维修协议应至少包括下列内容。

（1）航空运营人提供的技术文件、资料、管理程序及控制其有效性的说明。

（2）航空运营人提供的工具、设备和器材，以及其管理的说明，包括对借用工具、设备和器材的说明。

（3）航空运营人提供的培训说明。

（4）航空运营人委托工作范围及授权的说明。

（5）维修记录及报告方式。

（6）其他有关说明。

维修协议应在外站现场保存一份复印件。

3）独立的航线维修单位

对于独立的航线维修单位，如果申请合格，则必须履行以下责任。

（1）对在批准地点的航线维修符合 CCAR-145R4 的要求及运营人在维修协议中委托的航线维修任务满足经批准的标准承担全部责任。

（2）在航空运营人提出的维修要求明显不能保证其航空器达到适航状态的情况下，航线维修单位应当告知航空运营人实际情况，并不得签发维修放行证明文件。

4）适航性资料

航线维修单位必须在维修许可证批准的航线维修任务地点从航空运营人处获得与航线维修有关的适航性资料。这些资料包括以下内容。

（1）飞机维修手册（AMM）。

（2）最低设备清单和外形缺损清单。

（3）故障隔离手册（FIM）。

（4）线路图册（WDM）。

（5）图解零件目录（IPC）。

（6）航线维护手册（如使用）及其他维护指南。

上述资料的有效性控制主要由航空运营人负责，但航线维修单位必须至少每季度从航空运营人处获得资料有效性确认的书面记录，并与航线维修任务地点的资料进行核对。

6.2.2 定期维修

飞机、发动机和机载设备经过一段时间的飞行之后，可能出现磨损、松动、断裂和腐蚀等现象，需要进行修复；飞机、发动机和机载设备各系统使用的油料（如液压油、润滑油、齿轮油等）和油脂可能变质或短缺，需要更换或添加。所以，每隔一段时间就要进行一次检查和修理。同时，可以对飞机各系统进行必要的检查和测试，以发现和排除存在的故障和缺陷，使飞机恢复其原有的可靠性。

定期维修的周期划分一般有以下两种方法。

一种定检周期是按 200FH、1000FH 等来划分的。例如，俄制飞机和早期的国产军用飞机。

另一种定检周期是按 A、B、C、D 四级来划分的，4A=B，4B=C，4C=D。A 检的时间可以视飞机设计的完善程度、维修部门和人员的素质情况、维修设备的完善情况、维修经验的积累情况及飞机使用情况来确定。

很多航空公司取消了 B 检，将 B 检的工作内容分到 A 检和 C 检中，以减少因 B 检造成的停场时间。因为 A 检不需要设置专门的飞行日来停场检修，只利用当日飞回过夜的时间，一般 4~6h 即可做完；而 C 检肯定需要专门停场检修，取消 B 检，就可以到 C 检时再停场检修。

为了减少停场时间，提高飞机利用率，还可以取消 A、B、C、D 四级划分，把一个 D 检的周期分成若干段，将维修工作分到各段去做。但该方法执行起来，有很多不便。

俄制飞机规定的最大的检修是翻修，而英国和美国飞机规定的最大的检修是 D 检（结构检查）。这种翻修或 D 检不同于一般的检修，从理论上讲，通过翻修或 D 检，飞机已经完全恢复了其原有的可靠性，可以承担另一个翻修或 D 检周期的飞行任务。所以，经过翻修或 D 检后，飞机飞行小时将重新从"0 小时"开始统计。

6.2.3　车间维修

车间维修就是将失去功能的故障件带入车间进行维修的过程。一般来说，车间维修主要针对一些无法在外场进行修复的故障件，通常包括一些项目的大修、大改及某些失去功能的贵重件的修复。显然，车间维修包括计划维修中的重要结构项目和重要维修项目的维修，还包括在使用、维修等活动中发现的非计划维修项目的维修。对于计划维修项目，其维修间隔可以遵循维修大纲中的规定间隔；对于非计划维修项目，由于其出现具有随机性，因此很难完全制订维修计划，需要根据长期的统计信息才能比较模糊地确定。另外，车间维修一般需要特定的检查设备、维修设备等，而且维修时间相对较长。如果车间维修比较快，则可以明显减少航空器的停场时间，降低备件的库存量，加快备件的周转，提高航空器的利用率；否则，可能会造成直接维修成本的大幅增加，而且会对间接维修成本造成很大影响。

6.2.4　部附件维修

由于航空器是一个复杂的系统，因此在整体观的支配下，可以对其故障规律等进行统计分析，但是对其进行维修时还必须落实到部附件上。航空器的部附件主要是指构成航空器的零部件。在航空器维修过程中，航空器部附件一般可以作为一个独立的单元从航空器上拆下，而且承担航空器上某一独立的功能。因而，它既可以是小到传感器的小部件，又可以是大到飞机发动机的大组件。

1. 民用航空器部件的分类

在部件管理和分析工作中，航空器部件可以分为以下几种类型。

（1）按修理特性分：可以分为可修理的部件（可周转件）和不可修理的部件（消耗件）。

（2）按修理状况分：主要分为新件、大修件和修理件。还没有进行过任何修理的部件称为新件,刚完成大修的部件称为大修件,而刚完成修理的部件称为修理件。

(3)按改装状况分:主要分为改装件和未改装件。其中,执行了特定改装项目的部件称为改装件,而尚未执行特定改装项目的部件称为未改装件。

(4)按是否存在序号分:可以分为序号件和无序号件。有序号标记的部件称为序号件,无序号标记的部件称为无序号件。

(5)按部件的使用特性分:可以分为寿命件和非寿命件。其中有寿命规定的部件称为寿命件,无寿命规定的部件称为非寿命件。

(6)按部件的控制方式分:可以分为HT件(定时件)、OC件(视情件)和CM件(修复件)等。

(7)按修理单位分:可以分为自修件和外修件。其中,航空公司自行修理的部件称为自修件,送外修理的部件称为外修件。

(8)按部件来历分:可以分为原装机件和随机件。其中,新飞机出厂时所安装的部件称为原装机件,装在飞机上(不管是新飞机还是旧飞机)与飞机一起加入机队的部件称为随机件。

2. 航空器部件拆换原因

航空器部件在使用过程中会因为各种原因被拆换,这些原因归总在表6.1中。根据拆换原因的不同,部件拆换又可分为计划/非计划拆换、故障/可用件拆换。在日常工作中,计划到限和送厂改装一般均被定义为故障拆换,但在部件分析中,则可根据分析的需要被定义为故障件或可用件。此外,故障拆换往往还可分为使用故障拆换和领出件故障拆换。

表6.1 部件拆换原因

序号	拆换原因	拆换类型	部件状态
1	故障/功能失效	非计划拆换	故障拆换
2	证实故障	非计划拆换	可用件拆换
3	磨损(特指轮胎)	非计划拆换	故障拆换
4	低压(特指气瓶类部件)	非计划拆换	故障拆换
5	计划到限	计划拆换	故障拆换
6	相关工作	非计划拆换	可用件拆换
7	送厂改装	非计划拆换	故障拆换
8	拉梯次	计划拆换	可用件拆换
9	租借件归还	计划拆换	可用件拆换

3. 航空器部件维修间隔的确定

航空器部件的维修间隔通常采用频率和参数来表示。其中，参数是根据故障原因来确定的。如果部件故障主要是由时间关系引起的，则其参数可以选择为日历时间，即日历年、日历月、日历周等；如果其故障发生主要与起落有关，则其参数可以选择为飞行循环；如果故障发生主要与飞行里程有关，则其参数可以选择为飞行小时；当然，在特定条件下，也许还会出现双重参数，如日历年/飞行小时，这时以先到者为准。频率是根据两类部件来确定的。如果部件为时控件/寿命件，则其维修间隔从交付用户后开始计算，即使部件尚未安装到航空器上使用；如果部件为非寿命件，则只有当航空器部件被安装至航空器上使用时才会进行部件使用时间的计算，使用时间是指从部件被装到飞机上提供其应有的功能开始到需要进行维修时的时间。

部件维修间隔有以下几种计算方法。

（1）T_{SN}：自出厂使用时间开始计算。

（2）T_{SO}：自上次大修使用时间开始计算。

（3）T_{SR}：自上次修理使用时间开始计算。

6.3 工作包及工卡管理

有了先进的维修理念，就有了制定维修方案的指导原则，但要把它落到实处，使之在维修实践中得以正确实施，需要维修工程部门以工卡的形式下发或通知实际施工单位。

6.3.1 工卡、工作包简介

工卡又称工作单，是航空公司维修工程部门维修或检查直管航空器的指令性文件，主要用来指导维修任务的实施。其内容主要包括完成维修任务的技术指令、施工标准和注意事项，也包括维修、修理和改装工作所需要的工序及检验要求。

在飞机定期维修中，航空公司维修工程部门首先要根据计划维修任务和非计划维修任务等，选择和确定本次定期维修中所要完成的维修任务，然后将这些任务汇总起来，形成工作包。当然，工作包中的具体任务都会对应到具体的工卡上。

简而言之，工作包是很多维修任务的汇总，而维修任务以工卡的形式下发、实施。

6.3.2 工作包的制定原则及作用

在制定工作包时，必须遵循以下原则。

（1）适用于同一类机型。首先，对航空器来说，不同机型和不同的发动机所表现出的性能是各不相同的，其承载能力也不相同；其次，对于相同的机型，由于每个航空器上有许多可选装的附件，所以在建立工作包时必须考虑适用机型。

（2）接近方式一致。因为只有接近方式一致，放在一起做工作才能节约维修时间，降低维修费用，提高维修效率。

（3）检查间隔接近或一致（包括检查门槛值和重复检查间隔）。

（4）维修工作一致，或者虽然不一致，但是可以相互包容。

工作包的制定具有非常重要的作用，具体表现在以下几个方面。

（1）便于维修工作的管理。众所周知，在航空器的维修工作中，不仅包括计划维修工作，而且包括非计划维修工作。要将这些维修工作落实到航线维修和定期维修中，必须对其进行分类，并按照一定的原则进行打包，实现维修工作的整合，避免维修工作的遗漏或重复，便于维修工作的管理。

（2）提高维修工作的效率。众所周知，大多数维修工作都包括准备、故障定位、故障隔离、分解、检查/检测、组合/装配、调试、校核等活动。显然，如果所有维修工作都单独进行，则需要更多的辅助维修工作，这会降低维修工作的效率，增加维修成本，延长维修时间。

（3）便于工卡的建立和索引。经过维修工作打包后，使维修间隔接近、接近方式一致，工作任务相似的所有维修工作成为一组，便于维修工作的安排，并依据一定的组织方式建立索引，方便以后维修工作的统一管理。

6.3.3　工卡的内容及作用

根据《民用航空器维修单位合格审定规则》，工卡（工作单卡）中一般包括以下内容。

（1）单位名称。

（2）工卡编号。

（3）维修任务标题或名称。

（4）维修任务实施依据文件及版次。

（5）机号或件号。

（6）按工作顺序或步骤编写的具体工作内容及工作记录。

（7）工作者签名或盖章。

（8）编写或修订日期。

（9）工时记录。

（10）完成日期。

波音 737-600/700/800/900 飞机的工卡如表 6.2 所示。

表 6.2 波音 737-600/700/800/900 飞机的工卡

日期	尾号	机位	机号		波音卡号 35-050-00-00
飞机技能	前货舱工作区	相关任务		版本 1.1	阈值 2000h	重复 2000h	相号
任务 一般目视检查	题目 飞行机组氧气筒		适用性 所有		飞机发动机 所有
区域 122 210		口盖 117A			
系统 MPD 号: 35-050-00 目视(穿过)检查飞行机组氧气筒压力指示器和控制舱飞行机组氧气指示器 参考 (1) AMM 任务 24-22-00-860-811 p201,提供电源 (2) AMM 任务 24-22-00-860-812 p201,移除电源 (3) AMM 任务 35-00-00-910-801 p201,氧气系统一般保养工作				设备	检查
用户机队的有效性 所有		MRB 源	飞行机组氧气筒 共 2 页,第 1 页 35-050-00-00 10/10/99		

有些工卡中只有维修要求,具体施工或检查工作则要求按照维修手册或工艺规章进行。对这类工卡,要认真研究、评审,确保维修和检查要求正确、全面完成,并对工作情况有正确记录。大量事件研究表明,维修质量和人为差错大都和工卡编制水平有关。正确、完善和可行的工卡在减少人为差错中发挥着重要作用,具体表现在以下几个方面。

(1) 通过工卡的形式,向具体施工的维修车间传达维修的具体项目,起到纽带和桥梁的作用。具体施工的维修车间又将施工后航空器的实际状况记录于工卡上,通过工卡进行反馈,便于实施可靠性控制。

(2) 完成维修任务并正确签署的工卡是维修质量和航空器适航性的证明文件,是飞机历史纪录的一部分。根据维修单的内容,属于例行任务的工卡,必须保存一个月;属于工程指令、适航指令等改编的工卡,必须保存到航空器撤销注册一年后。

(3) 工卡是规范化施工的保证,是减少人为差错的有力武器。只有严格按照工卡施工,才能确保不同的人完成同一维修任务得到同样的维修结果。

6.3.4 维修任务的执行

制订维修方案执行计划是实施维修方案的重要步骤。制订该计划的主要步骤如下。

(1) 确定机队的维修循环时间。通常将重要维修(D 检、结构检查或翻修)时间定为维修循环时间,然后制订每次维修循环的执行计划。

(2) 列出每个维修项目的维修类型或维修间隔。

（3）制定工作包组合表，即将不同使用时限所应完成的维修任务组合在一起。

（4）制定工卡矩阵图。工卡矩阵图表明每个工卡号在哪些时限适用矩阵图，它是工作包组合表的具体化，即将工作包项目明确地列出工卡号，使每一检修级别所需的工卡一目了然，便于下发。

（5）从矩阵图中提出每一检修级别的工卡目录，并配备相应的工卡，形成任务卡和工卡的组合。

（6）分析每一检修级别的工作量，进行工时分析，若发现某一级别的工时与实际可提供的工时差别比较大，则应该及时进行调整，并确定最后的计划维修任务项目。

（7）将审查部附件时限管理部门或 COSL 管理部门提供的部附件更换通知单，并列入计划。

（8）维修控制部门综合各项非例行维修项目，并将其列入计划。

根据上述各步结果，编制每次定期维修的项目，配以相应的工卡下发给维修车间执行。同时，应通知质控、航材、工具和设备等部门，做好相应的准备工作。

在制作工卡的过程中，还要注意以下情况。

（1）要根据维修方案和制造厂提供的相关手册（AMM、CMM、NDT、SRM 等）及通告等编写工卡，其内容应包括维修方案、手册和本单位的具体情况等。

（2）与生产管理部门和维修车间共同评审施工和签署要求，工卡应符合生产组织和分工情况，符合检查者的技术等级要求；否则，应对工卡进行协调修改。

（3）确定工卡或某些工序必须检查的项目，做出必检项目（Required Inspection Item，RII）标志。

（4）列出维修方案和工卡号对应表，以便制订执行计划和跟踪管理。

维修工作中最难管理的是非例行工卡。由于它涉及面广，通常又具有偶然性，有严格的完成期限要求，工作负荷重，因此最容易出现差错。对于这类工作，要尽快补充完善工卡，必要时应请求工程技术支援，按照有关的程序施工和签署。

维修计划的制订与执行过程如图 6.2 所示。

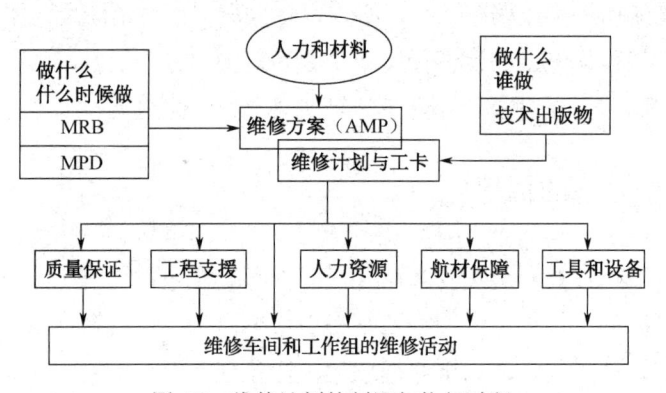

图 6.2 维修计划的制订与执行过程

为了便于管理，通常对工卡建立相应的索引系统。制造厂可以根据索引系统查找任何一份工卡。索引系统通常应包含多种索引条件，例如：

（1）检查间隔。

（2）用户名称。

（3）工卡编号。

（4）MPD 或 MRB 任务项目编号。

波音公司还开发了一种以工卡的相号（Phase）来索引的方式，就是用一个 8 位数的代码对工卡进行索引，如 01004004，其中前 2 位数表示第一个飞机大修间隔，中间 3 位数表示完成此工卡的检查门槛值，最后 3 位数表示重复检查间隔。表 6.3 所示为波音 737-600/700/800 飞机的工卡索引示例。

表 6.3　波音 737-600/700/800 飞机的工卡索引示例

相号	检查门槛值	重复检查间隔	任务号	MPD任务项目编号	维修工时/h	区域	口盖	任务类型	题目
01004004	2000h	2000h	79-030-01-0	79-030-01	0.10	411	413	检测/检查	左发动机润滑组件屏幕清除
01004004	2000h	2000h	79-030-02-0	79-030-02	0.10	421	423	检测/检查	右发动机润滑组件屏幕清除
01004004	1600FC	1600FC	80-010-01-0	80-010-01	0.05	411	413	检查	磁塞检测器左发动机启动器
01004004	1600FC	1600FC	80-010-02-0	80-010-02	0.05	421	423	检查	磁塞检测器右发动机启动器

第 7 章 维修质量管理

航空维修的全面质量管理是根据航空器、系统和部件故障的性质、后果和过程的变化规律,以及维修质量的产生、形成和实现的运行规律,以保证航空器安全运行为目标,以最经济的手段,运用系统的思想和方法,把航空维修各阶段、各环节的质量职能组织起来,形成一个既有明确的任务、职责和权限,又能互相协调和互相促进的全过程、全企业和全员的质量管理体系。

7.1 维修质量管理体系

7.1.1 维修质量与质量管理

一般认为维修质量由两个层次构成。第一个层次是维修的"需要"或"要求",即航空维修的适用性。科学地确定航空维修的质量要求是建立在研究并掌握航空器及其系统和部附件技术状态的变化规律基础上的。维修的质量要求主要是指通过有效的维修手段,预防具有安全性和使用性后果的严重故障的发生,保持装备良好的技术状态。与该层次对应的质量活动是制定维修方案,通过收集、分析实际使用过程中的故障数据评估维修方案的有效性,修订并完善维修方案。维修方案将对航空维修的"需要"转化成具体的维修要求和规范,它规定了维修方式和深度,以及工作的类型、内容、时机和频度。围绕维修方案展开的活动属于航空维修的过程管理,而可靠性管理则是维修工程的质量控制。

第二个层次是维修质量的符合性。满足"需要"要给予具体的表征,"需要"必须转化为有指标的特征量。表征维修质量的特性指标包括维修工作对航空器的固有性能、物理完整性、可靠性和安全性的保持和恢复水平,以及航空维修的经济性和维修对飞行的保障性。

这一层次的维修质量之所以称为符合性质量，是因为表征维修质量的特性主要是根据维修工作是否符合相应的维修规范和技术标准来确定的。在航空维修工作中开展的适航检查和安全评估，都是用标准来评估维修质量的。航空维修的维修规范和技术标准仅是标志维修质量特性应达到的要求，符合技术标准仅是维修合格，不是维修质量的全部含义。而标志质量特性要求的维修方案、工卡、维修手册等维修规范和技术标准的适用性和有效性才是维修质量的根本。

航空维修的质量管理是在最低的消耗和最大限度满足航空器持续适航要求的前提下，把维修与过程部门的工程设计质量、维修质量和提高质量的活动组织成一个有效体系。其活动的本质可分为两类：一类是通过质量控制，保证已经达到的质量水平，称之为"质量维持"；另一类是将质量提高到一个新的水平，这是质量逐步提高的过程，称之为"质量改进"或"质量突破"。

质量维持和质量改进是相互联系的。质量改进的活动涉及面广，关系到企业各个部门的质量职能。它既包括提高维修的工程设计质量、可靠性管理水平，又包括提高维修的作业质量和器材供应水平。质量维持的重点是充分发挥现有的质量保证能力，维持已经达到的符合性质量水平；而质量改进的重点则是提高质量保证能力，使适用性质量达到一个新的水平。航空维修应该在质量维持、质量改进活动中不断提高维修质量，降低成本，增加效益。

7.1.2 维修的质量体系

维修的质量体系从航空运营人的角度来看就是工程管理体系。在这里要强调的是，维修的质量体系必须满足有关适航规章的要求，而不是 ISO 9000 标准。适航规章是国家的法规，合格的运营人、维修单位和维修人员必须符合有关的适航规章的要求，取得相应的证件后才能从事航空器的营运和维修。而 ISO 9000 标准对企业来说，是一种推荐性标准，可以执行这个标准，也可以不执行。如果企业想通过 ISO 9000 标准的论证来提高市场竞争力，则需要符合 ISO 9000 标准。

在我国管辖航空维修的适航规章主要有《大型飞机公共航空运输承运人运行合格审定规则》（CCAR-121R8）、《民用航空器维修单位合格审定规则》（CCAR-145R4）、《民用航空器维修人员执照管理规则》（CCAR-66R3）。

CCAR-121R8 是从航空运营人的角度提出的对维修与工程方面的基本要求，侧重于工程管理。CCAR-145R4 是从维修单位的角度提出的基本要求，侧重于维修工作的实施。

CCAR-121R8 要求航空运营人必须从维修工程的角度出发，建立起一套维修与工程问题的处理原则、标准、程序和方法，以便对其全部的维修工作实施系统、科学和有效的工程管理。CCAR-121R8 强调工程管理，最初是从保证航空器的持续适航性，航空运营人应履行其适航的法律责任的角度提出的。适航责任概括地说，就是要求航空运营人必须保证航空器在每次飞行作业之前，所有涉及航空器营运安全的维修工作均已正确实施。由于航空维修的多样性和复杂性，世界上还没有一家航空公司能独立完成全部的维修工作。由于机队规模、维修规模、维修能力的限制，适航责任所要求的维修作业可以由航空运营人自己直接完成，也可以由航空运营人委托合格的独立维修单位来实施其中部分甚至绝大部分的维修工作。重要的是航空运营人必须提出完整的维修要求和维修规范，并建立一套工作程序、方法和标准去确认这些维修工作已被相应的维修单位正确实施。也就是航空运营人必须首先制定满足适航标准所规定的最低维修要求的维修方案，通过航空运营人的可靠性方案来监督、评估维修方案的有效性和适用性，并依据运营人的工程手册所提到的原则、标准、程序和方法，对全部维修工作加以规划、组织、安排和管理。航空运营人必须建立一套工程管理体系，这是航空运营人保证其航空器适航性和运行安全的必要前提和重要手段。

工程管理体系一般包括以下要素。

（1）一般原则和程序。

（2）预定维修方案（维修制度）。

（3）维修与工程机构。

（4）持续适航维修大纲。

（5）检验与质量控制。

（6）必检项目。

（7）工程管理（维修标准）。

（8）持续分析与监督方案。

（9）技术记录控制系统。

（10）维修可靠性方案。

（11）短时维修间隔项目延长方案。

（12）非预定维修方案。

（13）维修控制中心。

（14）重复缺陷控制系统。

（15）生产计划与控制。

（16）零部件跟踪系统。

（17）技术培训方案。

（18）安全大纲。

（19）动力装置管理。

（20）批准的维修协议。

(21) 航材控制。

工程管理体系从其内涵来看,与全面质量管理的质量体系是一致的,这是因为维修单位的管理模式必须是以质量为中心的管理模式。但是从其外延来看,工程管理体系所涉及的范围比质量体系更广。

工程管理体系的要素是指工程管理的基本职能,要在民用航空运输的环境下,保证维修系统正常运转,保证航空器安全、准时。经济运行必须具备的功能,也是对工程管理的具体业务活动所进行的理论概括。工程管理体系的模式强调了保证航空器持续适航的要素,以保证和恢复航空器固有安全性和可靠性的控制过程为基本线索,以影响维修质量的产生、形成和实现的维修活动为基本内容,结合维修的专业分工和工作性质的划分,构成完整、有机的航空维修工程管理体系。以职能要素为框架的工程管理体系是航空运营人的维修与工程部门组织结构的基础。工程管理体系及其要素结构是由航空运输和维修的技术特点决定的,它不会随运营人的机队规模和航线结构的不同而变化。而维修工程部门的组织是将适航规章所要求的工程管理体系要素(基本职能)及其分解而成的管理业务,根据运营人自身的机队、航线结构和维修能力的特点,进行科学、合理的归类,分别设置相应的部门来承担,并规定部门之间的纵向报告关系和横向联系的基本要求。这就是为什么不同的航空公司的维修与工程方面的组织结构和管理程序是不同的,但它们的工程管理体系基本上是相同的。

7.1.3　维修工程管理手册的内容

合格证持有人的维修系统应当制定规范性管理的维修工程管理手册,并在实际工作中执行。维修工程管理手册应当载明合格证持有人落实其飞机适航性责任和符合飞机维修要求的总体叙述、具体工作程序和管理要求,并应当获得中国民航局的批准或认可。因此,维修工程管理手册应当包括以下内容。

(1) 概述部分。其中至少包括维修系统的总体状况及政策、维修副总经理签署的符合性声明、对本手册的符合性和有效性控制方法。

(2) 维修系统的组织机构和设施。其中至少包括组织机构图及其必要说明、厂房设施图及其必要说明(包括主基地以外的航线维修设施)。

(3) 人员和部门职责说明。其中至少包括维修副总经理、总工及主要部门主管的名单和技术经历,维修系统中各部门、人员及其包含的 CCAR-145R4 批准的维修单位或协议维修单位的职责说明,维修放行人员清单及其授权的放行范围。

(4) 工程技术管理。其中至少包括编制维修方案和最低设备清单相关部分、制定具体维修技术要求和改装方案的要求和程序说明。

(5) 维修计划和控制。其中至少包括飞机使用和维修计划、选择和安排实施维修工作、器材供应、统计和监控飞机及其部件的使用状况、飞机放行的要求和程序说明。

（6）协议维修。其中至少包括协议维修单位说明、协议委托工作范围、协调方式、对协议维修单位的监督管理的要求和程序。

（7）质量管理。其中至少包括质量管理政策、各类人员和单位评估、单机适航性状况监控、质量审核、维修差错管理、质量调查的管理要求和程序。

（8）可靠性管理。其中至少包括可靠性管理的机构、可靠性控制体系及可靠性方案的管理要求和程序。

（9）人员培训管理。其中至少包括培训大纲的制定、培训计划和实施、人员技术档案、培训记录的管理要求和程序。

（10）有关附件。其中至少包括实际使用的表格标牌样件、工作程序清单及其他必要的附件。

（11）符合性说明。

维修工程管理手册中经中国民航局批准部分的任何变化应当至少在计划的生效日期前 30 天向中国民航局申请批准，只有在获得中国民航局的批准后，维修工程管理手册才能变更。

7.2 维修质量的控制

航空发动机维修的质量管理需要从专业技术和质量标准的角度对每个影响质量的具体作业流程进行监督把关，找出波动和薄弱环节，寻求改进机会。因此，必须建立具有质量否决权的质量控制和分析系统，其主要任务为进行文化塑造、过程控制、人为差错控制，实施质量统计、分析并提出改进措施。

7.2.1 质量控制系统

1. 文化塑造

我国引进全面质量管理已有 30 多年，虽取得了一些成绩，但也存在着不少问题，而为了解决这些问题，不是仅仅靠学好质量管理的方法和手段就能奏效的，其中还有个人素养问题，个人素养的根基是诚信。"毒奶粉""毒胶囊""苏丹红""瘦肉精"等事件的出现，无不源于诚信的缺失。航空发动机维修质量涉及公共安全，严格遵守和执行相关标准是质量安全管理的底线。保证产品质量的有效方法就是培养以诚信为基础的质量文化，开展质量培训教育或宣传活动，提高各级人员的质量意识，规范质量行为。

2. 过程控制

1）人员能力控制

航空发动机维修大部分还是靠手工作业，人员的能力对维修质量起着至关重要的作用。因此，应在质量控制方面，对人员实行严格管控。

第一，实行招聘、培训考核和上岗审批相分离的策略，由质量部门负责一线操作人员上岗前资历、技能的审核，由总质量师负责上岗授权。重点关注发动机关键、重要维修过程涉及的人员，进一步提高对"人岗匹配"控制的有效性，确保"把合适的人放在合适的岗位上"，对不符合要求的人员实施延期上岗、调换岗位等控制措施。

第二，进行各类人员能力评估。组织梳理各岗位应具备的能力（除应具备的资质外，还应具备故障分析和排除能力、风险识别能力、策划能力、创新能力、协调能力等），形成各岗位能力标准细则，建立相应的测评方法，定期对每个岗位的员工开展能力测评，以保证人员的能力和工作效果。

第三，建立人员质量档案。在员工技术档案的基础上，增设质量档案，由质量等主管职能部门输入各级各类员工在工作中出现的各类典型问题、获得的奖惩等，明确质量档案实施和运用细则，对员工的质量问题、质量奖惩采用计分的方法进行统计核算，为员工绩效考核、晋职（级）、职称评定、评先评优、转岗、续岗及增加操作项目等提供可测量的评定指标和依据，从而从根本上约束员工质量行为。

2）工装设备控制

适宜、良好的工装设备是航空发动机维修质量的重要保证，应从以下几个方面加强工装设备管理。

（1）开展 TPM 管理。绘制设备网络图，将所有设备分为关键、重要和一般设备进行分类管理，重点控制严重制约生产的关键、重要设备，同时采用过程失效模型及影响分析方法，识别关键、重要设备的潜在风险，结合历史维修数据制定针对性的点检内容进行日常维护；对工装、工具按形状进行定置管理，编制工装条码，实现工装信息化动态管理；建立 ERP（Enterprise Resource Planning，企业资源计划）系统设备维修模块，为每台设备建立单独的档案，各级各类人员可以根据权限上载、完善、更新、查阅设备维修资料，设备维修后的记录由 ERP 系统自动归集到该设备的维修档案中，实现统一管理，并为预防维修奠定基础。

（2）开展先进检测设备工程化应用。传统的手工测量、目视检查和专用测具测量的方法，存在着手工测量不稳定、目视检查难量化、专用测具繁多等问题，满足不了航空发动机维修零部件高精度测量要求。应当以高精度测量设备工程化、无损检测手段化为目标，从几何量测试、无损探伤等方面开展高精度测量设备工程化应用，实现对产品性能的高精度自动检测、故障源精确定位，降低产品维修对个人技能的依赖度。

3)物资器材控制

物资器材是航空发动机维修的重要组成部分,它为主要生产过程提供所需的原材料、辅助材料、设备和备件。物资器材控制包括供应商管理、采购管理、库存管理等。其中,供应商管理和采购管理直接关系到采购物资的质量、周期和成本,影响盈利能力和维修周期;库存管理直接影响维修周期和生产的均衡。因此,应编制器材采购过程控制程序、器材和产品检验控制程序等,从供应商管理、采购管理、库存管理等方面对供应链实施管理。

(1)供应商管理。应建立合格供应商名录,每年进行评价和再评价。根据机型、供应量和供货渠道等方面的情况,将供应商分为Ⅰ、Ⅱ、Ⅲ类,建立供应商管理策略(见表7.1),重点关注战略类、瓶颈类供应商,通过战略联盟的形式建立长期稳定的合作关系;积极开发杠杆类供应商,不断拓展供应渠道;择优选择一般类供应商,培育满足战略需求的优质供应商群。建立完整的供应商管理信息系统,实时反映物料质量、价格、交货周期等指标,便于及时做出调整。

表7.1 供应商管理策略

类 别	分类明细	管 理 策 略
Ⅰ类供应商 (战略类、瓶颈类)	航空发动机零部件、附件、组件生产厂;航空发动机关键、重要件制造和维修用原材料生产厂;航材部门;物资进口委托代理公司	通过主管部门协调,高、中层领导交流互访,择优建立稳固的战略联盟关系,确保关键战略物资及瓶颈类物资的供应渠道。 定期召开订货会、产品座谈会、技术交流会,重点关注其技术、质量、研发能力、发展方向、生产能力和交付周期。 通过集中订货、批量采购、提高资金支付及时率来提高供应商的满意度和忠诚度
Ⅱ类供应商 (杠杆类)	航空发动机维修用原材料、辅助材料、标准件、胶料、漆料、油料及工装设备的生产厂,代理商,经销商	中层领导交流互访,择优建立长期合作关系。 定期召开订货会、产品座谈会、技术交流会,重点关注其技术、质量、研发能力、发展方向、生产能力和交付周期。 通过集中订货、批量采购来提高供应商的满意度和忠诚度
Ⅲ类供应商 (一般类)	各类用于生产保障、办公及其他用途的原材料、辅助材料、设备、工具、劳保、办公用品的生产厂,代理商,经销商	择优选择供应商,实行招标定点采购,实现互利共赢。 通过市场货比三家择优采购,严控采购成本

(2)采购管理。采取自制和外购相结合的综合采购模式,确保供应及时、风险受控、成本最小。自制能力充分的,优先选择自制供应;自制能力不足的,按比例分别供应;无法自制的,选择外购供应;外购困难又无法自制的,适当提高库存量。

(3)库存管理。根据供应渠道、采购周期、重要性、资金占比、采购数量等维度将物资分为 A、B、C、D、E 五类，按物资储备的分级库存管理对各类物资建立不同的控制措施和采购周期，建立库存零件的油封期报警系统，使库存零件受控。利用备件供应管理、虚拟配台、ERP 等信息化系统收集、汇总、分析数据，进行"动态消耗定额"管理，保证计划的准确性和前瞻性。

4）技术文件控制

在航空发动机维修过程中，应按照法规标准要求，根据航空发动机设计和制造部门提供的设计标准、产品图样、维修指南等依据性文件，结合实际经验，编制所修机型的维修技术条件和维修工艺规程，明确维修方法和验收标准，以指导发动机维修作业活动。在技术文件控制方面应重点做好以下工作。

（1）关键、重要维修过程控制。航空发动机维修的关键、重要过程是指形成航空发动机及部附件关键、重要特性的过程，以及加工难度大、质量不稳定、易造成重大经济损失的过程等。因此，应建立关键过程控制卡，明确控制内容和方法，对涉及的设备、人员、工艺等进行控制。对关键件（特性）采用两种检查方法或由两名检验人员检验，对重要件（特性）和其他关键过程实行全数检验或过程检验。

（2）工艺文件防差错控制。航空发动机维修工艺文件是维修作业的指导书，如果工艺文件编制出现问题，就会造成发动机批量返工。因此，可在工艺文件中增加作业周期、关键和重要工装设备、辅助材料、风险识别、附图警示等要素，优化工艺工序设置，细化检验点，明确检验要求等。例如，针对外形相似的易混淆零件，在工艺文件中增加零件图片，帮助操作者对比识别；在工艺文件中对容易出现错、忘、漏的工序，采取用不同颜色加以标注的方法，提示操作者注意等。

（3）可视化工艺。传统的航空发动机维修工艺基本以文字和平面图进行表述，在操作程序复杂的情况下，容易引起误操作。因此，可利用信息化手段，对操作要求高的发动机部附件编制直观、指导性强、便于理解的三维可视化维修工艺，消除可能存在的歧义；同时，可录制标准化操作视频用于指导实际操作。

5）质量检验控制

质量检验是对产品的一个或多个质量特性进行观察、测量、试验，并将结果和规定的质量要求进行比较，以确定每项质量特性合格情况的技术性检查活动。在航空发动机维修过程中，应设置检验人员进行把关，进行产品形成过程的检验及总检。

（1）检验部门应根据工艺分工的实际情况，设置相应的检验组，配备专职检验组长，负责组织和领导相关单位的检验工作。检验人员一般按生产工人总数的 8%～10%配备，在发动机试车和重要部附件维修等涉及产品特性形成的单位或工序，配备比例不应低于 10%。检验人员必须具有本专业两年以上的独立操作经历，上岗前应经过 3 个月以上的检验实习。

（2）检验人员应按工艺文件中规定的技术要求、检验项目、检验方式、检验方法和产品图样，对产品的符合性做出准确、客观的判断和结论，并在产品质量记录或质量证明文件上盖章确认；检查产品交检的履历本和维修质量记录是否齐全，号码与产品是否一致，维修前和维修后等各项性能数据的填写是否完整、正确、清晰；严格按照工艺规程和维修施工单的要求逐项、逐条地从产品外观质量到内部维修质量，从单一机件性能到各机件总装配套后的综合性能进行全面细致的检查。

（3）检验人员应对影响产品质量的"人、机、料、法、环、测"六因素实施有效监督，当发现人员无操作合格证（包括证件超期）而交付产品，工装设备没有定期维护或有故障，器材（含辅助材料和槽液、介质等）不合格或没有合格证明，工艺文件不齐全或操作人员未按工艺文件操作，生产环境条件不符合要求，测量设备没有定期维护、校准（检定）或有故障时，应拒绝验收产品，并及时报告。

（4）实现"三工序"活动可视化。做到"检查上工序、保证本工序、服务下工序"；制定每个岗位的"三工序"交接标准，所有的零件在交接时都必须放在特定的工位器具中，以固定的位置移交，形成标准化定置图，防止出现多余物。

（5）推行放行机制。通过设置放行检查项目，编制放行检查工作卡，明确检查内容、要求和方法，对产品维修质量进行层层把关，减少质量问题发生。

（6）通过优化检验点、建立后备检验人员梯队、前移卷宗审查关口等有效措施，提升检验工作效能。同时，加强操作人员自我验证，对没有设置检验点的工序，由操作者自我验证、自我保证产品质量。

6）质量索赔机制

航空发动机零部件价值高，一旦出现损毁，将带来较大损失。因此，应对因发生人为差错、一手工作质量不高、缺乏责任意识、管理不到位、技术未吃透等造成的重大质量损失，建立质量索赔机制。其主要内容是由质量部门组织，对原因清楚、责任明确的问题，将质量损失转入责任单位成本，下发处罚通报，对单位和个人进行经济、质量积分处罚；对原因机理复杂的问题，按照风险会诊机制查明原因后，按规定进行索赔；对于会诊后仍然无法查明原因的问题，质量损失由相关单位分担到质量损失成本中，待后续原因查明后再补充考核。

3．人为差错控制

维修人员在质量意识、知识、技能和精力等方面存在个体性差异，致使人为差错成为影响维修质量的突出问题。因此，分析其特点和产生原因，提出控制和预防措施，对保证航空发动机维修质量和飞行安全具有十分重要的现实意义。

1）人为差错的特点

（1）必然性。实施维修工作的人的行为受身体状况、心理因素等多方面的影响，按墨菲定律，人为差错是迟早要发生的事情。

（2）可积累性。人为差错的可积累性是指在航空发动机维修的各个环节，一个环节出了差错，前一个差错就会引发后一个差错，而后一个差错将会加剧前一个差错，起到错上加错的作用。

（3）突变性。有些人为差错造成的故障或引发的质量事故，往往与人的一次或数次错误行为相关联，发生过程极短，具有突变性。

（4）隐蔽性。有些人为差错产生后不易被发现，但事实上已经存在，只能在后续工序中被发现，或者在飞行过程中通过事故征候或发生事故才能反映出来。

2）人为差错的产生原因

人为差错的产生原因主要与人、环境、组织管理和产品有关（见图 7.1、图 7.2、图 7.3 和图 7.4），包括知识和技能、人员心理和生理、工作强度、管理和法规制度、安全文化等。

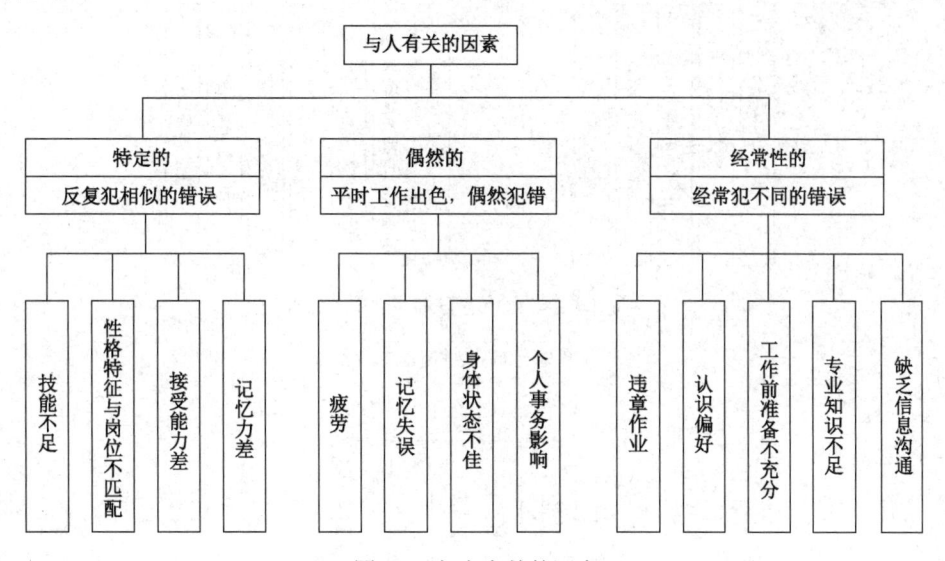

图 7.1　与人有关的因素

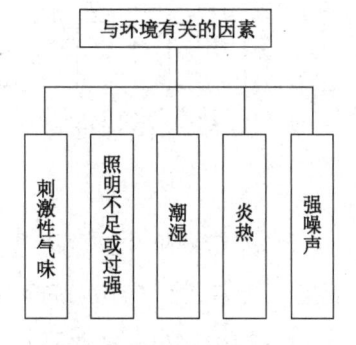

图 7.2　与环境有关的因素

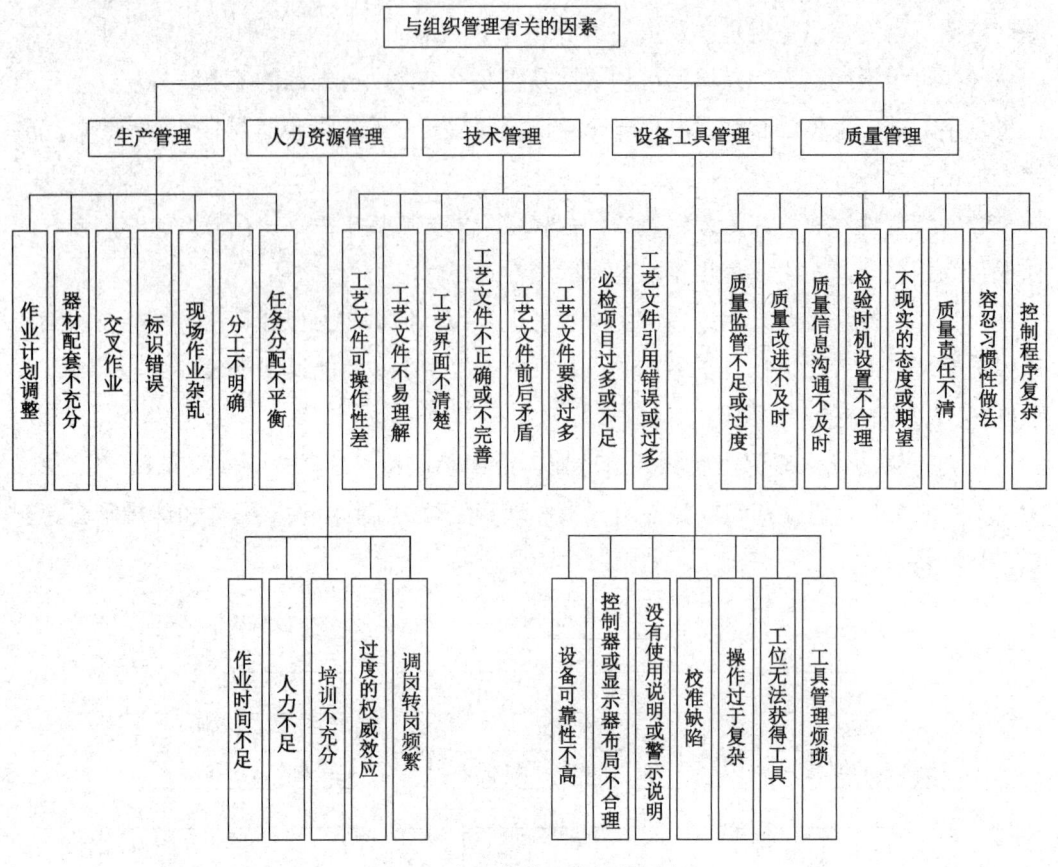

图 7.3　与组织管理有关的因素

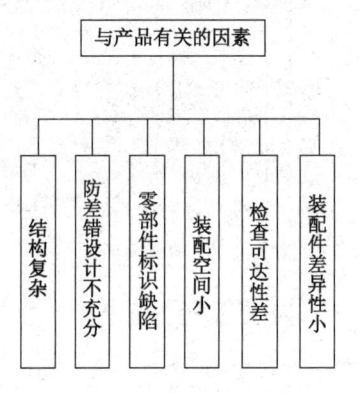

图 7.4　与产品有关的因素

3）人为差错预防

人为差错预防是指将故障调查和差错预防并重，从消除不安全前提、减少不安全行为、降低不安全影响、监督与改进4个层面，构建人为差错预防体系框架（见图7.5），查找系统安全缺陷，制定预防差错过程绩效指标，开展人为差错预防工作，实现"力争避免第一次，坚决杜绝第二次"。

例如，在设计开发及生产作业过程中，识别可能出现的维修差错，并在编制工艺文件和设计工装设备时采用防差错设计技术；在工艺文件中和生产现场，对容易发生维修差错的环节进行警示标识；通过对过程的监视、测量和统计分析，识别防止维修差错的控制点；通过自检和专检，对易发生维修差错的环节进行控制；对已发生的维修差错进行调查、分析，采取防差错措施，实施改进；定期编制防差错案例集，并开展防差错培训。

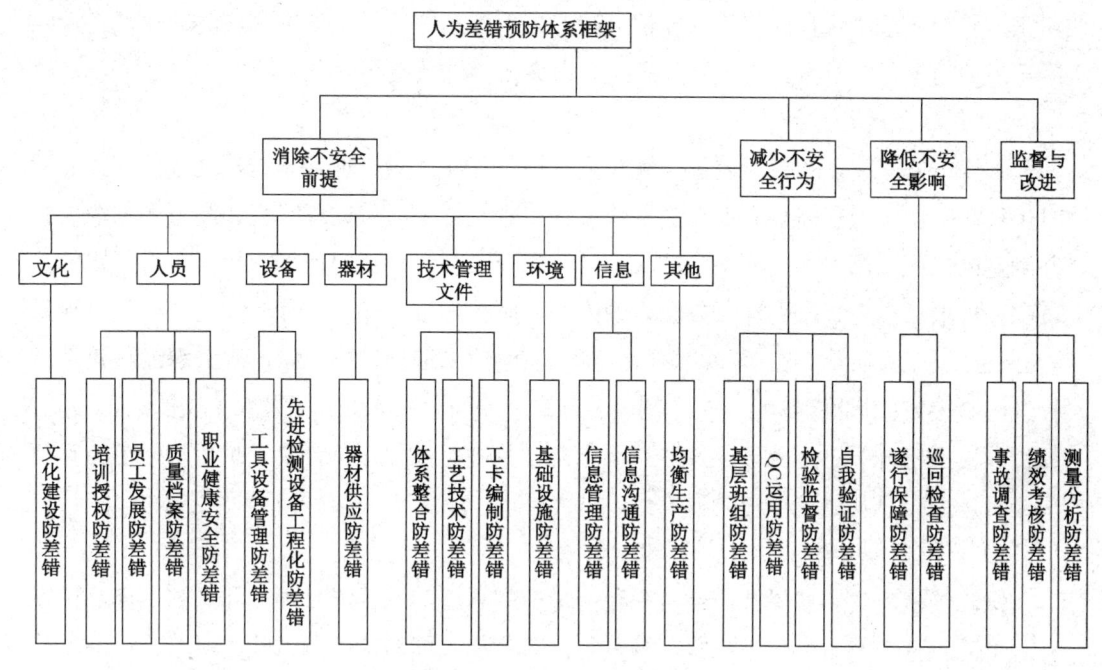

图 7.5　人为差错预防体系框架

4) 人为差错调查

要实现有效预防人为差错，应建立相应管理程序文件予以规范和支撑，并以附录的形式给出管理和预防人为差错的措施实例，提高人为差错管理程序文件的实用性和可操作性。在设计人为差错调查表时，应规定事件基本情况、差错类型、诱因分析、责任单位、防差错措施改进建议、具体防差错措施、措施落实及跟踪验证等要求，同时成立跨职能人为差错调查组进行调查。

7.2.2　质量分析系统

1. 监视和测量

监视和测量是质量体系有效运转的链条。维修单位应策划并实施测量、分析和改进过程，建立覆盖过程和产品的指标体系，确定监视、测量和分析的项目、内容、目标、方法、频次、传递要求，应用统计技术，对监视和测量结果进行分析，为改进提供支持。

1）用户满意度测量

维修单位应进行用户满意度调查，对主管部门和用户有关维修单位是否满足其要求的信息进行监视和测量，并确定获取和利用信息的方法。用户满意度的测量方法应根据不同用户而异，确保能够获得可用的信息；确定改进措施，并对实施结果的有效性进行评价。用户满意度信息至少应包括产品的符合性、维修周期、技术服务、用户的建议和纠正措施的要求。收集用户满意度信息的方式包括接收通报、评价和转达的信息，接收用户反馈的信息，质量走访，召开用户座谈会，函件调查等。

2）过程监视和测量

维修单位应建立并保持过程监视和测量控制程序，对质量管理过程进行监视，并适时进行测量；应识别需要监视和测量的过程，规定各部门在过程监视和测量中的职责，并确定监视或测量方式、方法、频次和具体内容。各责任部门根据指标体系所确定的测量和分析项目、内容、目标、方法、频次等，对指标进行测量、分析。根据监视、测量和分析结果，对质量存在明显波动的过程，及时组织进行过程审核，对关键过程定期进行过程审核或监督检查。当监视和测量发现过程不符合要求时，应采取适当的纠正措施，评价过程不符合要求是否会导致产品不合格，并确定过程不符合要求是否只限于特定情况或其是否会对其他过程造成影响。

3）产品监视和测量

维修单位应建立并保持产品监视和测量控制程序，明确测量项目和方法。产品监视和测量应包括采购器材的进货验证和复验，对产品工序的检验和试验，对最终产品的检验和试验，用户进行的检验和试验，发动机维修记录检查，产品实物质量的抽查，按规定进行的例行试验，按规定进行的反工序检查。发动机实物质量检查应按工艺规程的要求或预先制定的检查方案实施，进行反工序检查的发动机或部附件应按维修工艺规程的要求重新装配、试验并验收合格。

2. 数据分析

维修单位应建立并保持数据分析控制程序，确定所需的数据，以及收集、分析和管理数据（包括对比数据）的方法、频次、传递渠道，对收集的数据进行统计分析，为持续改进寻找机会。数据分析应包含用户、主管部门及相关方满意度，与产品要求的符合性，过程和产品的特性及趋势，采取预防措施的机会，供应商产品质量、供货周期、价格等信息，人为因素事件，目标和工作计划的完成情况，质量经济性，与其他维修单位或标杆比较的结果等。

（1）将统计过程控制工作纳入质量管理体系，构建统计过程控制方法体系，解决开展统计过程控制所需要的组织机构、程序和资源问题；规定实施质量管理采用的统计分析方法和工具的管理流程和工作流程，给出遇到问题时的解决途径。

（2）质量信息系统建设。建立人为差错数据库，实现对人为差错的事件描述，收录典型人为差错信息，明确专人对典型人为差错信息进行收集、录入、调查处理、统计分析与改进；建立质量审核数据库，收录外部审核、内部审核中提出的质量问题、责任单位分布、不符合项目、整改情况等信息，为后续总体改进打好基础；建立航空发动机全寿命期质量信息管理与服务保障系统，实现故障和质量问题的实时监控与自动统计分析，为开展故障分析和预防工作提供充分的数据支持，对发动机从制造出厂、用户使用、维修到报废的全过程质量信息进行管理，形成共享的质量信息和技术资源库，提升服务保障能力。

（3）部门级质量分析。建立质量检验信息日报、外场质量问题月报和综合产品质量情况季报制度，定期分析维修过程质量、用户使用质量情况及总体质量状况，分析典型质量问题、薄弱环节和发展趋势，找出改进机会，将分析报告传递至确定知晓人员，为其改进决策提供依据。

（4）单位级质量分析。按月由维修单位最高管理者组织召开质量安全形势分析会，会上各相关单位分析讨论内、外场质量形势和问题，根据监视和测量结果研究改进需求，对发动机多发性、危险性故障提出针对性措施，并明确项目负责人和完成时间，输出的改进决议及落实情况通过办公自动化（OA）系统传递至相关部门实施改进，同时报主管部门；必要时，还可传递至用户、供应商和合作伙伴等相关方。同时，主要职能部门、维修车间或分厂、班组每月召开车间或分厂级分析会。

（5）专项质量分析。每年通过质量体系管理评审、年度质量安全形势分析、专项质量整顿等形式，分析当前质量状况，找出薄弱环节，明确改进要求，输出改进决议，以正式文件的形式通过办公自动化系统传递至责任部门实施改进。

3. 改进闭环

持续质量改进是一项复杂而涉及面广的活动，需要明确的持续质量改进目标和方向。应依据战略目标和规划，根据用户反馈、与竞争对手或标杆的对比结果、关键绩效指标完成分析结果、过程指标和信息分析结果、相关方及员工建议等识别改进机会，通过管理评审会、质量安全形势分析会、外场故障专题会等方式确定改进项目与资源配备，分层次、有重点地进行部门、过程和整体的改进。

（1）制订改进计划。质量部门制定年度质量改进重点工作项目和目标，分解到相关部门，明确各层级改进计划和目标；各单位根据总体改进计划和目标，以及月度质量安全形势分析会、外场故障专题会的决议等，结合单位工作实际制定单位改进计划，确定量化指标并分解至各班组和岗位，确定改进计划、目标、责任人和完成时间。

（2）QC（Quality Control）小组改进。按照QC小组活动管理办法，技术人员、质量人员、基层员工等实施与产品质量有关的管理及操作层面的改进。根据QC小组注册情况，抽查活动开展情况、计划与目标完成情况，计算年度改进计划完成率，并在小组申报成果两个月内进行现场验证等，以检查改进效果。

（3）科研项目改进。制定科研管理程序，紧紧围绕新产品试修试制，产品与设备故障，与新技术、新工艺、新材料应用有关的技术难度较大或有一定技术难度的故障等问题，以项目团队方式开展立项管理、方案制定与评审、与阶段目标制定与评审、技术条件及工艺说明书等工艺技术文件的编写与评审、经费管理、成果评估及成果发布、推广等活动。根据阶段计划和目标，在科研攻关的不同阶段，抽查项目资源的协调与调动、项目组内部管理、经费使用、主要技术指标完成情况、达到的目标效果及年度攻关计划完成率等，协调解决存在的问题，对进展缓慢的项目进行考核及必要的计划调整，确保改进效果。

（4）专项改进。根据主管部门要求和组织管理、技术、生产、质量等情况，对当前发生的重大质量问题或有较大波动的质量问题开展各种专项活动，包括方案策划、制定实施细则与阶段目标、各部门实施、过程检查、总结、评价分析等方面。相应职能部门或团队负责人根据实施细则与阶段目标，抽查相关单位或团队进展情况、阶段计划与目标完成情况，通报检查情况，协调解决存在的问题，对进展缓慢的项目进行考核。

7.3 适航管理

7.3.1 民用航空器的适航性与适航管理

1. 民用航空器的适航性

1）适航性

适航性简称适航，专指民用航空器的一种属性。英国牛津字典对适航的解释是"fit to fly"，意思是"适于飞行"。初看这一解释似乎过于简单，难以概括受到许多工程技术问题和人为因素影响的适航内涵，但经过一番考虑后，会发现这个解释很中肯。因为航空器是否"适于飞行"，是适航管理部门是否对其颁发适航证的基础，而适航管理部门只有在对直接影响飞行安全的航空器设计、制造与维修等方面进行审查，并得出满意的结论之后，才能认为航空器"适于飞行"而对其颁发适航证。所以，"适于飞行"这一解释精辟地概括了适航的内容。

概括地讲，民用航空器的适航性是指航空器（包括其部件及子系统）整体性能、操纵特性在预期运行环境和使用限制下的安全性及物理完整性的一种品质。这种品质要求航空器应始终保持符合其型号设计要求和始终处于安全运行状态。

"适航性"这个词并不是出于理论或学术研究的需要,也不是出于设计、制造航空器的需要,而是出于维护公众利益的民用航空立法的需要。早期航空科学技术不发达,事故频繁,公众要求政府做出规定,以禁止不安全的航空器飞行。所以,从一开始,"适航性"这个词就与政府机构对民用航空器安全性的控制和管理联系在一起。在民用航空活动的实践中,为达到某种适航性,民用航空器必须符合法定的适航标准和处于合法的受控状态。

2)适航标准

适航标准是一类特殊的技术性标准。它是为保证实现民用航空器的适航性而制定的最低安全标准。适航标准与其他标准不同。适航标准是国家法规的一部分,必须严格执行。

适航标准是通过长期工作经验的积累,吸取历次飞行事故的教训,经过必要的验证或论证及公开征求公众意见不断修订而成的。目前,较有影响的适航标准是美国的 FAR (Federal Aviation Regulations)、英国的 BCAR (British Civil Airworthiness Requirements)、欧洲联合航空局的 JAR (Joint Airworthiness Requirements)。我国主要参考国际上应用最广泛的美国适航标准,结合国情制定自己的适航标准,并作为《中国民用航空规章》(China Civil Aviation Regulations,CCAR)的组成部分。

随着新技术的发展,航空器上采用了许多新颖、独特的设计特征。这些新技术往往超越了现有标准的规定。这就需要通过由专家编制"专用条件"(Special Condition)或修正现有标准来解决。

综上所述,适航标准是维持航空器适航性的必然产物,而这个标准又是法律强制执行的最低安全标准。那么,如何用这个标准去控制适航性呢?首先,要弄清谁对适航性负责;其次,要明确如何实施法制的适航管理。

3)适航性责任

通过对有关适航性法规的分析,可以揭示出航空器必须满足以下两个条件才能称其是适航的:一是航空器必须始终符合其型号设计要求;二是航空器必须始终处于安全运行状态。因此,在保持航空器的适航性方面,航空器的设计、制造、使用和维修各方皆负有重要责任。

航空器的设计和制造单位,从设计图纸、原材料的选用到试验制造、组装生产,直至取得型号合格批准和生产许可,要对航空器的初始适航性负主要责任。

航空器的使用单位(航空公司)和维修单位(包括所属的各类航空人员,如飞行人员、维修人员、检验人员等),要对其使用和维修的航空器始终处于安全运行状态,即对航空器的持续适航性负主要责任。

一架航空器的基本质量首先取决于它的初始设计和制造。但在整个运行使用过程中,这种基本质量必须依靠使用规范、维修规则及适航指令使之得到保持和恢复。完善的设计、优质的制造、良好的使用和有效的维修，是保持航空器适航性的重要因素。任何一方的责任放松或工作疏忽，都有可能影响航空器的适航性，进而酿成大祸。

适航部门作为国家的政府部门，则是在制定各种最低安全标准的基础上，对航空器的设计、制造、使用和维修等环节进行科学统一的审定、监督和管理。适航部门负责对航空器的适航性进行技术鉴定和监督检查，负责对航空器适航性负有责任的单位及其人员的监督检查，并客观地进行控制和评估。总的来说，适航部门及其成员要对影响适航性的所有工作负责。

4) 适航的航空器

什么样的航空器才算是适航的航空器呢？国际上比较普遍的看法是，倘若航空器同时满足下述各点，便是适航的航空器。

（1）航空器的型号设计符合相应的适航标准，并获得适航管理当局的批准。

（2）航空器由取得适航管理当局批准的单位制造，并经过检查确认符合型号设计要求。

（3）航空器由持有合格证件的人员按照适航管理当局批准的大纲进行维修，贯彻执行了适航管理当局颁发的相应适航指令。

（4）航空器在上述检查、维修中没有发现重大故障，不需要进行大的修理或调整。

在设计—制造—维修这一链条中，最主要的环节是设计。这是因为对航空器及其各种系统与设备的种种构思，都影响甚至决定着制造和维修这两个环节。例如，只有在设计航空器结构时努力排除任何部位可能隐藏的故障缺陷，或者给维修检查提供必要的接近通道或窗口，才能使维修符合规定的要求。如果一架精心设计的符合适航标准的航空器脱离其他两个环节的精心工作，也不可能成为适航的航空器。所以，航空器的适航性不仅取决于对上述链条中每个环节的重视程度和每个环节的有效工作，而且取决于对各个环节之间相互关系的深入研究与正确协调。特别是在航空器的复杂程度日益提高的情况下，环节与环节之间的"边界"问题也会增加，更需要精心处理。为了做好每个环节的工作并协调好各环节之间的相互关系，必须采取一套科学而又切实的办法，或者说采用一套适当的程序，国际上把这种程序称为适航管理系统。

2. 民用航空器的适航管理

1) 适航管理的含义

民用航空器的适航管理是以保障民用航空器的安全性为目标的技术管理，是适航部门在制定各种最低安全标准的基础上，对民用航空器的设计、制造、使用和维修等环节进行科学统一的审查、鉴定、监督和管理。适航管理揭示和反映了民用航空器从设计、制造到使用、维修的客观规律，并施以符合其规律的一整套规范化的管理。

《中华人民共和国民用航空器适航管理条例》中明确规定：民用航空器的适航管理由中国民用航空局负责。民用航空器适航管理的宗旨是保障民用航空安全，维护公众利益，促进民用航空事业的发展。

2）适航管理的分类及其关系

民用航空器的适航管理可分为两大类：一类是初始适航管理；另一类是持续适航管理。

初始适航管理是在航空器交付使用之前，适航部门依据各类适航标准和规范，对民用航空器的设计和制造所进行的型号合格审定、生产许可审定，以确保航空器和航空器部件的设计、制造是按照适航部门的规定进行的。初始适航管理是对设计、制造的控制。

持续适航管理是在航空器满足初始适航标准和规范、满足型号设计要求、符合型号合格审定基础，获得适航证并投入运行后，为保持它在设计、制造时的基本安全标准或适航水平，保证航空器始终处于安全运行状态而进行的管理。持续适航管理是对使用、维修的控制。

初始适航管理和持续适航管理是相辅相成、密不可分的。二者之间没有明显的界线，也无法截然分开。而二者的交联和融合，则构成了民用航空器适航管理的整体和全部内容。

民用航空器是适航管理的主要对象和最终目标。民用航空器的适航管理贯穿于民用航空器从孕育诞生到寿命终止的全过程。这个全过程大体分为设计、制造、使用和维修4个阶段。从民用航空器产生、发展的过程来看，初始适航管理与持续适航管理是一个你中有我、我中有你的有机闭环。一种型号的民用航空器从设计构思开始，就需要明确它的用途、可用性和适用性。不同设计思想和不同制造要求的民用航空器都必须进行维修要求的审定，即符合适航部门审定批准的设计人制定的强制性维修工作及其频度的要求。在此基础上，该型号民用航空器的使用人再制定和建立符合自身情况的维修管理方式。而适航部门则依据相应规章，同时兼顾民用航空器的实际情况和使用人的实际情况，确定颁发单机适航证的使用限制。持续适航管理中，很大的责任是对民用航空器使用中的重大故障和问题及时进行信息收集，责成航空公司或研制部门提出纠正措施；必要时编发适航指令，纠正民用航空器合格审定之后发生的不安全情况。其中，那些属于设计、制造因素导致的问题，则要反馈到设计、制造单位，直至采取必要的措施，促使问题得到解决和向更高安全水平转化。

3）适航管理机构

适航管理机构分为立法决策层、执行层和基础层。立法决策层为中国民航局航空器适航审定司和航空器适航审定中心。执行层为各民航地区管理局航空器适航审定处和上海、西安、沈阳、成都航空器适航审定中心。这些机构都是随着民航体制改革的进程而逐步组建的，这样能较快地建成适航管理系统并开展工作。基础层是中国民航局适航部门的助手，中国民航局适航部门根据需要在有关企事业单位委任各种代表和委任单位代表，按照适航部门授权负责有关的工作。

4）适航管理机构职能

各民航地区管理局航空器适航审定处按适航审定司授权，主要负责本地区内航空器的持续适航控制与监督，包括维修单位的审查、颁证与监督，维修人员执照的颁发、管理，航空器单机适航审查、控制等。各航空器适航审定中心按适航审定司授权，主要负责航空器型号和生产许可，航空材料、零部件和机载设备的审定，以及对持证人的监督。

5）适航管理证件体系

立法和颁证是民用航空器适航管理的两大支柱。适航部门通过各种审定来检验航空产品、组织机构和人员符合标准或资格规定的程度，经审查合格后颁发相应证件。证件是符合标准或资格规定的凭证。

7.3.2 初始适航管理

民用航空器的适航管理可以分为初始适航管理和持续适航管理，但二者是互相联系和融合的，不能截然分开。初始适航管理主要指对民用航空器设计、制造的适航审定、批准和监督。

对民用航空器而言，从其设计构思开始，设计人员就需要考虑航空器的适航性要求，并根据航空器的设计质量、用途的不同而考虑符合相应的适航标准。适航部门依据相关的法律、适航标准和管理要求，对民用航空器的设计、制造、使用和维修实施以飞行安全为目的的技术鉴定、监督和管理。

1. 初始适航管理的内容

适航部门根据各类适航规章、标准和程序，对民用航空器的设计符合性和制造符合性进行型号合格审定和生产许可审定，并实施持续性的监督，以颁发型号合格证、生产许可证及适航证为主要管理内容。

民用航空器的设计、制造部门对航空器的初始适航性负责，适航部门负责监督检查航空器的设计和制造符合性，并通过一系列规章和程序来验证航空器的设计特性、使用性能，以及制造质量和安全状态。

2. 初始适航管理中适航部门的基本责任

（1）制定民用航空规章和标准。

（2）确定生产的航空器符合已获得批准的设计要求，并处于安全可用状态，批准生产和质量保证系统。

（3）持续监督航空器的使用，并协助解决出现的使用困难问题。

（4）坚持不懈地履行适航部门的义务。

7.3.3 持续适航管理

1. 概述

1)持续适航管理的依据

《国际民用航空公约》是国际民用航空组织会员国所达成的协议。它包括18个附件,其中附件6《航空器的运行》中阐述了航空器运行、性能、通信与导航设备、维修、飞行文件、飞行人员职责及航空器的安全保卫等方面的一般规则和要求。

依照《国际民用航空公约》,为履行国家适航管理当局的职责,国家民用航空主管部门需要建立自己的民用航空器适航管理机构,需要制定基本法规并付诸实施。

我国于1987年5月4日发布的《中华人民共和国民用航空器适航管理条例》是一部极为重要的行政法规,它的发布和实施标志着中国民用航空走上了国际先进的、科学的民用航空器适航管理轨道。

适航管理规章是适航管理工作的法律依据,必须具有相应的规章,才能够逐步建立、健全和完善适航管理工作。目前,在持续适航管理领域内,我国已颁布生效了《民用航空器维修单位合格审定规则》(CCAR-145R4)和《民用航空器维修人员执照管理规则》(CCAR-66R3)两部规章,而且正在对另外两部营运规章进行讨论、定稿。因此,上述规章是持续适航管理工作的基本准则。

2)持续适航管理的目的

适航管理工作的宗旨是保障民用航空安全,维护公众利益,促进民用航空事业的发展。

持续适航管理也是在这一宗旨下进行的。尽管在工作过程中遇到的不同情况、不同问题需要采取多种形式的管理方法,但在这一宗旨指引下,通过行之有效的规章要求予以控制,各航空运输、维修企业内部的自身管理机制的完善和有效运转,可达到保障民用航空安全、维护公众利益、促进民用航空事业发展的目的。

3)持续适航管理的意义

持续适航管理是一个国际上通用的管理模式。我国实施持续适航管理有助于在国际民用航空组织中参与各项活动和发挥作用,通过履行《国际民用航空公约》的义务,与国际上的先进管理方法接轨,这与我国的改革开放政策是相吻合的,并且有利于民航事业的改革开放和发展。

持续适航管理完全是一种政府职能的管理。通过这种管理,有利于增强政府在民航领域的监督职能,提高管理水平,对进一步提高和保证飞行安全水平起到促进作用。

通过实施持续适航管理,使各航空器使用人与维修单位有法可依、依法办事,并鼓励它们之间的相互竞争与发展。持续适航管理对提高民航事业的整体安全水平和经济利益是起推动作用的,它有利于进一步提高我国各航空企业的管理水平和在国际上的竞争能力,对我国民航事业的发展和进步起到了积极的作用。

4) 持续适航管理的要素

持续适航管理有 3 个要素,即维修单位、维修人员和航空器。三要素都应符合规定的要求或标准,这样才能保证航空器的持续适航。

(1) 维修单位的合格审定。维修单位,无论是国内的还是国外的,只要承修在中国注册的民用航空器,均要符合中国民用航空规章《民用航空器维修单位合格审定规则》(CCAR-145R4) 的要求,并获得维修许可证。维修单位必须有一本经适航部门批准的手册,手册是本单位的法规性文件,是构成维修许可批准的一部分。合格的维修单位应建立质量系统、安全管理体系、工程技术系统、生产控制系统和培训管理系统 5 个系统,质量系统必须具有质量否决权。除上述要求外,合格的维修单位还必须具备承修项目所需的厂房设施、工具设备、合格人员、技术文件和器材。因此,维修单位只有满足 CCAR-145R4 的规定,才可能取得维修许可证。

(2) 维修人员的资格评审。维修人员的业务素质是保证维修工作质量的关键因素。为提高维修人员素质,《民用航空器维修人员执照管理规则》(CCAR-66R3) 中规定了维修人员执照的考试、颁发和管理要求。这些规章要求构成了对维修人员资格评审的法律依据。

(3) 对航空器适航性的监督,重点包括以下几个方面。

①维修大纲。各机型的维修大纲必须经中国民航局批准或认可,维修方案(包括补充结构检查和防腐方案)和工卡必须符合维修大纲的要求。

②适航指令和重要的服务通告。

③时控件。应有程序控制,防止超期使用。

④保留故障或保留工作项目。必须严格按照最低设备清单放行飞机,应有控制程序把保留故障和保留工作项目控制住。

⑤替换件。使用的任何替换件必须经过审查批准。

⑥重大故障和重复故障。必须有可靠性方案来加以分析和控制。

⑦维修记录。必须按规定记录、保存。

⑧重大修理和改装。必须经适航部门批准。

⑨航空器年检及建立单机档案。

⑩建立信息网络,进行实时控制。

5) 持续适航管理工作涉及的部门及其责任

保持民用航空器的持续适航性是适航部门、航空器设计和制造部门及航空公司(航空器使用和维修部门)的共同责任。一致的目的和共同的责任把上述部门紧密地结合在一起。

(1) 适航部门。适航部门在持续适航管理工作中的主要责任是对航空器在使用过程中所涉及的适航性进行评估。因此，产生了维修单位资格、维修人员资格、航空器的技术状态等一系列的管理工作。适航部门在持续适航管理中的主要工作可归纳为以下几个方面。

①签发（签署）适航证。
②对维修大纲、可靠性大纲、维修方案和可靠性方案进行评估。
③颁发适航指令。
④对重大修理、改装工作进行批准。
⑤对航空器进行年检和不定期抽查。
⑥对维修单位进行许可审定。
⑦颁发维修人员执照、检验人员执照。
⑧实施信息收集、整理和评估。
⑨参与对重大故障和飞行事故的调查。
⑩批准、颁发委任代表证。
⑪按规定实施对持证人的监督和处罚措施。

（2）航空器设计和制造部门。对于航空器设计和制造部门，其主要责任是主动、及时地收集航空器使用中发生的重大故障问题，提出纠正措施，编发技术服务通告，以保证航空器的持续适航性。这里所谈到的航空器设计和制造部门，是指型号合格证（Type Certificate，TC）、生产合格证（Production Certificate，PC）、技术标准订单批准（Technical Standard Order Approvals，TSOA）和民用航空器零部件制造人批准的持有人。

（3）航空器使用和维修部门。航空器使用和维修部门是指航空器使用人和维修单位，它们构成持续适航管理的基础。

航空器使用和维修部门承担着保持航空器持续适航性的根本责任，是保障航空安全的主要因素。为保证航空器的适航性，航空器使用和维修部门必须满足以下条件。

①有完备的维修设施、设备和器材。
②有合格的维修人员和维修管理人员。
③有完整且良好运转的维修工作程序。

实际上，适航部门、航空器设计和制造部门，以及航空器使用和维修部门的职责是兼容的，不存在两个极端的状况。航空器是三者之间的媒介，只有抓住航空器适航性这一关键，才能进行实时的监督和持续适航管理。

2. 民用航空器持续适航性的鉴定与监督检查

民用航空器在投入使用后，必须保持其在型号设计时所确定的适航性，并保持其颁发适航证时的状态。因此，对营运中的航空器持续适航性的鉴定与监督检查是适航部门一项很重要的日常管理工作。

1) 对航空器适航性的责任

航空器的运营人必须对航空器的适航性负全部责任，这是因为航空器是在它的控制之下并按照它的各种程序和规定进行营运的。在某些情况下，尽管航空器使用人可以把部分或全部维修工作转包或移交给某个独立的合格维修单位去完成，但这丝毫不能被认为是适航性责任的转移或分配，因而也就不能推诿对航空器适航性的责任。为保持航空器适航性进行维修而确定的责任，必须以维修协议或其他协议的形式表述出来，并为适航部门所认可。通常，对航空器适航性的责任包括下述各方面。

（1）确保每次运行前实施飞行前检查工作，确认航空器可以完成预定的飞行任务。

（2）正确理解和使用最低设备清单，确保任何影响适航性和运行安全的故障或缺陷均已被排除。

（3）确保航空器是按批准的维修大纲和方案进行维修的。

（4）确保完成了所有适用的适航指令和中国民航局认为必须执行的持续适航要求。

（5）确保按法定技术文件完成了选择性改装工作。

2) 对航空运营人的一般要求

航空运营人必须是中国民航局批准并经工商登记的法人。在保证航空器持续适航性的同时，它还必须满足中国民航局有关营运规定（或规章）中对航空器维修方面的要求。通常，这些要求包括下述几个方面。

（1）运营人的维修机构必须是获得CCAR-145R4批准的机构。

（2）运营人必备的技术文件是中国民航局批准或认可的文件，并应是最新有效版本。

（3）运营人所录用的维修人员必须具备相应资格，且放行和检验人员等必须满足CCAR-145R4中对维修及管理监督人员的资格要求。

（4）运营人必须具有必需的工具、设备及更换用器材，这些工具、设备和器材应是航空器设计和制造部门推荐的或经中国民航局批准或认可的。

（5）运营人必须建立一套完整的管理系统，包括工程技术、质量保证、飞行安全等，该系统必须具有一套行之有效的工作程序，该程序应以文字形式表述，并为中国民航局所批准或认可。

3) 适航部门对航空器适航性的监督检查

为维护公众利益，保障飞行安全，适航部门必须对航空器的适航性实施监督检查，这种监督检查是适航部门的职责，是对运营人保证航空器适航性工作的一种评估，也是对航空器状态的一种评价，更是适航部门对运营人飞行安全工作的一种控制。适航部门对航空器适航性的监督检查工作具体体现在下述几个方面。

（1）对航空器的维修大纲和维修方案进行批准，并监督检查依据上述文件制定的各种实施工作细则的符合性。

（2）对适航指令和重要服务通告的实施情况进行检查。

（3）对时控件状况进行检查。

（4）对保留项目及保留故障情况进行检查和评估。

（5）对重大故障和重复故障进行分析和监督，并对运营人的可靠性方案进行检查与评估。

（6）对维修记录进行检查。

（7）对重要修理与改装进行批准或认可。

（8）实施航空器年检。

（9）查处违章事件。

3．持续适航对维修的要求

1）对维修单位的要求

（1）对民用航空器维修单位进行审查与监督。对民用航空器维修单位的审查与监督，是航空器持续适航管理方面的一项重要工作。按照《国际民用航空公约》和各个国家制定的航空法规，无论是民用航空器的维修单位，还是民用航空器的适航管理部门，其所承担的职责都是为了保证民用航空器维修的完善程度，以及通过适当的标准和程序控制航空器的维修质量和适航性，以达到确保航空安全的目的。

（2）对民用航空器维修单位的审定工作。CCAR-145R4 中明确规定，凡承担在中华人民共和国注册登记的民用航空器及其部件、机载设备维修的单位，必须办理维修许可证的申请手续，经适航部门受理申请、审查和颁证后，才成为合法的符合要求的民用航空器维修单位。

对一个维修单位进行审查的必要条件为，该维修单位确有诚意并已正式向适航部门提交了申请书及有关资料；适航部门确认该维修单位的申请符合申请程序，可以被接受并通知其已被受理。

对维修单位的审查，是依照 CCAR-145R4 及相应的审定工作程序对维修单位的具体要求而进行的符合性检查，审查的目的是确定颁证的意图或某一维修单位维修许可证的持续有效等。

2）对维修人员的要求

民用航空器的持续适航性是靠日常的保养和维修工作来保持的，而维修人员的素质是决定维修工作好坏的关键，因此，对维修人员的要求就显得很重要。

适航部门对维修人员的管理是依照 CCAR-66R3 实施的，其中定义了维修人员、维护人员、修理人员及检验人员，并对颁发维修人员和检验人员执照的工作提出了要求，它是适航管理规章中不可缺少的部分。

CCAR-66R3 提出了执照及获得执照的资格要求，而 CCAR-145R4 中则对各类维修人员的工作资格提出了以下要求。

（1）对于直接维修人员，要求其至少应有上岗合格证，并且上岗合格证中必须有能证明该维修人员能力的说明。如果直接维修人员不具有放行权，则适航部门不强制要求其有维修人员执照。

（2）对于航空器维护整机签署放行（包括航线维护放行）和在内场批准航空器或航空器部件返回使用的放行人员，则要求其必须具有维修人员执照，并且要经过相应的授权。

（3）不具备中国国籍的外籍维修人员必须依据 CCAR-66R3 的规定取得适航部门的认可证明或考取维修人员执照。

（4）学徒工和实习生必须在持有适航部门认可的合格证件的维修人员的指导和监督下工作。

（5）检验人员必须持有维修人员执照，执行必检项目的检验人员还必须持有检验人员执照。

（6）从事管理或监督的人员一般指各部门经理（含车间主任），只要他们不直接从事维修、检验或放行工作，可以不持有维修人员执照。

（7）对于工程技术人员，如果他们负责在现场指导或直接参与工作，则必须持有维修人员执照。

第8章 维修安全管理

安全管理是预知人类活动各个领域里固有的或潜在的危险，以及为消除这些危险所采取的各种方法、手段和行为的总称。维修安全管理是指运用科学管理的理论、方法和手段，通过对人-机-环境系统的规划、协调和监控，及时发现、消除危及安全的因素，预防事故，避免人员和航空器的非战斗损失，保证空地安全的活动。

8.1 维修环境安全系统

8.1.1 维修安全大纲

一般在航空条例中都会列出航空公司运营航空器需要的基本岗位，持证人应当对单位内的所有岗位规定义务、职责和权力，主管安全的人应当负责航空公司的整个维修安全大纲。

维修安全大纲经理有下列主要职责。

（1）在维修与工程单位的各个工作区域内，标明所有健康与安全隐患。

（2）针对危险状态，确定需要的保护措施，并保证按照需要随时向工人提供安全服和设备。

（3）对处理危险化学品、在危险区域工作及执行涉及危险化学品的任务的工人，随时提供安全方面的资料，包括制造商提供的任何资料，以及航空公司运营需要的任何补充资料。

（4）提供有关危险品识别、安全设备的位置与试验，以及急救和事故报告程序方面的培训。

（5）在技术政策与程序手册中明确规定并支持维修安全大纲。

8.1.2　一般安全规则

有几个特殊领域是任何航空公司的维修安全大纲都会涉及的,包括吸烟条例、防火、机库集水系统,以及跌倒预防与保护等。

1. 吸烟条例

"吸烟物品"是指雪茄、香烟、烟斗及其他易燃物品,如火柴和打火机。安全协调员应规定禁烟区,并在各项条例中予以实施。典型的禁烟区应当包括下列区域。

(1) 飞机内部。

(2) 距离停在停机坪上的飞机 50ft 以内的区域。

(3) 距离加油作业或加油设备 50ft 以内的区域。

(4) 距离润滑油、溶剂或漆料储存区域 50ft 以内的区域。

(5) 机库内(办公室、洗手间或其他指定吸烟区域除外)。

(6) 由机场当局在机场指定的任何禁烟区域。

2. 防火

吸烟物品不是引起火情的唯一根源。静电放电时产生的电火花也能点燃易燃气体和其他易燃物质。因此,必须正确储存和处理易燃材料。存放易燃材料的区域应禁止吸烟,并要求适当通风。

挥发物必须正确存放,而且不能在以下区域使用:有明火的区域、正在操作电气设备的区域、正在进行焊接作业的区域,以及正在进行抛光打磨作业的区域。

油漆、涂料等易燃材料必须储存在密闭式容器里,并且远离热源或火源。大量供应的易燃材料必须储存在远离维修作业的单独建筑内。如果必须在飞机上进行焊接作业,那么管理部门必须确定适当的程序,并在作业期间安排好备用的消防人员和消防设备。

3. 机库集水系统

机库是复杂而又昂贵的建筑,在这些建筑里常常容纳一架或多架飞机,这些飞机要比建筑本身更贵重。机库必须配备足够的灭火设备,以保护航空公司的资产不受损害。

在飞机周围的工作区域应放置灭火器,并且必须贯彻实施所有防火与安全条例。机库集水系统是全世界各大机库均在使用的一种灭火系统。这是一种精心设计的系统,将许多装有化学阻燃剂的罐子埋在地下或机库地板下面,并与自来水管道连接。这样可在必要时,将水和阻燃剂混合产生灭火泡沫,喷射到机库的各个角落。该系统在机库中或接近机库处有一个控制室,操作人员可以在控制室里操作,并将消防设备(可移动或可调节的喷头)引导到具体区域,有的系统可以自动覆盖整个机库。

机库失火时，应当先将人员从机库撤离，然后喷射灭火剂。如果条件允许，则最好把飞机移出机库。

4．跌倒预防与保护

涉及跌倒预防与保护的职业安全与卫生条例，是指工作表面、脚手架及其他高和危险的地方，如建筑施工现场，但是没有具体地谈到维修人员有时不得不在上面行走的飞机机翼和机身。然而，管理的原则应当是相同的。所有的危险区域必须有识别标志，具体的保护设备和程序应当到位，以便保护在这些区域工作的任何人员。

飞机不像建筑物和脚手架那样有好的且平坦的外表面。尽管职业安全与卫生管理条例对这类结构都适用，如铁轨、安全带和装具等，但是飞机外形的圆拱表面却呈现出一些新的问题。有一点应当明确，飞机的外形表面根本不适合安全行走，因此，应用大的黑色字母"NO STEP"表明勿践踏。由于这种弯曲表面，以及上面通常设有防止摔跤的可以抓扶的结构件，所以在飞机上面行走要比在其他高的地方行走更危险。职业安全与卫生管理条例规定，工人下降高度不应超过4ft，在任何大于这一高度的情况下，要求采取安全措施，如轨道、安全带、装具或某些组合形式的安全措施。

8.1.3 一般安全责任

1．航空公司的责任

要求航空公司在其所有的设施内提供安全和卫生的工作条件，包括在所有机库和业务中心内都有设备齐全并不断更新的急救箱；在使用酸性、碱性或刺激性材料的区域有眼睛冲洗和淋浴设施；提供合适的灭火器，并且要放在维修与工程单位各个区域都容易接近的位置，灭火器应定期检查，以保证其有效性；接触腐蚀性材料的工作人员，应当配备适当的安全服、安全眼镜、耳塞及护罩等。对于安全设备的使用要求和使用程序，航空公司必须提供必要的培训。

为了保证设备和人员安全，航空公司还必须保证在飞行航线上和在机库内有停放飞机的足够场地和足够的灭火能力，包括机库的自动集水系统。同时，要求有人员和飞机撤离程序。

2．安全协调员的责任

安全协调员是维修安全大纲的实施者。安全协调员负责制定安全条例和程序；负责监督维修与工程单位的各个部门（质量保证部门除外）是否遵守安全政策；负责制定有关维修安全大纲的改进措施；负责处理相关事故和事件的索赔事宜。

3. 业务中心主任的责任

业务中心主任要负责设施和人员的安全。业务中心主任必须贯彻实施各项安全条例，提供对这些条例的指导说明，并在其负责的工作区域内规定防止事故发生的方法。

4. 职工的责任

每名职工都有责任贯彻执行所有的航空公司安全条例与措施，并且在发现偏差时负责报告。

8.1.4 维修安全管理的意义

1. 维修安全管理是科学组织活动

现代航空装备是一个专业繁多、功能综合、影响因素众多、约束条件严格的大系统。因此，维修安全管理绝不是一两个人、一两件事的管理，而是复杂的科学组织活动。

2. 维修安全管理是现代思维方式的集中体现

思维方式对人的活动有重大影响，先进的思维方式会适应复杂的环境，指导人们取得工作成效；落后的思维方式则往往导致失败的行为，使工作事倍功半。维修安全管理是现代思维方式的集中体现。

8.1.5 维修安全管理学科的范畴

1. 维修安全管理学科的性质与任务

实践是理论的基础，理论是实践的先导。随着航空事业的发展，飞机越来越复杂化和大型化，伴随而来的是飞机成本成倍增加，飞行使用环境恶化。尽管飞行安全性能已达到前所未有的水平，但飞行事故仍时有发生，并带来严重的经济、社会后果，这就是维修安全管理学科得以形成的根本原因。

维修安全管理学科是在航空维修领域内研究飞机空地事故成因、特点、规律性，以及预防事故手段、措施、制度及其效能评价的一门学科，是一门与事故进行斗争的专门学科。它既要讨论不安全的工程技术问题，又要讨论安全的组织保障问题。因此，它是一门工程管理型学科，是在技术基础上实施管理的软科学。

作为软科学，它就不可避免地具有以下性质。

（1）应用性。维修安全管理学科有强烈的应用色彩，即它必须有力地指导航空维修安全管理实践活动，应理论联系实际，力戒空谈。

(2) 交叉性。维修安全管理属于航空维修管理的一部分，也是安全工程管理的一个分支，在纵向、横向上都有交叉。因此，既要注意广泛吸取营养，避免偏狭，又要保持学科特色，避免雷同。

(3) 综合性。危及安全、造成事故的因素是多方面的，相应措施与研究也必须是综合性的。为了航空维修安全这一总的目标，应该采用各种手段与知识。但是，综合不等于凑合，如果把各技术学科与装备构造、维修技术都硬性列入航空维修安全管理学科之内，则将削弱其特色。

2. 航空维修安全管理学科的对象与研究范围

前面已指出，安全管理就是与事故做斗争，先要认识事故，然后才能与事故做斗争，进行预防事故的工作。事故的起因可称为"危险因素"，它正是航空维修安全管理学科的直接对象，而如何发现危险因素并预防危险因素发生，则是该学科的目的。

由单一因素引起的事故不是没有，但并不多见。事故往往是由多种因素综合引起的，对这些因素逐一进行探讨似乎没有必要，但如果综合在一起思考，就有可能存在一个危险因素链，最终导致事故发生。因此，我们把种种危险因素划分为人、机、环境三类，仅仅是为了叙述与研究各类因素的性质，并不意味着每一类单独的危险因素就一定是事故的真实原因。据此，我们也可以把航空维修安全管理的研究对象定为人、机和环境。

在航空工程领域内，安全管理研究对象中的机泛指航空技术装备，即维修工作作用对象，一般指飞机，在某些特定条件下也可以指维修手段（设备）本身。航空技术装备的构造、原理、功能是认识安全性的基础，而装备可靠性、维修性及安全性是实施安全管理的依据。因为安全管理学科的目的是认识装备自身的安全性，所以学科的主线即安全性分析，同时涉及的其他属性则多设为已知。

研究对象中的环境除装备使用环境——飞行科目外，还有装备维修环境，可分为自然环境和人工环境两类。航空维修安全管理无疑要涉及飞机使用环境，但更重要的是维修工作自身的环境，尤其是维修人员的工作环境与安全的关系。

学科研究对象中的人泛指与航空维修有关的人，重点是飞机维修现场工作人员及组织管理人员，统称机务人员。对机务人员安全意识、安全素质的分析研究，长期以来是一个薄弱环节，致使人造成的危险因素不断发生和重现。鉴于机务人员在维修工作中的主体性，在研究人、机、环境三类因素时，应把人的研究作为重点，或者说把机务人员的安全意识、安全素质的改善作为安全管理的重点对象，并作为提高飞行安全保障能力的突破口。

人、机、环境三类因素的协调工作就是组织管理工作，是航空维修安全管理学科的主要内容和重点。

3. 航空维修安全管理学科的研究方法

任何一门学科，除了要有自身的概念、规则，还必须有一套相应的分析研究方法，才能使学科存在并得以发展，构成有机的学科体系。作为一门工程技术与工程管理技术的综合性学科，航空维修安全管理要使用的分析研究方法必然是多样的，既有工程性实验方法、数理分析方法，又有社会性调查研究综合分析法。

安全管理要分析人、机、环境之间为何出现不协调的现象，找出危险因素与事故成因，判明后果，采取预防措施。在人、机、环境三类因素中，机械的可靠性与维修性是固有的，机械使用环境是给定的，而人对机械的影响与适应环境的能力是可塑的。因此，机务人员在安全方面起着重要作用，这就是该学科把机务人员安全素质分析与危险因素分析、故障模式与故障问题分析同列为三个主要部分的原因。

航空维修安全管理是综合的——系统工程，指导它的理论也是综合的——系统科学，研究方法必然也是综合的——系统方法。

8.2 维修人员安全素质及影响因素分析

维修安全管理是现代管理在维修安全中的具体应用，因此，决不应忽视"人"在维修安全管理中的作用。认真地分析影响维修人员行为的种种因素是十分重要的。

影响维修人员行为的因素主要有两类，一类是内部因素，即维修人员的素质因素；另一类是外部因素，即环境因素。内部因素包括生理因素（生理需要、生理特征、健康状况）、心理因素（理想、道德观、思维、情绪、兴趣、能力、性格等）、文化因素（家庭和学校教育、专业技术培训、实践经验）三个方面的内容，外部因素包括自然环境因素（工作和生活环境条件）和社会环境因素（人际关系、组织管理、领导、文化传统、社会风气）两方面的内容。事实上，影响人的行为的因素是多方面、多层次的，而且这些因素之间是互相联系、互相影响的。

8.2.1 维修人员的个性

所谓人的个性，是指一个人在生活实践中经常表现出来的比较稳定的、本质的心理特征。研究维修人员的个性，有助于运用个性理论合理地选拔、培训维修人员，减少人为差错。

个性具体表现在气质和性格等方面。

1. 气质

气质是指个人行为全部动力特点的总和。所谓心理活动的动力，是指心理过程的速度和稳定性（知觉的速度、思维的灵活程度、注意力集中时间的长短）、心理过程的程度（情绪的强弱、意志力的程度），以及心理活动的指向性特点（有的人倾向于外部，从外界获得新印象；有的人倾向于内部，经常体验自己的情绪，分析自己的思维和印象）等。一般认为，个性心理活动的动力特点主要表现在人的情感和活动发生的速度、强度、稳定性和灵活性等方面。气质使一个人的全部心理活动的表现都染上了一种独特的色彩。

现代心理学把气质理解为典型的、稳定的心理特点。这种典型的、稳定的心理特点带有遗传的因素，很早就表露在儿童的游戏、作业和交际活动中，这说明气质较多地受个体生物组织的制约。气质在环境和教育的影响下，虽然也有所改变，但与其他个性心理特征相比，变化要缓慢得多。另外，气质的典型的、稳定的心理特点以同样的方式表现在各种各样的心理活动的动力上，而且不以活动的内容、目的和动机为转移。

在各种生产劳动、组织管理工作中都有一个如何根据工作特点，妥当地选拔人才、安排人才的问题。机务工作倾向于由情绪比较稳定的人承担，但也不应该千篇一律，作为一个群体（如分队、机组），应该将具有不同气质类型、特点的人加以搭配，取长补短，这样既有利于工作的开展又有利于安全。

2. 性格

在社会实践活动中，通过与自然环境的相互作用，客观事件对人的各种影响将会在个体的经验中保存和固定下来，形成个体对人对事的态度体系，并且以一定的形式表现在自己的行为中，构成个人所特有的行为方式。心理学上，把这种个人对现实的稳固的态度体系和习惯化了的行为方式称为性格。

3. 性格与气质的区别

首先，气质指的是一个人情感和行为发生的强度、速度、稳定性和灵活性这些动力特征。它直接受高级神经活动的类型特点制约，也是高级神经活动的类型特点在心理活动和行为上的表现。因此，气质具有更多的先天性，气质类型本身并无好坏之分。性格则是指一个人的态度体系和习惯化了的行为方式。性格的形成虽然也受先天因素的影响，但是它主要是在后天的社会实践中，通过个体与环境的相互作用形成的。家庭环境、学校教育、社会地位、所在集体、工作实践对一个人性格的形成都有重大影响。性格特点直接或间接地反映了一个人的社会本质，因而具有社会价值，有优劣之分。

其次，对一个人的心理活动、行为举止来说，性格具有更核心的意义，而气质只具有从属的意义。也就是说，性格对人的心理活动和行为举止的影响比气质更大、更重要，而且同一性格特征可以在具有不同气质的人身上形成。例如，勤劳是一种性格特征，它既可以在胆汁质的人身上形成，表现为在工作上勤快、该干就干、速战速决；也可以在黏液质的人身上形成，表现为在工作上埋头苦干、耐心仔细。同样地，同一气质特点的人也可以形成不同的性格特征。例如，同是胆汁质的人，既可能形成大胆泼辣、遇事果断的性格，也可能形成粗野、莽撞的性格。从气质和性格的发展变化情况来看，气质的改变要比性格的改变更缓慢、更困难。

8.2.2 维修人员的能力

1. 能力的概念

人们从事任何一项实际活动，都需要有一定的能力做保证。例如，学习一门功课，就需要有一定的感知力、理解力、记忆力和想象力；进行机械加工，就需要有识图、操纵机器、检验产品等能力；做管理工作，就需要有宣传教育、计划组织、调查研究、进行决策等能力。心理学上把这种人顺利完成某种活动所必须具备的心理特征，称为能力。人们从事某些活动时，如果其他条件相同，但各人的能力不同，就会在活动能否成功、活动速度的快慢、程度的深浅及巩固的久暂等方面表现出差异。维修人员的能力差异也必然对维修工作的效率及安全指标产生影响。

一般而言，除了极简单的动作，人们完成一项比较复杂的活动，都需要用多种能力的有机结合。完成某项活动所必需的多种能力的有机结合，在心理学上称为才能。

能力和知识是既有联系又有区别的。能力并不是什么抽象物，它是在掌握知识和技能的过程中巩固下来并概括化了的动力系统。从这个意义上来说，知识并不是能力的外在物。知识技能的掌握有利于促进能力的发展；而离开了对知识的学习和掌握，就难以形成发展的能力——无知则无能。同时，已经形成的能力，又会成为获得知识和技能的内在条件，影响甚至制约人掌握知识和技能的快慢、深浅、难易和巩固程度。然而，能力并不等于知识。能力是掌握知识和技能过程中概括化了的动力系统，而知识则是过去的经验体系。对不同的人来说，获得相同知识的能力的含义可能是不同的。能力是获得知识和技能的潜在因素，而知识则是通过学习所取得的结果。了解维修人员的潜在因素，对于选拔、训练维修人员及维修安全管理是有意义的。

能力作为一种心理特征，并不是先天具有的，而是在一定素质的基础上，通过后天的教育和实践锻炼逐步形成、发展起来的。人类与生俱来的某些解剖生理的特点，特别是神经系统和感觉器官的解剖生理特点，称为素质。它为能力的形成提供了一种可能性，是能力形成的物质基础。但是素质并不等于能力。要使素质提供的发展能力的可能性变成现实的能力，还必须经过教育和锻炼。一个人即使具有优秀的生理素质，假若得不到相应的教育或没有经过艰苦的锻炼，那么，也不可能具有真正的能力。能力是主体在生活实践，以及主观与客观的相互作用中形成和发展起来的。

2. 维修人员能力差异与维修安全管理

维修安全管理的任务之一就是合理地安排、使用人才，以发挥人的最大潜力，提高维修工作效率。而人又是与事密切相关的。人有不同的个性特点，并且存在能力差异；事有不同的性质特点，也存在差异。管理者应该全面地考虑人与事的一切有关因素，进行合理的调配和安排，以求得人与事之间的最佳匹配。为了达到这一点，从人的能力差异的角度来说，就有许多问题是管理者应该考虑和实施的。

要达到人与事之间的最佳匹配，不仅要了解人的能力差异，而且要了解事的性质和特点，以及它对人的能力的要求。在管理上，就要求管理者进行"工作分析"或"职务分析"，以确定工作的性质和从事该项工作的人员所必备的能力标准。

在选择、考核维修人员时，不仅要考查他们的知识、技能，还应注意能力的测评。在选择、考核维修人员时，不应把文化知识作为唯一的标准，在可能的情况下，还应根据工作或工作岗位的要求，采用适当的方式进行能力测评。特别是那些对人的能力有特殊要求的工作岗位，更应进行一定的特殊能力测评。这样可以保证对维修人员的考核更加全面。

在安排、分配工作时，管理者应做到"量才录用，各得其所"，即根据维修人员的能力差异和专长，安排其适宜的工作，做到"人尽其才"。在这里，下列几点是值得注意的。

（1）工作性质要与能力水平一致或基本一致。
（2）工作性质要与能力类型相匹配。
（3）充分发挥优势能力的作用。
（4）不同层次管理工作在能力上有不同的要求。
（5）一个群体要有合理的能力结构。

人的能力是个体所蕴藏的内部潜力。它为人们从事生产和工作，做出有效成绩提供了一个基本的条件。但在实际工作环境中，一个人能够达到的工作水平与他的实际工作成绩并不是完全一致的。在实际工作过程中，除了能力因素，还有其他因素在起作用，其中有物质因素、人际关系的因素及其他心理因素。从个体心理因素的角度来说，工作成绩是能力和动机这两个因素相互作用的共同结果。当人缺乏工作所要求的基本能力，或者失去最起码的工作动机时，工作成绩都会等于零。在维修工作中提高维修人员的工作能力或激发维修人员的工作动机，都可以提高维修人员的工作成绩。

工作不理想的维修人员大致可以分为两大类：一类是不具备做好维修工作的能力，具有肯干而又干不了的特点；另一类是缺乏工作动机和热情，具有能干而不肯干的特点。作为管理者，对这两类不同的维修人员应采取不同的途径和方法，来帮助他们提高工作成绩。对于缺乏能力的人员应进行进一步训练，或者将他们调到与原工作岗位不相关或负相关的工作岗位,以此来提高其工作成绩;而对于缺乏维修工作动机的维修人员,则应通过谈话、调查,分析他们缺乏工作动机的原因,在此基础上进行有效的思想工作或采取有效的激励手段,激发其工作动机,调动其积极性,从而提高其工作成绩。

8.2.3 人员疲劳

1. 疲劳对维修安全的影响

当人们持续长时间工作时,往往会感到力不从心,出现工作能力降低的现象,这就是疲劳。疲劳是一种复杂的生理、心理现象,而且与工作环境和社会环境有关。维修人员处于疲劳状态时,就会对维修工作的效率和质量产生影响。

维修人员在疲劳时主要有以下表现。

(1) 无力感。在这种感觉下,工作能力下降,有时表现为对完成任务缺乏信心,有时达不到规定要求的技术标准。

(2) 注意力失调。在疲劳状态下,注意力容易分散,动作怠慢,少动或产生杂乱多余、游移不定的动作。

(3) 感觉方面失调。在疲劳的影响下,参与活动的感觉器官功能发生紊乱,如听觉、视觉、触觉的灵敏度降低。在这种情况下,维修人员会出现看错、听错或触摸不准确等现象。

(4) 动作紊乱。疲劳造成动作节律失调,动作不准确、不协调。

(5) 记忆和思维障碍。在过度疲劳的情况下,维修人员可能忘记安全规程,出现工作秩序混乱、颠倒的现象;有时头脑不够清醒,理解能力降低,常常出现人为故障。

(6) 意志衰退。在疲劳状态下,人的决心、耐性和自我控制能力会降低,缺乏坚持不懈的精神。

(7) 睡意。过度疲劳会引起睡意,这是保护抑制的反应。

疲劳问题对维修安全影响极大,应该在维修安全管理方面引起重视。

2. 疲劳的特点

疲劳可能是将身体的一部分过度使用之后发生的,但并不是只发生在身体的这一部分上,可能出现在整个身体上。通常疲劳所产生的症状,不仅是局部有疲倦的感觉,而且会带来全身筋疲力尽的感觉和不愉快感,最后出现疲劳自觉症状。

疲劳不但会使人的作业能力降低,而且有削弱作业意志的趋向。因为人体会自动限制过度劳动以减少疲劳的发生,这具有保护身体健康的作用。

人体疲劳后能够自动恢复原状,而不会留下损伤的痕迹。这种现象与机械不同,当机械疲劳达到破坏程度时,就不能恢复原状。然而,人体与机械的疲劳形态也有相同之处，即都是一种累积的形态，越是繁重的作业，疲劳现象出现得越早且越严重。反之，越是轻松而短暂的工作，越不易发生疲劳，或者疲劳现象出现得很晚。

3．影响疲劳的因素

影响疲劳的因素很多，大体可分为作业课题条件、作业者的客观条件和作业者的主观条件三种。这些因素对身体造成的负担大致可以用累加法考量。

1）作业课题条件

（1）作业对象种类、大小。

（2）作业对象变化情况。

（3）作业对象复杂程度。

（4）作业速度要求。

（5）作业范围大小。

（6）作业精确度要求。

（7）作业精神集中的要求。

（8）是否有不合理的作业姿态。

（9）是否有易于产生疲劳的操纵装置。

（10）连续作业时间。

（11）感到危险的程度。

（12）能量消耗。

（13）作业环境条件（温度、湿度、噪声、颜色等）。

（14）是否符合劳动经济性原则。

2）作业者的客观条件

（1）不熟练。

（2）睡眠不足。

（3）上下班路途过远。

（4）作息时间和制度。

（5）加班。

（6）年龄过大或过小。

（7）疾病。

（8）生理节奏（生物节律）的影响。

（9）社会环境。

3）作业者的主观条件

（1）工作积极性不高。

（2）心理压力。

(3) 组织内的各种人事关系。

(4) 家庭问题，有操心挂念的事。

(5) 责任过大。

(6) 职业不适应性。

4．减少疲劳的方法

由于疲劳影响工作频率和安全，所以维修安全管理有必要研究如何减少疲劳。减少疲劳的方法主要有下列几种。

(1) 补充热量。一般人每天平均需要的热量是随其工作不同而异的。例如，以坐为主的作业需 2400 卡，轻体力劳动作业需 2700 卡，中等体力劳动作业需 3000 卡，重体力劳动作业需 3500 卡，因此，在进行上述各种劳动作业的时候，为减少疲劳和避免疲劳，或者更快地恢复体力，必须及时补充热量。

(2) 简化工作。这包括实现操作的机械化和自动化。例如，对于生产中的作业过程，若能加以简化，以最少的人力、体力和时间来完成，则自然能达到既提高工作效率又减少疲劳的目的。

(3) 在人体工作能力范围内进行操作。若一个人只能搬动 50kg 的物品，就不要让他搬更重的物品，即要使人体在基本极限范围内工作。同时，在设计劳动作业时，也应符合动作经济性法则。

(4) 努力减少干扰。这是减少操作疲劳的有效方法之一。例如，对于一个正在操作的人员，若是不断地呼来唤去，往往容易使其感到疲劳和厌倦，也会影响工作效率。

(5) 改善环境。工作环境中的声、光、色调、空气和温度若不合适，往往也易使操作者感到神经疲乏，导致工作不能顺利完成。所以，要改善不适当的环境条件，使之适合人体的生理和心理特性，从而达到减轻疲劳、提高工作效率、保障安全的目的。

(6) 保证休息。无论进行何种作业，都要使作业者有充足的休息时间，以减少疲劳，并降低发生意外事故的可能性。一般而言，对于繁重的工作，原则上休息次数可以少，但休息时间应该较长；对于轻而快速的工作，休息时间可以少，但休息次数要多。另外，工作环境条件越差，休息的次数应越多，休息时间应越长。

8.2.4 人机系统及环境的作用影响

1．人机系统

人机系统就是人与机械互相作用而完成某种功能的系统。人机系统可以是一个巨大的结合体，如一个航空兵师；也可以是一个小单元，如一个维修机组。

飞机是人设计的、人制造的和人维修的，飞机本身无法更换它已损坏的部件，因此飞机的维修系统也是人机系统，是由维修人员与待维修的飞机组成的系统。

任何人机系统必定处于一定的环境中，环境对人和机械都有影响。例如，天气冷暖、噪声大小等，都会影响人机系统的运转。因此，人机系统还必须与环境发生联系，从而形成人-机-环境系统。

飞机维修工程是一个系统工程。它是在整个飞机维修活动中，综合考虑人力、物力、财力等因素形成的一个维修系统，围绕着共同的目标去努力。决定这个系统运转灵活、有效的主要因素，就是人的因素、物的因素（以飞机为主）和环境的因素。而人是维修系统的主体，一切飞机维修活动都要人去操作、管理。因此，要提高飞机维修水平和维修效益，必须加强科学管理，认真研究人-机-环境系统，以及维修主体、维修对象和环境条件的相互关系，掌握相关的规律，能动态地去指导维修工作。

人机系统的研究，对设计、制造和使用、维修都很重要。对于航空维修安全管理来说，应在人机系统的理论基础上，联系维修的特点和实际情况，以研究如何充分发挥人机特性，指导维修工作实践，提高维修效益，减少事故发生，保障安全为重点。

在人机系统的研究中，首先必须考虑人和机械的特性，根据二者的长处和弱点，确定最佳的人机功能分配。

2．飞机的维修性

从航空维修安全角度来看，对飞机的要求是良好的维修性设计。维修性是系统设计和安装的一种特性，指系统在规定条件下进行维修时，在规定时间内完成维修的概率。用概率值表示的维修性，称为维修度。

良好的维修性设计不仅能降低工作量，而且可以减少不必要的人为差错。飞机的维修性应从以下几个主要方面考虑。

1）可达性

可达性是指在维修时容易看到所需维修部位，并能用手或工具直接操作的性质。一般分为安装场所可达性、设备外部可达性和设备内部可达性三种。

安装场所可达性：要求在拆装设备时，提供给维修人员的空间，即实际维修空间，应比必要的维修空间大。

设备外部可达性：除维修空间外，还要考虑单元结构和开口部位（尺寸、位置、开口方向等），使维修人员有比较舒适的维修姿态。

设备内部可达性：部件、机件根据故障次数的多少、调整的难易、更换时间的长短、质量的轻重、牌号位置和安装特点等，配置在可达性不同的部位。

2）部件的组件化与小型化

随着装备的复杂化，排除故障的时间也相应增多。为了提高整个装备的可靠度和维修度，采取的对策就是组件化（整机、整件可以拆下）、小型化（尺寸小、质量轻）。这样，在部件发生故障后可迅速进行更换，换下后再进行处理。这里强调的是能够快速拆装。其优点如下。

（1）缩短在飞机上寻找故障的时间。

（2）便于迅速更换故障机件，适应紧急要求。

（3）减少复杂的维修操作。

（4）维修简便，适应外场的维修条件和要求。

3．环境因素与维修安全

环境因素对维修安全的影响是不容忽视的。人的生理、心理状态与环境因素密切相关，环境因素通过对维修人员生理、心理的作用而影响维修工作的效率和质量。环境因素可以分为工作环境、生活环境、社会环境三方面。

工作环境主要包括工作场地的照明、噪声、气候等方面。

生活环境主要包括居住、饮食、休息、娱乐的条件等。尽管这方面的管理主要归后勤和政工部门负责，但从系统的观点来看，这方面也是维修安全管理大体系中重要的一环，生活环境会通过影响维修人员的心理状态来间接地影响维修安全。

社会环境包括党团组织、团队、亲友、社会风气、地域文化等。在这方面，改进管理风格、研究有效的激励方法、改善人际关系等，都是与调动维修人员工作积极性、发挥维修人员主观能动性、挖掘维修人员的安全潜力密切相关的。

8.3 维修技术手册

8.3.1 航空维修技术手册

航空维修技术手册是飞机技术出版物的核心组成部分，是保障飞机在规定的全寿命周期内随时保持适航必不可少的技术资料，是开展飞机使用、维护、保养、检查和修理的唯一科学依据，是一种准确、严格的技术出版物。

1．航空维修技术手册的要求

飞机作为高精度技术产品是极其复杂的，它的维修要求精度也很高。其航空维修技术手册的内容、格式、版式等都有统一标准，并符合一定的审定程序，方可交付用户使用。其具体要求包括以下内容。

（1）满足适航规章的要求。

（2）满足相关的标准要求。

(3) 满足用户的一般要求。

2. 航空维修技术手册的种类和编制流程

1) 航空维修技术手册的种类

航空维修技术手册是飞机使用、维护和保养的技术依据，是保障维修工作的关键资源。军用飞机和民用飞机由于用途不同，在手册种类和内容上存在不同，其划分标准也不同。

民用飞机航空维修技术手册在一定程度上反映了国家数字化乃至飞机制造业的水平。按照国际惯例，航空维修技术手册一般按照内容和用途划分为维修类手册、修理类手册、检测类手册、培训手册和资料、机场操作类手册等。具体包括维护方案手册、维护计划文件手册、维护要求评估手册、维护要求系统手册、飞机维护手册、部件修理手册、结构维修手册、动力装置安装手册、发动机手册、故障报告和隔离手册、工卡、无损检测手册、技术通报、系统描述部分、放行偏差指南、最低设备清单、维护工作执行计划、飞机图解零件目录手册、发动机图解零件目录手册、发动机零部件构型管理、工具和设备清单、线路手册、系统原理手册、图解线路手册等。

我国根据维修体制将军用飞机航空维修技术手册按内容级别进行划分，分为一类技术资料、二类技术资料和三类技术资料。有时也按专业划分，一般分为机械专业手册、仪表专业手册、电气专业手册、无线电专业手册、军械专业手册、火控专业手册等。

2) 航空维修技术手册的编制流程

航空维修技术手册的编制是一项极其复杂的工作，涉及飞机制造厂商、零部件供应商、飞机用户等多家单位。航空维修技术手册的编制流程如图 8.1 所示。

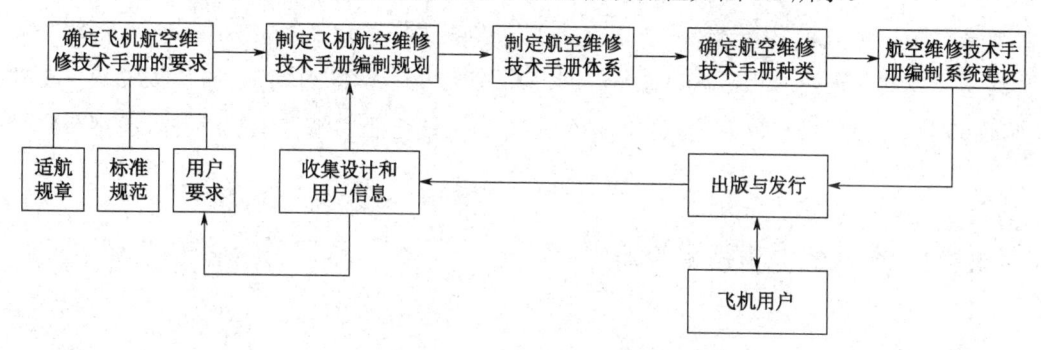

图 8.1 航空维修技术手册的编制流程

（1）市场需求和可行性研究阶段：确定总体规划。

（2）预发展阶段和总体方案论证阶段：建立航空维修出版物管理机构，确定出版物标准体系和航空维修技术手册种类及内容，并进行经费的初步预算。

（3）技术设计和全面研制阶段：编制航空维修技术手册的要求；建立质量保证体系，确定技术出版物的审定和监控体系及程序，制定更改程序和方法；组织实施航空维修技术手册的编写、编辑等；制订航空维修技术手册发行计划和修改周期；建立航空维修技术手册计算机管理系统。

（4）生产和使用服务阶段：完成航空维修技术手册的出版、存档、分发和运输；根据合同向不同用户发送航空维修技术手册；收集用户信息，根据设计更改或用户要求及时对手册进行相应更改，并将更改后的手册发送给用户。

3. 航空维修技术手册的修订

飞机在使用过程中会碰到许多在设计过程中没有考虑到的问题，用户会不断反馈信息，有时也会因为某种需要对飞机进行改装，这就要求对航空维修技术手册进行相应的修订。修订工作是航空维修技术手册制作过程中不可缺少的环节，可分为正常修订和临时修订。民用飞机的航空维修技术手册是经常进行修订的，而军用飞机的航空维修技术手册很少修订，除非飞机进行较大改装。

1) 修订、换版要求及修订依据

飞机技术出版物修订和改版工作必须经过相应主管部门的审批方能进行。除影响飞行安全（强制性）的修订外，其他（要求类和普通类）修订不宜太频繁，最好定期进行，如每季度或每半年修订一次。所有的修订除满足相应的有关规定要求外，还要经过严格的实践验证。

2) 修订工作

正常修订是指对航空维修技术手册的内容进行的定期修改，一般包括增加遗漏的数据或页次，替换或删除、增加内容和页次，修订技术性或非技术性错误，合并临时修改，调整有效性信息等。一般每季度修订一次（或按技术出版物更改合同执行）。

临时修订是对航空维修技术手册（图解零件目录手册和服务公告除外）快速进行修订的一种方式。在两次正常修订之间，如果航空维修技术手册的内容有重大变更，则要进行临时修订。这种修订应在修订单出版后90天内通过正常修订或删除并入航空维修技术手册。

8.3.2　交互式电子技术手册

1. 定义

交互式电子技术手册（Interactive Electronic Technical Manual，IETM）是在一种合适的介质上，采用人工编程或自动编程系统编写的数字化技术手册，是应用先进的计算机技术，为方便在电子显示屏上显示和使用而设计制作的、以数字形式存在的技术手册。IETM是技术手册的一种高级形式，包括以下3层含义。

（1）IETM是技术手册，是包括各种系统、系统部件和保障设备的安装、使用、维修、培训及保障说明书在内的出版物，为用户、维修人员提供使用和维修设备所需的资料及说明。

（2）IETM 是电子格式的，其存储方式、传播途径和显示方式大都采用电子方式。

（3）IETM 是交互式的，主要指用户和 IETM 的交互。交互功能为用户提供了友好的 IETM 使用环境，但是明显增加了 IETM 的制作成本。

2．IETM 的特征

IETM 作为一种先进的数字化技术手册，具有以下特征。

（1）IETM 能够将不同来源的结构化数据、后台数据库或其他应用得到的数据经过中间层服务器集成后，形成自我描述式的数据，允许其他的应用程序直接进行访问和处理。

（2）能够与神经网络、专家系统、测试程序集（TPS）等有机地结合，通过嵌入测试设备，方便用户通过多种渠道对所需的信息进行查询和检索，用户也可以用浏览器直接获取技术资料。

（3）能够以文字、表格、图形、图像、视频、动画等多种形式显示技术信息，这些信息的显示风格描述包含在 IETM 数据文档中（如样式表等），实现了数据信息和平台、应用软件（如 IE 浏览器、Reader 浏览器等）的相对独立性，不必修改应用软件就可以通过用户选择或默认的标准风格来显示多样化的技术信息。

（4）拥有良好的交互功能，可实时响应用户的操作，用户可以通过按钮触发相应事件，按照屏幕操作提示，完成检索、查询等操作；它还可以为用户提供信息更新的机制，用户可以添加自己的注释，更新数据资料信息。

（5）有导航、超级链接等功能，不同文档的数据可以有机地结合在一起，不同的信息可以很方便地跳转。

（6）数据可以粒状更新，多用户使用 IETM 时，如果部分信息数据发生改变，则不必重发整个结构化数据，从而不用刷新整个用户界面，数据就能够显示出来。

（7）IETM 数据具有自定义性和扩展性，它可以描述各种类型的数据，并实现各种不同来源数据的交换和传递，从而解决数据的统一接口问题。

3．IETM 的优点

在航空领域使用 IETM 的重要意义主要表现在：大大减少飞机技术信息的管理费用，提高飞机研制的质量和速度，降低飞机的维修保障费用，提高新飞机培训能力和训练水平。在航空装备维修领域使用 IETM，可以大幅降低故障检测的虚警率，提高故障隔离的成功率，减少故障隔离时间，避免维修中的错误拆卸，保证维修过程中人员和装备的安全性，提高维修信息的管理能力，加强航空装备全寿命周期管理。此外，它还具有以下优点。

（1）具有交互性。IETM 可以与用户交互，基于用户及时反馈的信息决定下一步显示什么信息。

（2）信息的组织检索和使用方式灵活。IETM 在计算机技术的支持下，用数据库、超文本或超媒体的形式进行信息组织和存储，因此提供了非常方便、灵活的信息检索方式。它可以采用关键字、属性等进行随机检索或分类检索，还可以采用热字（Hot Word）进行联想检索。

（3）信息更新快、获取速度快、质量高。在 IETM 中，更注重实现信息的快速更新及随时向用户传递信息，而且指定系统的集成变化是一个自动更新的过程，确保了技术人员所接收信息的完整性和准确性。

（4）使用媒体信息种类多。传统纸质技术手册只能记载文字、图形、图像等静止媒体信息，而 IETM 除了能记载上述静止媒体信息，还能记载声音、音乐、视频等动态媒体信息。也就是说，IETM 是以声、文、图等多媒体形式来传递和记录信息的，它一改传统纸质技术手册的单调面貌，具有传统纸质技术手册不可比拟的表现力。

（5）小体积、大容量的信息保存。电子文件易于被有效地管理，并能节省大量空间。

IETM 的发展过程如图 8.2 所示。

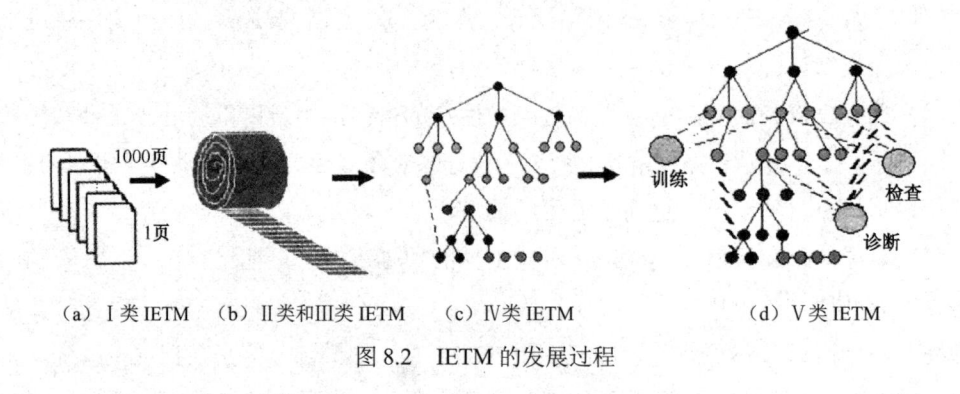

(a) Ⅰ类 IETM　　(b) Ⅱ类和Ⅲ类 IETM　　(c) Ⅳ类 IETM　　(d) Ⅴ类 IETM

图 8.2　IETM 的发展过程

4．IETM 的分类

国际上，通常按照 IETM 内容存储的体系结构、数据格式、显示方式和功能把 IETM 分为 5 类，分别为Ⅰ类 IETM（加注索引的扫描页图）、Ⅱ类 IETM（文档式电子技术手册）、Ⅲ类 IETM（线性结构电子技术手册）、Ⅳ类 IETM（基于数据库的电子技术手册）和Ⅴ类 IETM（集成电子技术手册），如表 8.1 所示。

表 8.1　IETM 的分类

类 型	显 示 风 格	数 据 格 式	实 现 功 能
Ⅰ类 IETM	采用整页显示、翻页方式，图形页面具备智能索引，可保持页面完整性	采用 BMP 格式、索引头文件格式（Navy Mill 29532）及 MIL-Prf-28001 规范页面	通过智能索引或标题信息获取页面，使用定位、缩放等工具浏览页面，采用有限热点链接

续表

类型	显示风格	数据格式	实现功能
II类 IETM	采用滚动文本窗口显示,通过超链接转到其他文本或图形,提供用户选择和导航辅助（关键词搜索、在线索引）,用户能够选择其他处理过程	采用文本 ASCII 码和任何浏览器支持的图形格式,如 BMP、CALS、SGML 标准	采用滚动信息浏览方式,可通过图形、文本链接相关内容,具备热点和交叉索引
III类 IETM	滚动区较少,以对话框交互,采用 MIL-Prf-87268 规范,以独立窗口显示文本和图形	遵循 SGML 标准、MIL-Prf-87269 规范	对话框驱动交互,按照内容提供逻辑数据显示,有前进、后退按钮,可选择交叉索引和索引,提供专门的帮助
IV类 IETM	有限使用滚动区、对话框交互,采用 MIL-Prf-87268 规范,文本和图形分开显示	遵循 MIL-Prf-87269 规范,采用数据库组织数据元素	对话框驱动交互,按照内容提供逻辑数据显示,有前进、后退按钮,可选择交叉索引和索引,提供专门的帮助
V类 IETM	有限使用滚动区、对话框交互,采用 MIL-Prf-87268 规范,文本和图形分开显示,可与专家系统有机结合（允许同一个对话框、浏览系统对多种功能同时进行访问）	IETM 和其他的应用信息在数据级结合,遵循 MIL-Prf-87269 规范,采用数据库组织数据元素	除IV类 IETM 的功能外,还可实现单个浏览系统同时访问多个信息资源,具备专家系统和人工智能功能

8.3.3 飞机系统划分及编号

1. 飞机系统划分的意义

飞机系统的划分是构建航空维修 IETM 的基础,是航空工业的一个重要标准,是信息量巨大的飞机相关的技术出版物和信息编制的标准。对飞机系统进行划分和编号是飞机技术资料数字化、电子化的前提,是统一编排和交叉索引、查询的基础,是各种飞机技术资料（各种技术手册）联系的纽带。

各国对飞机系统的划分不尽相同,但基本上都是在 ATA 100 规范的基础上构建飞机系统划分和编号标准的。它为航空维修技术出版物的编排提供了一个简单、统一的数字化标准,飞机和各系统研制单位可按照系统编号明确系统之间的层次关系,并进行相关资料的编写。只有统筹安排、规则清晰、科学构建飞机系统划分和编号标准,计算机才能对大量的资料进行电子化处理,才能为计算机化的飞机管理系统提供合理的信息,从而提高飞机的使用、维护和管理效率。

2. 飞机系统编号形式和原则

飞机系统编号通常采用线分类法,也称层级分类法。它将整个飞机系统作为分类对象,按若干个属性或特征逐步分成若干个层级的类目,形成一个有层次的、逐步展开的分类体系。在这个体系中,同一层中是并列关系,低层与高层之间是隶属关系。

1)具体形式

飞机系统编号通常由 3 个元素构成,从内容角度来说就是章、节、主题,从飞机系统划分的角度来说就是系统、子系统、单元,如图 8.3 所示。

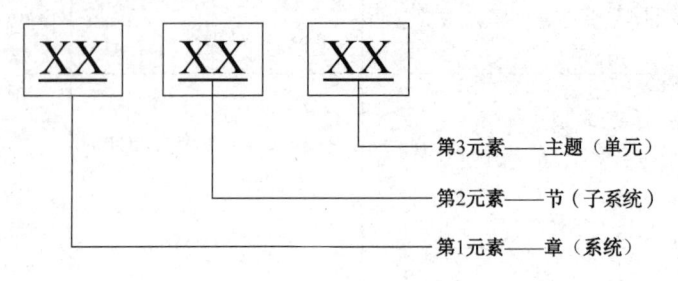

```
XX  XX  XX
         └── 第3元素——主题(单元)
     └────── 第2元素——节(子系统)
 └────────── 第1元素——章(系统)
```

图 8.3　飞机系统编号

每个元素由两位阿拉伯数字组成。系统和子系统的第一位数字都是按 ATA 100 规范进行分配的,剩下的数字一般由飞机厂家根据飞机系统划分的层次关系自定义。

2)基本原则

应在统一规划下,遵循唯一化、合理化、科学化、规范化的原则,充分考虑可扩展性、简易性、统一性,进行飞机系统编号,并督促各单位在提供资料时严格按照编号系统组织数据,为资料的数字化、计算机化奠定基础。飞机系统编号遵循以下原则。

(1)只为制造厂具有独立功能的重要项目(系统,指相互关联的元器件的组合,它们在一起完成特定的功能)指定飞机系统编号。

(2)对一个项目所指定的飞机系统编号必须是唯一的。

(3)绝对不允许将暂时不用或即将取消的项目的飞机系统编号再指定给新增加的项目。

(4)指定的飞机系统编号代码允许其连续顺序间断(暂时留有空缺以便扩展),以备将来插入新的项目。

3. 飞机系统编号应用

欧美和俄罗斯都以章-节-主题(Ch-Se-Su)为主线编排相关飞机技术资料,获得了良好效果。在具体的技术手册出版物中,在 ATA 飞机系统基本编号的基础上还可以继续进行编号,如美国在飞机维护手册中应用 AMTOSS 编号系统,它是 ATA 三元素编号系统的扩充,包括 7 个元素,在章-节-主题的基础上进行了更为具体的划分,直接细化到任务、子任务等。

如图 8.4 所示,欧美飞机技术资料按照飞机系统划分标准来规划和编排,使各种飞机资料的内在联系紧密,具有统一索引的功能,大大方便了飞机资料的管理、查阅、运用和实现电子化、计算机化。

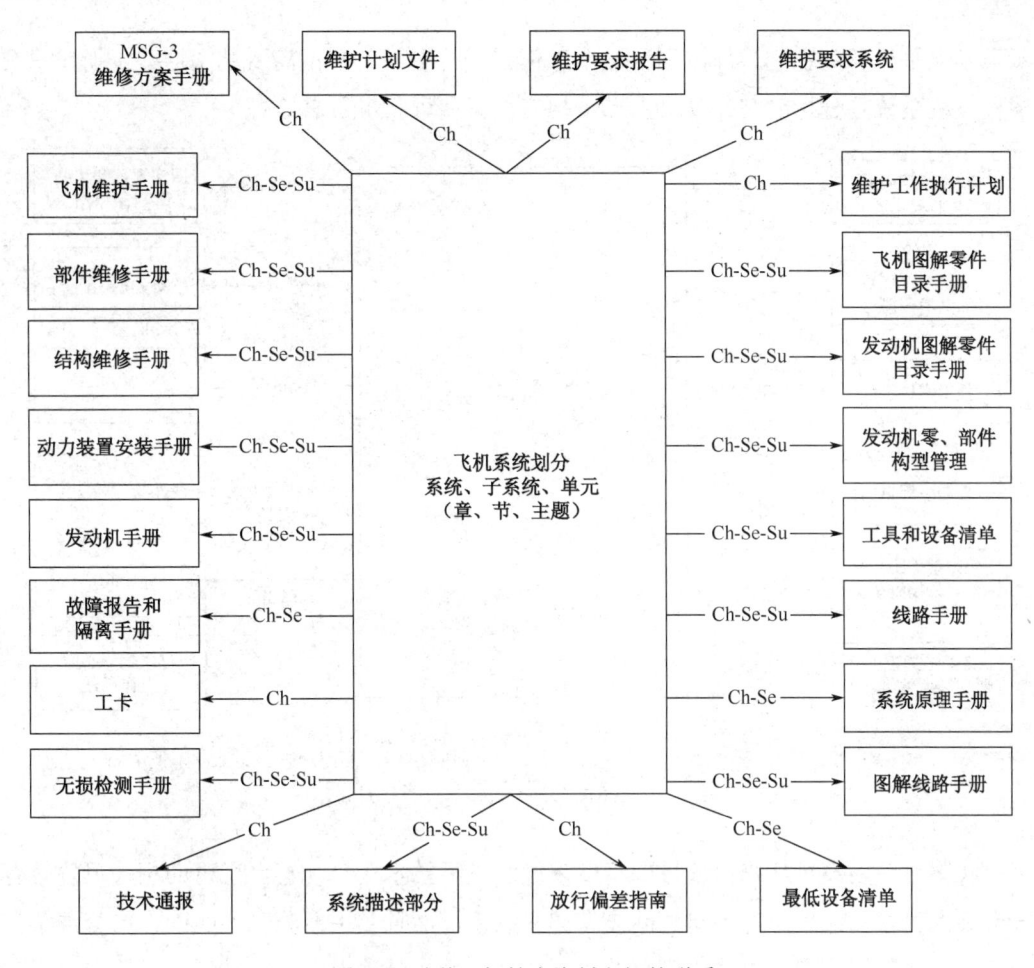

图 8.4 欧美飞机技术资料之间的联系

如图 8.5 所示（以伊尔 76 飞机资料为例），俄罗斯飞机技术资料也是按照飞机系统划分标准来编排的，但其飞机技术资料并没有彻底进行统一编排。有些资料使用欧美标准，而有些使用本国军标，在飞机技术资料编写过程中把两个标准混在了一起，没有做到统一编排，为飞机技术资料的使用、查询和实现电子化、计算机化带来了极大的不便。

以空客 320 机型为例，该飞机技术资料严格按照飞机系统划分标准进行编排。当飞行中央仪表板显示"APU 火警探测器第一个回路故障"的状态信息时，为报告该故障可用关键词"APU 火警探测器"迅速搜索故障报告手册，得到故障功能代码"261 16101"。根据飞机系统编号原则可知，该故障发生在 26-1× 系统部分。为排除故障，查找故障隔离手册，工作号为"26-15-00-810-811，26-10130，APU 火警探测器第一回路的下回路短路"。这样便可以查阅飞机维修手册的第 26 章第 15 节找到该工作号，从而得知具体排除故障工作必须参考 AMM TASK 26-15-01-000-801 和 AMM TASK 26-15-00-400-801。根据以上描述进行拆卸和安装等具体工作，直到故障排除为止；同时，具体的件号信息可以由飞机维护手册的图号按照对应的关系查阅飞机图解零件目录获得。如果飞机技术资料实现了电子化和数字化管理，那么这个工作就变得更简单，不需要翻阅这些手册，只要根据飞机系统划分标准在计算机上点击相应按钮就可获得所需信息。

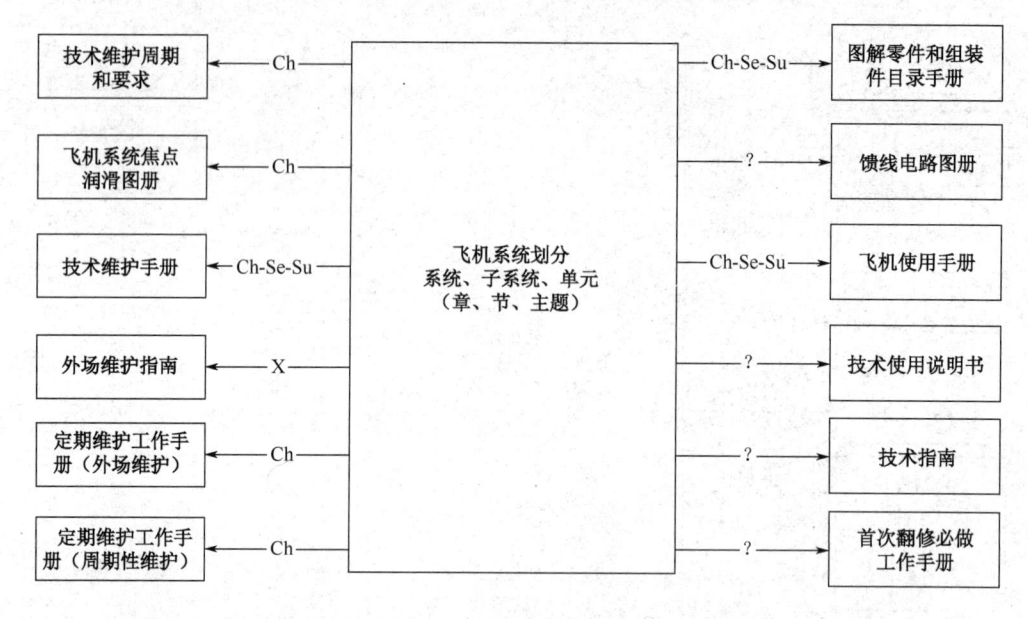

```
技术维护周期     ←—Ch—→                           ←—Ch-Se-Su—→   图解零件和组装
  和要求                                                            件目录手册

飞机系统焦点    ←—Ch—→      飞机系统划分          ←—?—→          馈线电路图册
  润滑图册                  系统、子系统、单元
                              （章、节、主题）
技术维护手册   ←—Ch-Se-Su—→                      ←—Ch-Se-Su—→    飞机使用手册

外场维护指南    ←—X—→                            ←—?—→           技术使用说明书

定期维护工作手   ←—Ch—→                          ←—?—→           技术指南
 册（外场维护）

定期维护工作手   ←—Ch—→                          ←—?—→           首次翻修必做
 册（周期性维护）                                                  工作手册
```

X—可以建立联系，但还没有联系；?—与章、节、主题有关，但不严格遵循 ATA 标准

图 8.5　俄罗斯飞机技术资料之间的联系

我国目前还没有从统一编排的角度来编制飞机技术资料，甚至飞机的相关单位各有一套不太科学的体系，各手册之间没有建立联系，而且各手册分工不明确，内容混杂在一起。这些都为我国飞机技术资料的电子化和数字化带来很大的困难，同时给飞机跟踪管理（包括使用和维护）工作带来很多问题和困难，严重制约了我国综合后勤保障航空数字化维修的发展。为实现数字化飞机跟踪管理，适应现代民航运输、现代化作战及后勤保障的需要，我国要从欧美和俄罗斯的编制体制中吸取经验和教训，加快建立适合我国飞机系统编号标准的体系，并在各飞机单位严格落实飞机系统划分工作。

8.4　维修工程与技术支援

维修工程与技术支援是制造方为满足飞机用户维修保障需求而进行的一系列活动。

维修工程与技术支援贯穿飞机全寿命周期，其工作目的是维持并不断改善飞机在用户营运使用过程中的安全性、经济性、舒适性，并使用户满意。维修工程与技术支援的总体框架如图 8.6 所示。

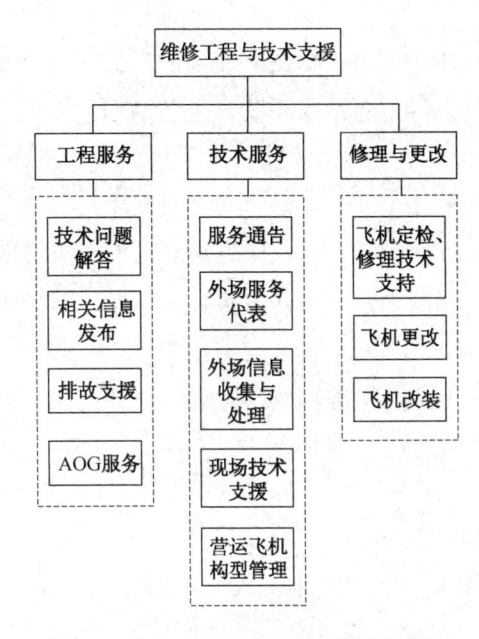

图 8.6 维修工程与技术支援的总体框架

8.4.1 工程服务

1. 技术问题解答

工程服务负责解答用户有关飞机系统、发动机、结构方面的技术问题,将用户反映的问题或改进意见反馈给工程部门,组织与航空公司的技术研讨会(通报最新技术进展,收集用户意见)。

2. 相关信息发布

工程服务将飞机使用中的相关信息及时通报给用户,需要通报的信息如下。

(1)当飞机使用中出现重大问题时,必须迅速向用户通报相关信息,以免导致 AOG(Airline On Ground,飞机故障停飞)或影响飞行安全。

(2)在某特定时间必须对整个机队采取措施时,应向用户通报相关信息。

(3)建议用户进行某些维修或者告知用户维护窍门等信息。

(4)当飞机使用中出现某一问题时,如与飞行安全有关,或者某一故障重复出现,或者维修困难,必须发布相关信息。

(5)发布的信息可以是 OIT(用户紧急电报)、AOT(用户电报)、SIL(服务信息单)和 TFU(技术跟踪单)。

OIT 是飞机使用中出现重大问题,必须迅速向用户通报时使用的;AOT 是在某特定时间必须对整个机队采取措施时通知用户使用的;SIL 是在建议用户进行某些维修时使用的；TFU 是在飞机使用中出现某一问题时使用的，如与飞行安全有关，或者某一故障重复出现，或者维修困难，每个问题都要发布一个 TFU。

3. 排故支援

当飞机使用中出现某一问题时，工程服务负责收集有关信息，组织协调各有关部门对问题进行分析，找出问题原因，提出并落实解决方案，以保证问题得到最终解决，并满足用户的要求。

根据用户要求，派出专家小组进行现场排故。

4. AOG 服务

AOG 服务人员负责向用户提供一年 365 天、一周 7 天、一天 24 小时的服务。根据用户要求，组织设计专家、工厂技术工人、备件计划专家、委任工程代表（DER）现场评估飞机损坏情况，制定维修方案，并可根据用户要求，携带工具和备件对飞机进行维修。

AOG 服务人员应熟悉飞机，有工程经验，了解试验、试飞中出现的问题，与工程设计单位和供应商工程设计部门建立对口协调关系；对于特殊的专业问题，应协调工程设计部门解决。AOG 服务流程如图 8.7 所示。

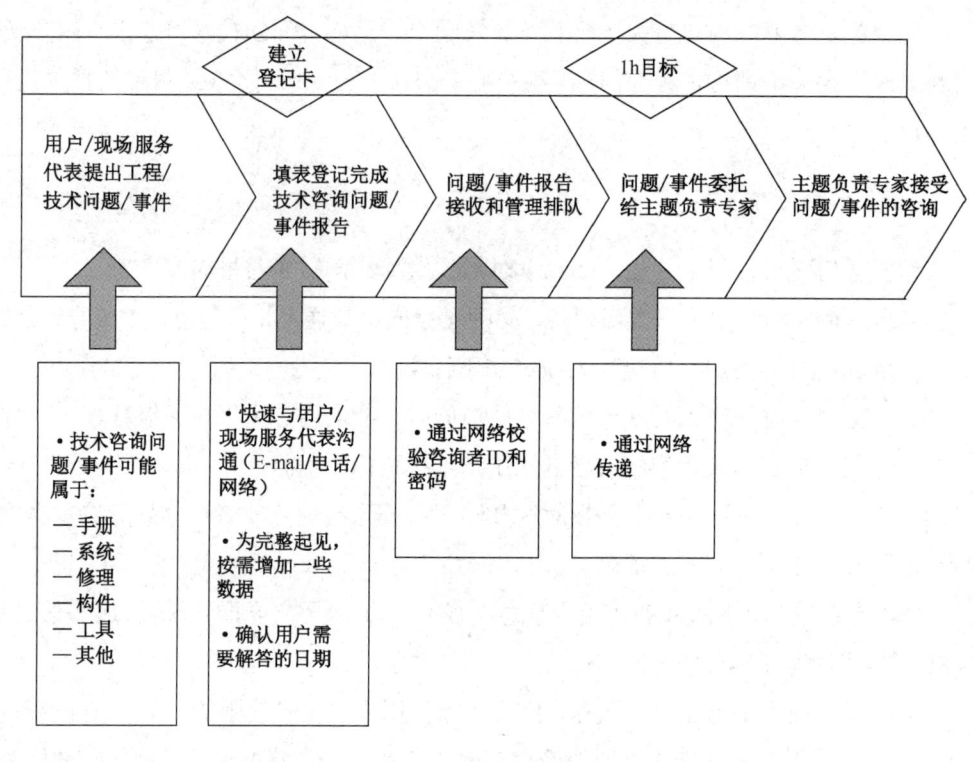

图 8.7　AOG 服务流程

8.4.2 技术服务

1. 服务通告（SB）

飞机交付给用户使用以后，在设计与生产中隐藏或遗漏的问题都将暴露出来，有的会给飞机的安全性、可靠性带来影响；有的会降低飞机的固有可靠性；有的是设计缺陷，但不影响飞机的安全性；有的是一般性问题。这些问题有的是飞机设计、生产单位在自身复查或试验中发现的，有的是由供应商产品或系统的更改和适航要求的改变引起的，大部分是在飞机使用和维修过程中暴露出来的。这些信息（问题）由外场代表和更改/服务通告运行跟踪系统收集或由设计与生产部门收集，经更改/服务通告评估委员会评估后，通过发放服务通告或其他技术信息（TI）等来解决。

1）服务通告的类别

（1）普通类。制造商在原设计的基础上，为改善飞机的性能、寿命、使用条件、环境等进行的改进、改装所发出的服务通告，用户可根据情况选择执行。

（2）重要类。飞机原设计达不到标准，用户在使用中发现问题，出现危及飞行安全等情况而需要进行的检查、更换、改装、更改技术寿命所发出的服务通告，用户应按通告执行。

（3）紧急类。内容同重要类。这是在短期内要完成的检查、更换和改装，是为避免直接危及飞行安全而采取的紧急措施，用户应按通告规定期限立即执行。

凡影响飞机安全性和可靠性的问题（设计差错、供应商的更改和适航要求的更改等问题），都需要发放改装服务通告。同时，根据时间紧急程度来选择发放重要服务通告或紧急服务通告。相应地，必须更改图纸、文件资料、技术出版物及资料报废等。同时，根据发放服务通告的情况，定期修正 MRB 和 MPD。

2）服务通告的信息源

（1）用户使用和维修的信息来自航空公司、维修单位等。

（2）试验或复查中发现的问题来自研制单位。

（3）产品或系统的更改来自参与研制的供应商。

（4）适航管理当局的适航要求的更改来自适航管理当局。

（5）用户的要求来自有关用户。

（6）由外场代表、客户综合系统（CIS）、更改/服务通告运行跟踪系统收集的信息。

对初步分析处理过的信息必须进行评估。通过对信息的评估，确定对飞机所采取的改进措施，而评估的任务是由更改/服务通告评估委员会来完成的。更改/服务通告评估委员会的人员组成是由组织机构的特点和赋予的任务所决定的。其职责如下。

①定期或不定期对提交的信息进行评估。

②会议由秘书长或秘书组织召开。

③更改/服务通告评估委员会提出发放服务通告类别或发放 TI 的建议。适航委任工程代表对服务通告的类别进行审核。

④评估供应商的有关服务通告。

⑤批准发放服务通告或技术信息的服务工程指令。

3）信息分析、评估流程

（1）客户综合系统将信息传送给业务主管。

（2）专业工程师对信息进行初步分析、整理并做好服务工程指令预案。

（3）业务主管将整理好的信息提交给更改/服务通告评估委员会进行评估。

（4）更改/服务通告评估委员会分析、评估相关信息，确定飞机是否需要更改，提出发放何种类（级）别的服务通告或技术信息的建议。

（5）适航委任工程代表批准 SB 类（级）别。

（6）批准服务工程指令。

4）适航管理当局对服务通告的审批

按适航管理当局的规定，服务通告按类别进行审批。

（1）普通类由适航委任工程代表审批。

（2）重要类由中国民航局适航管理部门审批。

（3）紧急类由中国民航局适航管理部门审批。

5）服务通告和重要技术信息的监控及数据库的建立

（1）服务通告和重要技术信息发放以后立即进入更改/服务通告运行跟踪系统的监控，监控执行前和执行后的情况。

（2）用户应向飞机制造商提供航空产品使用信息和反馈服务通告执行及执行后的信息，飞机制造商更改/服务通告运行跟踪系统应广泛收集信息，建立服务通告和技术信息的数据库。

（3）服务通告执行与否的信息反馈单由外场服务代表督促用户填写，并反馈到飞机制造商产品支援部，存入数据库。

（4）定期分析数据库中服务通告和技术信息的资料，为更改 MRB、MPD 及飞机改进提供依据。

2．外场服务代表

1）用户经理

用户经理在飞机全寿命周期内不定期走访用户，对所负责用户的产品支援工作全面负责。用户经理的主要职责如下。

（1）协调制造方（包括技术服务组、飞机制造厂、设备供应商、飞机大修厂和设备修理厂）与用户各部门的关系，倾听用户的需求，及时向制造方反馈信息，并跟踪督促制造方及时将答复信息返回给用户。

（2）处理与用户之间的商务事宜。

（3）管理与督查技术服务代表的工作。

（4）组织制造方走访用户和用户回访。

（5）了解所在国适航部门对飞机要求的变化，采取应对措施。

（6）就用户航材订货事宜与用户谈判。

（7）监控合同执行情况。

（8）进行用户满意度调查。

（9）协调海关及备件、故障件运输渠道。

2）技术服务代表

根据用户需要，分阶段派出不同专业技术服务代表，其职责如下。

（1）指导用户正确使用飞机，协助用户进行航线分析，编制飞机使用计划。

（2）协助用户修改维修计划。

（3）指导用户正确理解飞行手册。

（4）指导用户正确使用航线分析软件。

3. 外场信息收集与处理

制造厂应收集用户的使用和维护信息，主要包括用户反馈的信息（飞机使用信息、飞行员报告、运营中断信息、延误信息、部件故障修理信息、定检修理信息等）、驻用户现场服务代表反馈的信息、有关供应商反馈的信息。

外场飞机使用和维护信息、飞机与地面设备使用和维护信息、用户技术咨询信息传到飞机制造厂后，通过外场信息处理渠道处理，处理结果发给有关用户、设备供应商，同时存入外场信息数据库。数据库中的信息供厂内其他部门使用。

外场信息处理渠道的入口和出口是售后服务部门，处理主体是质量保证部门、设计部门、供应部门和工艺技术部门等。

4. 现场技术支援

根据用户要求，现场协助用户进行飞机的改进、改装和服务通告落实等方面的工作；或者根据用户要求，对用户的飞机进行更改。

5. 营运飞机构型管理

对交付给用户后的飞机的更改情况、服务通告落实情况进行跟踪管理，营运飞机的构型状态是个性化产品支援的基础。

8.4.3 修理与更改

1．飞机定检、修理技术支持

支持用户建立定检能力和修理能力，并提供技术支援，包括维修方案论证、技术资料答疑、现场技术培训、协助制定飞机修理或部件修理的设备和设施配置方案，以及协助用户取得维修资格等。

根据用户要求提供飞机的修理服务，修理小组负责制定修理和测试程序、修理图纸、工作计划、部件、特殊工具、人力等方面的方案。修理小组成员包括机械、电器、电子系统的技术员和质控检验员，人数应足以完成对飞机的修理。在调查评估阶段，根据技术部门的指令，备件部门的 AOG 准备好修理件和其他部件并准备发运，如果备件库中没有，则从生产线调或现生产。所需要的材料按 AOG 情况运送到修理地点。

当飞机损坏超出结构修理手册的修理范围时，应提供修理方案或审查批准用户自行制定的修理方案。

2．飞机更改

根据飞机的使用情况，修理小组提出对生产线上飞机的更改要求。对用户要求的飞机改进和改装进行可行性分析，与有关部门进行协调，提出技术及商务方案，发出飞机更改单，跟踪生产线上飞机的更改情况及交付给用户的更改后的飞机构型状态。

1）飞机更改原因分析

（1）自查或对 MRB 和 MPD 的评估中发现飞机存在必须更改的问题。

（2）供应商产品、系统的更改。

（3）根据需要对服役中的飞机发放改装服务通告。

（4）适航要求更改等。

2）更改的内容

飞机改装（含供应商产品的更改）和改装引起的图纸、资料、出版物的更改，资料报废和生产线上的相应更改等。

3）飞机更改的实现

飞机更改的工作主要由工程部门、生产厂和供应商等单位，按照有关的操作程序或有关文件的规定共同完成。

（1）已经服役的飞机如果必须更改，则通过发放改装服务通告来实现。

（2）供应商的产品、系统的更改，也必须通过发放改装服务通告来实现。

（3）发放和执行改装服务通告后，图纸、资料、出版物等由工程部门更改，相应的工装、工艺资料的更改由生产厂来完成。

（4）对于用户要求的改装任务，应重新设计改装图纸，按个案处理。

（5）在生产线上按更改后的图纸或重新设计的图纸进行生产或进行改装。

3．飞机改装

（1）根据用户要求进行飞机的改装，如客机改货机、客机改客货两用机。

（2）改进飞机配置，改善机队性能，提高客舱舒适度等。

（3）提供包括工程、设计、部件、综合手册和用户支持等方面的服务。波音公司还提供机身、推进装置和系统领域的其他升级服务。

第 9 章 备件支援保障管理

备件支援是指为保证飞机正常运行所必须提供的外场维护所需要的备件及原材料（包括飞机结构件、标准件、系统件和成品附件）的供应，其工作内容包括制订备件计划，采购备件，建立科学、合理的备件库，随时处理飞机紧急订货，迅速、准确地提供用户所需要的各种资料、部件和设备。它是产品支援中最重要的组成部分之一。

9.1 民用飞机备件的概念

民用飞机备件是指保持和恢复飞机主机、机载设备、地面保障设备设计性能所必需的零部件及修理更换用的成品替换件等，包括飞机维护和修理中所需的零部件及耗材。它既包括发动机、起落架、襟缝翼、APU 等高价值的部件，也包括活门、密封圈、螺钉等装机零件，还包括润滑油、油漆、清洗剂等非装机耗材。对航空公司来说，备件通常又称航材。

备件是保证飞机正常营运的重要物质基础。备件的分类方法众多，从大的方面来讲，通常分为发动机备件、机体备件和系统备件三大类；按装机位置及系统分，有电子件、机械件、发动机件、灭火设备、照明设备、标准件和化工品等；按价值分，有高价可周转件和消耗件；按可修和不可修分，有可周转件、可修件和消耗件等。

9.1.1 民用飞机备件的界定

严格地讲，具有件号的零部件都可称为备件。所有用户会发生订购行为的零部件、原材料、化工品都是制造商应该供应的备件，它们都具有一定的件号和相应的参数。

根据用户、修理厂、制造商的维修能力和使用情况的不同，用户、修理厂、制造商购买和存储的备件种类和数量是依次递增的。也就是说，航空公司由于维修能力较低，将采购和储备所有备件种类中的 LRU（Line Replaceable Unit，航线可更换件）、部分 LMP

(Line Maintenance Part，航线维护部件)、标准件、化工品等航线维护和有能力完成的定检中需要的内容；修理厂的维修能力大于航空公司的维修能力，它将购买和储备在这些维修活动中用到的备件；而制造商作为飞机的制造方，具备为航空公司、修理厂提供所有的运营和维修中所需备件的能力。即使有些备件在机型的寿命周期里不发生任何消耗和采购，制造商也需要有一定的储备量和完善的技术、服务数据，以保证一旦出现需求时仍可满足供应。

例如，通常情况下，航空公司不会将结构部分的蒙皮、翼肋作为备件采购，但当蒙皮表面凹坑超标、飞机大修中机翼与机身出现裂纹要更换翼肋和隔柜时，就要由有维修能力的航空公司、修理厂或制造商提供维修时所需的备件，这时必须提供这些备件和备件参数，如规格、寿命、价格、交付周期等。

对一架飞机而言，其零件有几十万个，而不同零件对其备件的需求是有很大差别的，需求量、需求周期和需求的紧急程度均不同，为便于备件管理，国际上通常以备件支援码来对备件进行分类，这实际上是从备件需求的角度对备件进行分类的。备件支援码是备件支援部门为方便进行备件需求预测和备件计划工作，从备件需求的角度对备件进行的一种分类方式。具体分类方式及确定原则如下。

1．P 类：初期供应备件（第一个飞行年度须用）

不同的制造商对限定时间有不同的规定，如波音公司定义为 18 个月，空客公司定义为一年。其确定原则如下。

（1）按统计的平均拆换间隔时间（MTBR）来确定：MTBR≤年飞行小时，列入 P 类；MTBR＞年飞行小时，不列入 P 类。

（2）按 MPD 的规定来确定：MPD 中规定在一年之内或一年左右需要的备件应列入 P 类。

（3）按重要性分类来确定：设备发生故障后，属于 NO GO 项目，且由理论分析和经验知道在今后的两三年内会用到的备件应列入 P 类；设备发生故障后，属于 GO IF 项目，且其修复期限为 A 类、B 类或 C 类（离备件中心较远者），在今后两三年内会有消耗的备件也应列入 P 类。

2．S 类：需储进备件库的备件

（1）一般难以在短期内采购到或需要提前订购的项目。

（2）按统计的 MTBR 确定：在今后的两三年内需要更换的备件应有一定的储备量。

（3）按照 MPD 的规定来确定：MPD 中规定的在今后两三年内需要更换的备件。

（4）AOG 备件和紧急备件的合理储备：属于重要性 1 和重要性 2 中的 A 类，但未包括在 P 类中的备件，一般为 AOG 备件，应根据机群大小、财力状况及产品支援目标来确定此类备件的储量。

3. G类：大部件（价格昂贵，制造和修理复杂）

（1）具有S类或P类备件的第三条特征。

（2）构造复杂或庞大，价格昂贵，可以修复后再使用，且损坏或故障无规律。

（3）需要较长的提前订购期。

4. E类：带颜色储存的备件

（1）具有S类备件的特征。

（2）交付时必须按规定喷涂相应的颜色层。

（3）E类备件表示带颜色储存的备件，即只要颜色符合用户需求就可以直接交付（多为飞机内部的备件）。

5. R类：不带颜色储存的备件

（1）具有S类备件的特征。

（2）交付时必须按规定喷涂相应的颜色层。

（3）R类备件表示不带颜色储存的备件，即必须经过喷涂颜色层后才能交付（多为飞机外表面的备件）。

6. N类：标准件

（1）价格低、种类多、数量均很大，但所占费用很小。

（2）通用性强，采购渠道多，需求一般不是很急。

（3）时效性（库存期和寿命）不强，多余部分可调回生产线上再用。

7. L类：不需要储进备件库（但可以是备件）

（1）此类备件一般需求很少，且不会造成AOG，需求不紧急，正常的订货周期能满足需求。

（2）采购周期较短，无须提前订货。

8. K类：用户订购的备件

理论分析和逻辑推断认为不需要备件，统计的消耗量也很少。但由于用户使用和维护的千差万别、地理环境的差别及其他各种原因，常常会出现个别用户要求订购的情况。

9. T类：按"专用备件制造规范"制造的专用备件

T类备件主要是指当飞机发生意外故障后，如撞伤、暴力损伤等，进行维护和修理的特殊备件。一般为一次性使用，在需要时进行设计、制造和提供。

10. X 类：不可分解的零部件

一般不需要备件，即在飞机的寿命周期内不需要更换。

11. A 类：可与 X 类零部件互换的零部件

A 类零部件可与 X 类零部件互换。

12. Z 类：装配图号/安装图号

Z 类备件不是指实际的零部件，而是指装配图号/安装图号。

9.1.2 飞机备件的判定流程

确定备件应遵循以下两个原则。
（1）可拆卸性。
（2）寿命小于飞机寿命，即 MTBR 小。

飞机备件项目的确定流程如图 9.1 所示。这里的飞机零件包括机体结构件、机载设备件、标准件、安装图、修理专用件和用户需要件等。主要步骤如下。

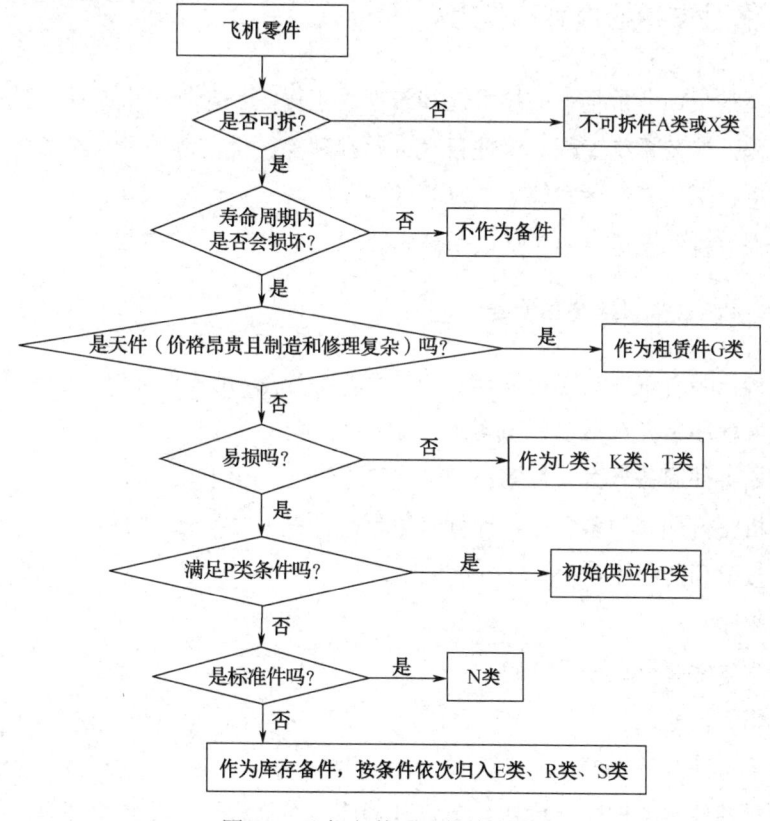

图9.1 飞机备件项目的确定流程

（1）根据设计图纸、装配关系找出飞机上可拆卸的结构件、系统件、化工品、标准件、组件中所有可拆的下一级组件，直至基本零部件。

（2）根据每一零部件的需求特性，确定备件支援码。这项工作通常由设计人员或供应商完成。

（3）根据备件支援码确定备件项目（品种），将P类、S类、G类、E类、R类、N类、L类、K类、T类作为备件项目（品种）。

（4）根据不同的数据来源，确定备件参数。分别收集结构件、系统件的参数，包括设计人员提供的、供应商提供的、由备件服务人员填写的。

根据备件支援码，X类、A类、Z类通常不需要备件，S类、G类、E类、R类为需要进备件库的零部件，K类、L类、T类为需要按订单处理的备件。

这项工作是制定备件计划的基础，因此是一项非常重要的工作。

9.2 备件支援体系

9.2.1 备件支援的内容和作用

备件支援是一项非常复杂的技术性和管理性工作，贯穿于飞机设计、试飞、使用、报废的全过程，涉及系统工程、管理科学、库存理论、供应链管理、物流学、预测学、计算机与信息科学、商务管理等多学科领域。

概括起来，备件支援主要包括以下内容。

1. 备件支援策略、程序与方案

备件支援策略对备件支援与管理工作具有指导作用，是备件支援与管理工作的前提。

备件服务程序主要包括以下内容。

（1）初始备件服务方案与程序。

①新飞机交付期间的备件服务计划（里程碑计划）。

②备件投资预测程序。

③培训程序。

④第一次备件会议程序、资料。

⑤订单确定程序。

（2）持续备件服务程序。

（3）一般备件服务程序，包括订单管理程序、结算程序、发票程序等。

（4）AOG备件服务程序。

(5) 担保与索赔程序。

(6) 备件修理程序。

(7) 供应商备件管理程序。

(8) 回购程序。

(9) 初始备件推荐清单（Recommended Spare Parts List，RSPL）更新程序。

2．备件计划

为了在提高民用飞机备件保障率的同时，最大限度地降低备件库存成本，必须确定准确的备件类型及需求量，因此，有必要对备件计划方法进行科学研究。根据飞机使用要求，以及可靠性、维修性、寿命、供货周期、经济性等要求，建立适当的备件计划预测模型，给出一定时间范围内的备件需求量，使航空公司的备件采购有科学的依据，从而达到以合理的资金投入满足较高保障率的目标。同时，依靠备件计划预测模型，并在应用中进行调整、优化，可以在备件成本和保障率之间达到平衡，减少备件积压造成的浪费，增强民机制造业的市场竞争力。

对制造商而言，为应对其全球机队的备件需求，应对其机队未来一段时间的备件需求进行预测，以指导初始备件供应。

对飞机用户（航空公司）而言，应根据自己的机队现状、维修计划、资金计划，预测并计划未来一段时间内的备件需求，使备件保障达到既定的保障率。

3．备件库存

无论是制造商还是航空公司都存在备件库存问题，备件库存涉及备件中心库和备件分库的选址规划、库房空间规划、仓储管理、备件采购、库存控制等方面的内容。其中，库存控制包括初始库存计划和持续库存控制等工作。备件采购应包括飞机制造商自身库存备件的采购。飞机制造商自身库存备件的采购是根据备件规划人员确定的库存备件的品种和数量，由备件管理人员完成的。

对于新研制的飞机，初始库存是建立持续库存的起点和基础，初始库存的种类和数量的确定是一项重要的工作。持续库存控制是解决库存补货的重要途径，解决备件库存问题的关键是实现库存成本和保障率之间的平衡。

4．备件服务

备件服务通常包括备件定价、供应商的选择与评估、备件订单管理、备件包装、出入关、备件发运、异议备件处理、备件交付、备件寄售、供应商备件支援、备件商务等内容，它是备件物流和信息流的具体实现工作。通常，备件服务必须保证一天24小时、一周 7 天、一年 365 天不间断，以保证备件订货和供应活动的不间断快速运转。因此，采用数字化服务成为现代飞机备件服务的重要发展趋势。

运用现代计算机技术和网络技术进行备件支援和管理是备件服务的重要手段和必然趋势。备件信息管理系统包括备件计划系统、库存管理系统和备件服务系统。其中，备件计划系统运用现代预测学方法，为飞机制造商和飞机用户提供备件需求预测，以指导备件采购、库存等工作。库存管理系统是利用现代库存理论建立的管理系统。备件服务系统是一个以 Internet 为主、其他通信方式为辅的备件数字化服务系统。

9.2.2 构建完整的备件支援体系

备件支援体系如图 9.2 所示。

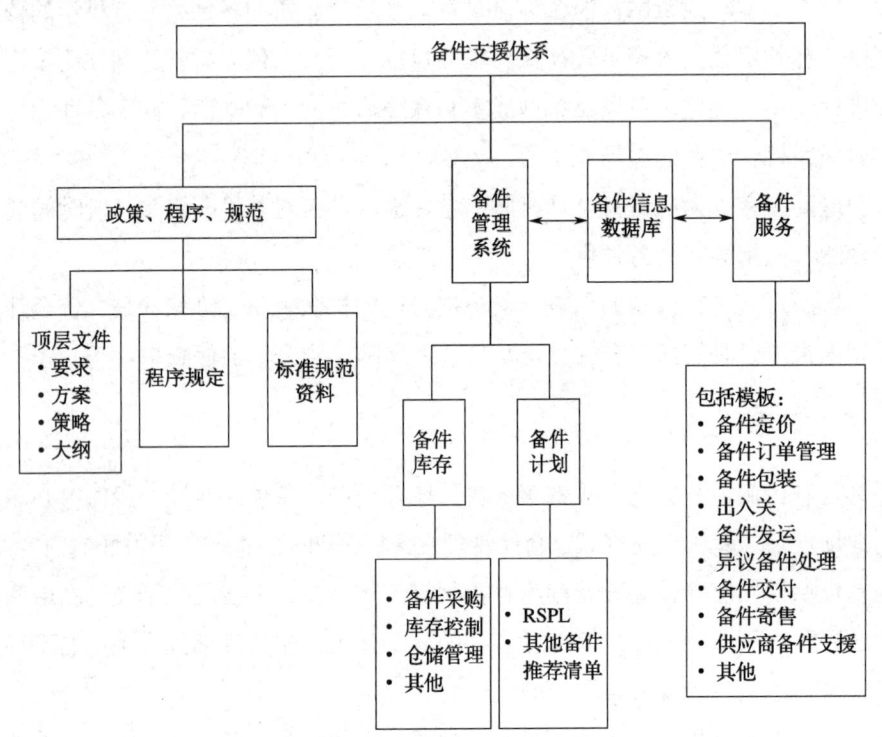

图 9.2 备件支援体系

其中，备件支援的政策、程序和规范是备件经营、库存、服务等工作的基础，是备件服务顶层指导文件之一。在遵循有关备件服务规范和要求的基础上，制定备件服务的一系列政策及服务程序，使备件服务走向标准化、程序化。

备件计划和库存管理是飞机制造商备件管理的重要工作。其中，备件计划是建立备件信息数据库、产生初始备件推荐清单和进行持续备件服务的基础。而库存管理是保证备件服务工作顺利进行的基础。

备件服务包括飞机制造商向飞机用户提供服务的各项活动,是备件支援工作的出发点和最终目的。

9.2.3 备件支援标准和规范

目前,备件支援方面的国际标准主要是美国航空运输协会编写的规范(ATA 规范),主要包括以下几部分。

(1) ATA 通用支援数据字典(CSDD)。ATA 通用支援数据字典是一个包含所有数据单元、术语、标签等的目录册,在 ATA 规范中被普遍使用。

(2) ATA 数据模型。ATA 数据模型是一种表示商业进程和备件支援体系的结构图,这个模型在理解中央商业进程和信息体系结构方面是非常有帮助的。

(3) ATA 100 规范(制造商技术数据规范)。ATA 100 规范包含航空制造商和供应商编写技术手册的格式和内容,提供给做相关产品维修的航空公司和其他工业部门使用。

(4) ATA 101 规范(地面设备技术数据规范)。这个规范规定了地面设备的说明和相关技术数据,包括地面设备的备件属性、维修设备、服务设备及附属系统的情况。

(5) ATA 300 规范(航空运输包装的规范)。这个规范是制造商和供应商运输备件的大纲,指导其对可周转件、消耗件和其他组件的包装和货运包装方法。

(6) ATA 2100 规范(飞机支援数字化数据规范)。这个规范表明技术信息作为数据媒体(磁带和光盘),由航空制造商制造,供航空公司和维修相关产品的其他用户使用。其中包括 ATA 数据模型和 ATA 通用支援数据字典规定了数据类型、格式、定义、名称和描述;ATA 数据模型主要是在制造商、供应商和航空公司之间交换数据,所以适用于主制造商、主供应商、中间机构和用户之间的数据交流过程。

(7) ATA 2200 规范(航空维修的信息规范)。ATA 技术信息和通信委员会(TICC),对 ATA 100 规范和 ATA 2100 规范进行了综合,修订出新的统一的规范,用于指导支持飞机维修的技术手册准备方面的工作。

(8) ATA 2000 规范(材料管理的电子商务规范)。该规范描述了航空工业电子交换信息的普通数据格式,允许航空公司和供应商完全自动地在以下领域进行处理:物资供应、采购、订单管理、货品计价、维修管理和数据交换。另外,该规范还提供了航空公司和供应商在航空市场上所需求的信息、指导大纲。

国内与备件有关的标准与规范主要有《民用航空产品和零部件持续适航事件报告和处理程序》和《民用航空产品和零部件合格审定规定》。

9.3 备件计划

9.3.1 备件计划的内容与作用

备件管理的主要目的是保持最佳库存（可获得性）控制，向生产部门、各车间提供可靠的产品。备件计划工作是备件库存控制系统的中心环节，计划人员控制着全部库存费用和向生产部门提供服务之间的平衡，在备件部门起着龙头作用。因此，要做好备件管理工作，首先要做好备件计划工作。备件计划工作包括制定合理的备件保障率、库存分析和库存控制策略，以及备件储备量的确定。

9.3.2 飞机制造商的初始备件推荐清单

1. 格式与内容

初始备件推荐清单（RSPL）是飞机制造商针对航空公司的首批航材订货，为满足和支持飞机前几年运营的外场维修需要，根据航空公司的机队规模，评估和推荐其所需零备件的最初库存清单。RSPL 包括航空公司所需备件的种类、数量和各种备件的属性信息。通常，为给航空公司提供准确资料，RSPL 需要进行定期更新，以便航空公司审查和订购。

RSPL 的作用在于指导航空公司进行首批航材订货，是备件成本预测、备件库存预测的主要依据。同时，它也是指导航空公司后续航材订货的重要文件之一。

在向航空公司提供 RSPL 的同时，为了方便航空公司使用，一般还会提供一份清单说明文档，主要用以说明初始备件推荐量的前提条件，以及所提供的参数及其说明。

因此，该清单的主要内容有前言、用户信息、参数说明、详细备件清单等。其中，前言、用户信息、参数说明以文档的形式给出，详细备件清单通常以表格的形式给出。

前言用于说明该 RSPL 适用于航空公司的飞机架数、备件的有效件号、互换性信息等。航空公司将会得到一份完整的 RSPL（包括纸质和电子版本两种），之后以 60 天为一个周期提供修订版本。

用户信息包括机队规模、每机年平均飞行小时、航线返回基地时间、消耗供应期、保障率、根据重要性参数选择最低年度需求、维修代码或提供维修周转时间等内容。上述信息是产生详细备件清单的用户条件。

参数说明部分详细介绍了各个参数的具体意义和取值范围。RSPL 参数说明部分释义如表 9.1 所示。

表 9.1 RSPL 参数说明部分释义

备件参数名称	英文缩写	释 义
件号	PNR	该备件的现行有效件号，符合 ATA 规范
超长件号	OVERLENGTH PART NO	供应商提供的件号可能是超长件号，制造商会根据标准重新赋予该备件标准件号
ATA 编号	ATA	该备件的 ATA 章节号
有效性	EFFY	有效性是指备件所适用的飞机批架次（发动机）范围（按 ATA 规范中的规定），标识有效性的目的是防止不适用（错误）备件的使用。必须准确标识各备件所适用的飞机批架次（发动机），并注意动态跟踪

详细备件清单格式规定了详细备件清单表头部分的参数内容、中英文名称（缩写），通常以 Excel 表格的形式提供。飞机备件的参数体系共 50~60 个，包括部件基本参数和备件服务参数两大类，根据其使用目的的不同，又可以分为标识类参数、审查类参数、强制性参数、可靠性参数、维修类参数、特性参数和说明性参数等。

其中，标识类参数用于对备件的标识，便于查询相关数据、供应及采购；审查类参数主要用于检查备件的正确性和有效性等，防止备件的错误使用，还可以指导备件的管理和储备；强制性参数是适航部门确定的或备件本身的强制性要求，必须遵守，对备件管理和储备均具有指导作用；可靠性参数用于给出备件的可靠性数据，是备件储备量计算模型中的重要参数，对备件储备量的确定具有重要的意义，运营过程中还应将该类数据反馈给制造商进行统计，以对不正常现象进行改进设计，提高可靠性；维修类参数用于给出维修方面的数据，主要是维修的时间和工作量，不同的维修对备件的需求量也不尽相同，因此它同样对备件储备量的确定具有重要意义；特性参数用于给出对备件管理有特殊要求的一些特性的标注；说明性参数用于对上述参数只能予以标注而不能叙述清楚的内容做进一步的文字描述；供应商标识类参数主要用于给出供应商的信息；供应类参数主要为供应商向用户推荐备件供应提供依据，包括初期推荐和持续推荐；特殊要求参数用于标识供应、采购过程中某些备件的特殊要求，以采取特殊的处理；订购类参数用于向用户提供订购备件时有关运输、价格的数据。

2．RSPL 制定方法

根据成熟机型的做法，RSPL 是基于备件计划预测模型，运用辅助软件生成的。其基本条件包括：建立完善的备件参数数据库，每个备件在数据库中都有较完备的参数信息；考虑用户的航线结构、飞机利用率、维修方针等因素；建立准确的备件计划预测模型。

对于新研制的飞机，由于备件参数信息不完备和采集工作相对滞后等，建立完备的备件参数数据库尚不具备条件。因此，可以借鉴相似机型和相似系统的思想，用成熟机型的 RSPL 类比出初步的 RSPL。

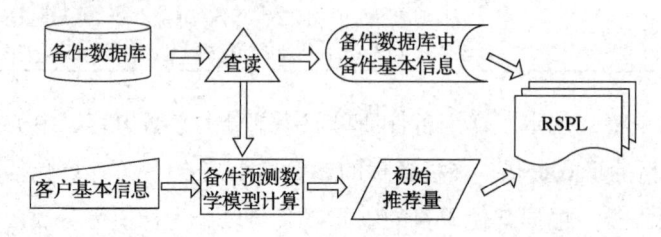

1）计算机辅助软件生成法

计算机辅助软件生成法的生成原理如图 9.3 所示。飞机制造商将航空公司（用户）提供的客户基本信息输入备件预测软件，备件预测软件根据客户信息，从备件数据库中查找备件的有关参数值（信息），运用备件预测数学模型，计算推导备件的项目和数量；再根据备件清单格式要求，从备件数据库中获取备件清单中其他参数的基本信息，填写备件参数信息，从而制定出完整的 RSPL。

图 9.3 计算机辅助软件生成法的生成原理

对不同类型的备件，在生成 RSPL 时有两种选择。

（1）对所有的备件（包括机体件备件、供应商备件和发动机备件）都进行相同的计算，获得完整的 RSPL。

（2）只对机体件备件进行计算，对发动机备件及机载设备备件则向供应商单独提供备件清单，最后进行整合，得出完整的 RSPL。

计算机辅助软件生成法是目前成熟机型的飞机制造商广泛采用的方法，适用于成熟机型，其优点如下。

（1）生成的 RSPL 中备件项目完备。

（2）生成的 RSPL 中参数准确，错误率极低，甚至零错误。

（3）生成速度快，工作量小。

其缺点如下。

（1）要有完备的备件数据库。因此，要求在研制阶段对备件的各种设计参数进行准确的数据采集，在使用阶段对备件使用数据或设计更改数据进行动态跟踪和数据库更新。此外，还要开发备件数据库软件和数据采集软件。

（2）要建立本机型备件预测数学模型。

（3）要开发备件预测软件。

2）工程类比法

工程类比法适用于新机型研制阶段，它是为快速满足首批备件订货需要而采取的一种简单确定初步 RSPL 的方法，其原理如图 9.4 所示。

工程类比法的优点是简单，清单内容来源于成熟机型，具有较强的工程指导意义和定性指导意义。

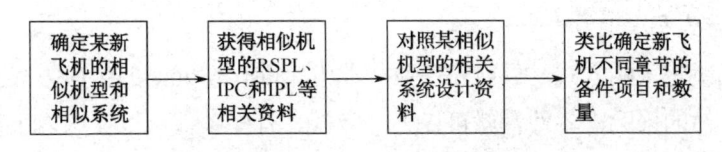

图 9.4　工程类比法的原理

9.3.3　航空公司首批备件选购计划

首批备件（航材）是指引进一种新机型所需采购的保障飞机运行的基本备件，首批备件的订购策略根据航空公司的机队、资金、备件管理水平、有无备件支援库等条件的不同而不同。据统计，首批备件订货所占的备件资金一般占到总库存的50%～70%。由于首批备件订货费用很高，因此如果计划不周、处理不当，则可能会给公司造成巨大的经济负担。

1. 航空公司选购首批备件时应考虑的因素

在首批备件订货中，主要考虑以下因素。

1）备件资金

根据航空公司的性质和财务状况，航空公司会考虑允许的首批备件采购资金。一般在首批备件采购计划之初，备件部门会向财务部门递交资金申请报告，由财务部门审批后执行采购。

2）备件现有库存的通用性

航空公司首批备件订货针对的是新机型，但不代表航空公司没有类似机型及原有的一定库存储备。例如，订购 B737NG 的备件可以结合原有的 B737-300、B737-700 的库存进行。如果有通用件，则可以采取统一机队管理。

3）飞机的航线特征和共通性

如果该飞机飞国际航线，那么备件保障要求就相对较高。因为一旦缺件，则飞机停场的时间长，影响大，而且飞机调配困难。如果该飞机飞地方航线，那么备件保障要求相对较低，如果别的航空公司有同样的机型，有时还可以通过借件解决 AOG 问题。

4）备件的性质

备件的管理方法是有区别的，订货也是有区别的。可周转件供货时间长，价格高；消耗件价格低，供货时间短；化工品不易储存等。

5）备件的重要性

备件按重要性分为 GO、GO IF、NO GO 三类。如果是 NO GO 类，也就是不可放飞的缺件，就要多备一些；如果是 GO 类，也就是可以放飞的缺件，就可少备甚至不备。

6）供应方式和渠道

供应方式决定采购方式，目前在工业行业中，just in time 的供应方式是指以寄售等形式应用于备件的采购，备件量就可以大大降低。有些备件可以在国内采购和维修，由于供应迅速，因此也可以降低备件的数量。备件的数量可以根据不同的供应方式来决定，零库存也是可以实现的。

2．首批备件订货实施过程

航空公司首批备件订货的过程是一个与制造商不断交互的过程，首批备件订货的完成离不开制造商的参与，具体的过程因制造商不同而异。例如，当制造商为空客公司时，首批备件订货的一般过程如下：在航空公司与制造商买卖双方选型结束并签署合同以后的 1 个月以内，制造商安排一个会议，该会议的目的主要是介绍制造商的备件服务及首批备件订购程序，同时收集航空公司数据用于 RSPL 的制作。在该会议之后的 8 周内召开首批订货会，在此期间制造商将提供推荐备件清单，并让主要的备件厂家与航空公司见面。其后的 30 天内，航空公司从 RSPL 中筛选出所需订购的备件并发出订货合同。该工作应该在第一架飞机到达 6 个月之前完成，也就是说首批备件要提前 6 个月订，即使如此，由于有些备件的交货期很长，首批备件的 100%到货也是比较困难的。一般而言，首批备件在第一架飞机到达前到货 85%以上，其后 1 个月内到货 99%，就可以认为是基本完成了。

3．持续备件计划

首批备件订货解决了新机型最初运行的备件供应问题，对飞机的长期运营来说，持续备件计划或日常备件计划至关重要。为避免出现备件短缺，必须保证必要的库存储备。要储备什么备件，储备多少，什么时候采购，采购多少，怎样在保障备件日常供应的基础上节省资金投入和减少资金积压，这些都属于持续备件计划的范围。

9.3.4 备件需求计算

目前，世界上成熟的制造商（波音公司、空客公司）都有比较完善的用于首批备件计划需求计算的数学模型，可以向航空公司提供较准确的备件需求量，下面进行简单介绍。

1．波音公司的模型

1）可修件预测模型

计算可修件推荐数量的数学模型中需要输入以下数据。

航空公司提供的数据：机队规模（AN）、每架飞机每天的飞行小时（FH）、供应率（FR）、维修周转时间（RTAT）、最低年度需求（MAD）。

备件数据：装机件数（UN）、平均拆换间隔时间（MTBR）、备件分类（SPC）、重要码（ESS）、维修代码（SHOP CODE）、主要修理百分率（MAJOR REPAIR）。

判断可修件是否需要作为备件的过程包括以下两步。

（1）计算年需求（AD）。其计算公式为

$$AD = \frac{UN \cdot AN \cdot FH \cdot 365}{MTBR}$$

（2）将 AD 与最低年度需求（MAD）进行比较。这里 MAD 根据可修件 ESS 选择不同的数值。

ESS 为 1 的可修件，MAD=0.2～0.5。

ESS 为 2 的可修件，MAD=0.2～0.7。

ESS 为 3 的可修件，MAD=0.5～2.0。

如果 AD≥MAD，则该可修件作为潜在供应件。

如果 AD＜MAD，则该可修件推荐数量为零（如果该可修件有最低库存要求，那么最低数量就是推荐数量）。

判断可修件需要作为备件后，可修件推荐数量的计算过程如下。

（1）计算维修周转时间。计算公式为

$$RTAT = 主要修理时间 \times 主要修理百分率 + 次要修理时间 \times$$
$$(1 - 主要修理百分率) + 现场到主基地的返还时间$$

式中，主要修理百分率是根据每个 SHOP CODE 决定的，如表 9.2 所示。

表 9.2 由 SHOP CODE 决定的主要修理百分率

SHOP CODE	主要修理百分率/%	SHOP CODE	主要修理百分率/%	SHOP CODE	主要修理百分率/%
01	30	07	80	13	100
02	30	08	90	14	80
03	30	09	80	15	80
04	50	10	90	16	80
05	70	11	40	17	100
06	80	12	100	18	30

（2）计算修理过程需求（APD），公式为

$$\lambda = APD = \frac{AD \cdot TAT}{365}$$

式中，TAT 为周转时间。

（3）计算备件推荐数量。备件推荐数量 n 每次增加一个，直到数学模型计算出的 FR 大于给定的供应率 FR^* 为止。

$$FR = \sum_{i=0}^{n-1} \frac{\lambda^i}{i!} e^{-\lambda} \geq FR^*$$

式中，FR^* 为给定的供应率。

（4）如果用户选择了缺件间隔年数（NYBM）选项，则对该备件进行第二种计算。当推荐数量较低且 n' 不小于用户选择的 NYBM 时，就用 n' 取代上面计算得出的 n 作为推荐数。

$$\text{NYBM} = \frac{1}{(1-\text{FR}) \times \text{AD}}$$

2）消耗件预测模型

为了计算消耗件推荐数量，数学模型中需要输入以下数据。

航空公司提供的数据：机队规模（AN）、每架飞机每天的飞行小时（FH）、供应率（FR）、最低年度需求（MAD）、消耗供应期（P）。

备件数据：装机件数（UN）、平均拆换间隔时间（MTBR）、重要码（ESS）。

确定消耗件被列入 RSPL 的过程如下。

（1）计算年需求（AD）。其计算公式为

$$\text{AD} = \frac{\text{UN} \cdot \text{AN} \cdot \text{FH} \cdot 365}{\text{MTBR}}$$

（2）将 AD 与 MAD 进行比较，这里 MAD 根据备件重要码选择不同的数值。

确定该消耗件应被列入 RSPL 后，消耗件推荐数量的计算过程如下。

（1）计算供应期需求：

$$\lambda = \frac{\text{AD} \cdot P}{365}$$

式中，λ 为供应期需求；P 由航空公司自己规定，一般为 180～730 天。

（2）计算推荐数量：

$$\text{FR} = \sum_{i=0}^{n} \frac{\lambda^i}{i!} e^{-\lambda} \geqslant \text{FR}^*$$

式中，n 为推荐数量，取满足上式的最小正整数。

2. 空客公司的模型

用以下公式算出各类备件的期望需求。

消耗件（SPC=1）：

$$E = \frac{\text{FH} \times nN}{\text{MTBUR}} \times \left(\frac{\text{LT} + \text{AT}}{365} \right)$$

可周转件（SPC=2）：

$$E = \frac{\text{FH} \times nN}{\text{MTBUR}} \times \frac{\text{TAT}}{365}$$

可修件（SPC=6）：

$$E = \frac{\text{FH} \times nN}{\text{MTBUR}} \times \left[\frac{\text{TAT}}{365} \times \left(1 - \frac{\text{SR}}{1000}\right) + \frac{\text{SR}}{1000} \times \left(\frac{\text{LT} + \text{AT}}{365}\right) \right]$$

式中，AT 为订货操作时间，指航空公司内部填单、提订，以及货到后报关、验收等所需时间；E 为期望需求；FH 为每架飞机每天的飞行小时；LT 为交货时间；MTBUR 为平均非计划拆除间隔时间；N 为首批订货的飞机数量；SR 为报废率；TAT 为周转时间。

注意：有些以飞机循环数计寿命的航材以平均非计划拆换间隔时间（MCBUR）代替 MTBUR。

如果 $E<10$，则使用泊松方程来求大概率事件的发生概率，即发生故障需要拆换时，保障率为

$$P(E) = \sum_{m=0}^{x} \left(e^{-E} \times \frac{E^m}{m!} \right)$$

式中，e 是自然对数的底数；$P(E)$ 是保障率；m 是所需航材数量，将前面公式中求得的 E 值代入，可以求出当 $m=1,2,3,4,\cdots$ 时的保障率，当其不小于所需的保障率时，m 就是所需的航材数量，即推荐航材数量。

如果 $E \geqslant 10$，则

$$m = f(\alpha, E) = E + \alpha\sqrt{E}$$

式中，E 为期望需求；α 为高斯指数，如表 9.3 所示。

表 9.3 部分高斯指数

$P(E)$ /%	α	$P(E)$ /%	α
80	0.842	90	1.282
81	0.878	91	1.341
82	0.915	92	1.405
83	0.954	93	1.476
84	0.994	94	1.555
85	1.036	95	1.645
86	1.080	96	1.751
87	1.126	97	1.881
88	1.175	98	2.054

9.4 备件库存管理

对民用飞机备件进行库存管理时，除考虑一般库存品的通用要求外，还应考虑一些特殊要求，主要包括以下几点。

（1）考虑备件管理方面的特性，如严格的库存周期、批次、有效性要求等。因此，对备件的库存管理应比较深入，至少应达到库位管理层次，即备件存放细分至库位，并且必须确定各库位的要求、分类，建立库位明细账。如果有条件，特别是高价可周转件，则应达到单件管理层次。

（2）库存事务复杂。除一般的出/入库等库存事务外，在备件库存中，还增加了送修、退货、适航审查、寿命报废、租赁等相对特殊的事务处理工作，存在可修件的逆向物流问题。

（3）备件库存控制更难。由于民用飞机备件在使用、预测及成本估算等方面与一般产品不同，因此民用飞机备件的库存控制具有较大的特殊性，通用的计算模型使用效果不佳，应根据实际情况具体分析。

（4）供应链组成更为复杂。由于民用飞机具有全球化生产的特点，因此备件的供应商繁多，各供应商的服务策略、订货运输方式各不相同，在实行管理时均应有所考虑。

民用飞机备件库存管理具有特殊性，与一般生产企业的库存管理有所不同，具体表现在以下方面。

（1）航空公司不同于一般生产企业，备件种类繁多，往往数以万计。

（2）一般生产企业对原材料、零部件的需求是比较稳定的，需求量也可以根据其年生产计划或月生产计划来确定，一般情况下很少有变动。而航材发生故障是随机的，因而对其需求也是不确定的。

（3）对生产企业来说，一旦发生缺货，其生产进度就会受到影响，同时带来一定的经济损失；航空公司一旦发生航材缺货，就会造成飞机延误和航班取消，不但会造成巨大的经济损失，对其声誉也有很大的影响。

（4）某些航材，如可周转件，其使用过程不是购买—库存—使用—购买，而是购买—库存—使用—送修—库存。对这类航材的库存控制要区别于一般产品的库存控制。

9.4.1 消耗件库存管理

消耗件又称不可修件，主要是非循环件。消耗件具有使用到出现故障为止、占用的资金少、使用量比较大等特点。消耗件占库存数量的60%～65%，金额只占总价值的5%～10%。

消耗件订货是备件计划中较为困难的一个方面。消耗件一般采取粗放式管理，其库存原则是不允许库存为零，杜绝积压。影响消耗件库存量的因素主要有机队规模、预计飞行小时、航段、维修点位置、交货提前期等。由于消耗件的消耗量比较大，因此各备件在同一飞机上的装机数量较大。尽管消耗件的价值较低，但在飞机各个系统中分布相当广泛，对保障飞行安全同样具有不可忽视的作用，消耗件缺货同样会导致飞机不符合最低放行清单，从而导致航班取消。

1. 库存控制相关参数

1) 备件消耗

备件计划所依赖的重要信息是库存备件的消耗,这需要及时、准确的管理体系。各备件的每次需求都要保留记录,然后汇总。计划人员至少需要半年的消耗数据,才能对某种备件的消耗模型做出合理的概括。数据积累的周期越长,模型就越可靠。

对于某些消耗不规律的备件,得出的模型可能和实际情况出入很大,因此,有时应用平均消耗来描述备件的消耗。平均消耗经常被用于订货周期内的消耗预测和确定经济订货批量。

2) 订货周期

订货周期的构成如图 9.5 所示。

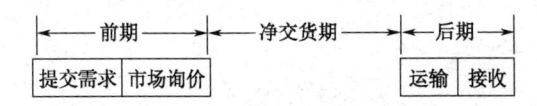

←——前期——→	←——净交货期——→	←——后期——→
提交需求 | 市场询价		运输 | 接收

图 9.5 订货周期的构成

前期是指从航线或车间提出航材需求的时刻到该需求送达供应商的时刻,具体内容如下。

(1) 内部需求的提交,或者称为订货准备。

(2) 市场询价,寻找价格、交货期、质量最符合要求的供应商。

(3) 订货信息送达供应商。

净交货期是供应商从接到航空公司的订单开始,到生产交付所需要的时间。它起始于供应商接到订单,结束于货物付运。

后期是指从供应商交付航材到该航材成为库存的时间段,具体内容如下。

(1) 从发货地点到用户所在地的运输时间。

(2) 入库前的手续,包括海关、报关、进关、验收等。

3) 订货周期内的备件消耗

在订货周期内,仓库中的备件继续消耗,因此,必须在正确的时间订购备件。在订货周期内应该有足够的备件满足消耗需求。理想状态下,当从供应商处收到备件时,总库存恰好降至零。

4) 安全库存

消耗件的消耗规律性不是很强,除了定检的消耗件是可控的,无论是通用的标准件还是非常用的消耗件,航线维护或排故的消耗件是很难预测的。有时,交货期可能比预计的要长很多,那么库存断货的风险就很大。因此,要将安全库存算入动态库存。安全库存又称缓冲库存,是由航材管理部门设定的。每种消耗件根据它的消耗数量和速度应该设定不同的安全库存,但这势必造成很大的工作量和库存管理的混乱。因此,可以对使用数量、频率相近的消耗件设一个安全库存，将所有消耗件分为几类。这样可以减少工作量，降低管理工作和订货工作的难度。

5）重新订货量

备件不但要提前订购以满足订货周期内的消耗，而且应保持安全库存以确保库存不受不规律消耗模型或订货周期的影响。这样就可以确定重新订货量，重新订货量等于安全库存加上订货周期内的消耗预测值。当库存达到或低于重新订货量时，应向供应商发出订单，以避免库存水平过低或缺货。

2．备件消耗预测方法

1）移动平均法

迄今为止，国内航空公司、维修站普遍采用的备件消耗预测方法是移动平均法，主要根据以往的发料记录推测以后的用量，即

$$F_1 = \frac{A_1 + A_2 + \cdots + A_n}{n}$$

式中，F_1 为本期预测值；$A_1 \sim A_n$ 分别为前 n 期实际值。这种方法有以下两个重大缺陷。

（1）适用范围小。许多新件缺少相应的历史使用资料，无法使用该方法；另外，该方法在历史需求量少的情况下准确性较低，预测误差较大。

（2）无法反映复杂的备件需求规律。

目前，国内航空公司机队规模比较小，同一型号的机群寿命大致相同，维修工作比较集中，某一种类的航材需求也相应集中。图 9.6 所示为航材需求示意图。

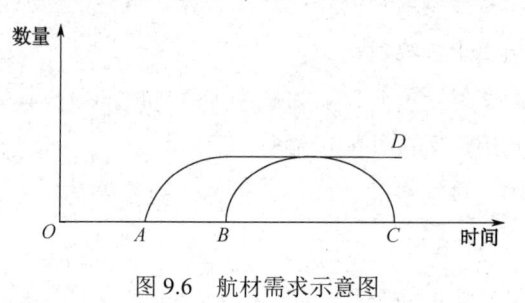

图 9.6 航材需求示意图

如图 9.6 所示，AC 为实际需求曲线，BD 为计划备件曲线，在更换到进入计划备件体系这一段时间内经常缺件，需要采取紧急甚至 AOG 处理，整个机群都换过新件之后就不再需要换件，如果仍做备件计划，就会造成积压。

2）泊松法

对于消耗件，有以下计算公式：

$$Q = \frac{\text{UN} \cdot \text{AN} \cdot \text{MFH}}{\text{MTBR}}$$

式中，Q 为年备件需求量；UN 为装机件数；AN 为机队规模；MFH 为平均每架飞机年飞行小时；MTBR 为平均拆换间隔时间。

对于可修件，也可采用该方法预测，具体如下。

可修件有较短的送修时间，而且可完全恢复其原有的可用状态，仅当其处于修理状态时才需要备件，故可修件的期望需求为

$$E = \frac{Q \cdot MR}{365}$$

式中，MR 为平均修理时间，包括往返时间和车间修理时间。

进入修理状态的备件数量是一个随机变量，其分布满足均值为 E 的泊松分布的统计数据和经验（已被证明并广为国际航空界采用），则所需备件数 m 为满足下式的整数：

$$P(E) \geqslant \sum_{i=0}^{m} \frac{E^i \mathrm{e}^{-E}}{i!}$$

式中，$P(E)$ 为需要进行备件更换时，有可用备件的概率，一般称为备件保障率，是由飞机制造商或航空公司确定的一个目标值。

3）可靠性方法

依据装备维修可靠性理论，对某机型备件的储备量进行分析，确定该机型备件储备量的计算模型和方法。

假设 $n+1$ 个易损件的寿命是随机变量，为 $T_0, T_1, \cdots, T_n$，且其寿命服从指数分布。该系统的总寿命 $T = T_0 + T_1 + \cdots + T_n$，其任务可靠度为 $R_n(t) = P(T_0 + T_1 + \cdots + T_n > t)$。由于随机变量是相互独立的，所以系统寿命分布的密度函数 $f_n(t)$ 是 $n+1$ 个易损件寿命分布的密度函数 $f_i(t)$ 的卷积积分，即

$$f_n(t) = f_0(t) * f_1(t) * \cdots * f_n(t)$$

然后分别应用装备维修可靠性理论计算系统的可靠性函数 R_s 和期望寿命值 T_s，从而确定备件的需求量。

3. 经济订货量的确定

经济订货量（EOQ）就是每次订货时最为经济（总成本最低）的订购数量。确定经济订货量需要考虑两个因素：拥有成本（也称库存成本）及订货成本。

保有很高的库存量将造成很高的库存成本，因为库存资金在公司财务管理中是计入库存成本的，当消耗件被使用时则转为生产成本。资金的占用会带来利息的损失，这也是成本的一部分。库存的管理费用也应计入成本。但是，一味强调库存的降低也会带来损失，在总消耗量一定的情况下，订购数量降低引起的订购次数的增加会产生额外的订购成本。备件总费用曲线如图 9.7 所示。

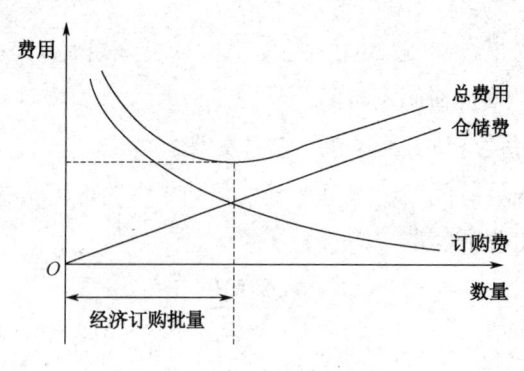

图 9.7 备件总费用曲线

由图 9.7 可以看出,在经济订货量模型中,当订购费与仓储费相等时,总费用最低,计算公式为

$$TC = DC + D/QS + Q/2H$$

式中,TC 为总费用;D 为年需求量;C 为备件的单位价格;Q 为订货量(最优值即 EOQ);S 为订货成本;H 为备件的年度平均存储费用。

根据上式,对 TC 求关于 Q 的导数可得

$$EOQ = \sqrt{\frac{2DS}{H}}$$

确定了经济订货量之后,每次订货的数量就确定了,即

$$M = RL + EOQ$$

式中,M 为最大理论库存;RL 为订货点库存。相应的关系从图 9.8 中可以看出来。

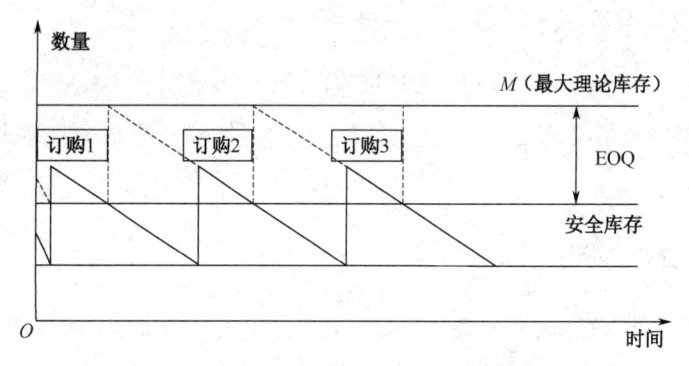

图 9.8 EOQ 与最大理论库存的关系

9.4.2 可修件库存管理

这里的可修件主要指可周转件。可周转件一般指价值高、可修理,且修理后能多次重复使用的部件,主要是修理次数不受限制的复杂部件,一般无报废率。

可周转件或为航线可更换件,或为车间可拆换件(SRU)。为了把可周转件同其他库

存备件区别开来，每个可周转件都有一个件号和序号。

在航空公司内部，可周转件的控制管理包括数量管理、库存控制、维修记录管理、航站与协作单位供应管理、AOG 订货等，可周转件的计划管理包括首批订货、再订货、合同管理等。

1．影响可周转件库存量的参数

由于可周转件占用库存资金较多，因而要严格控制库存。影响可周转件库存量的主要因素是修理周期。降低其库存量的方法包括缩短修理周期及改进内部工作程序，如报关、提货、验收和入库等。

在已知拆换次数和周转时间的情况下，可确定可周转件的平均库存量，但在制订可周转件库存计划时还要考虑其他方面的因素，如不定期拆换的可能性、周转时间等。

1）年度拆换率

确定年度拆换率所需的基本数据如下。

（1）飞机架数和每架飞机上可周转件的安装数量。

（2）计划飞行小时和实际飞行小时。

（3）非计划拆换率。

为计算出将来的非计划拆换次数，需要零件的预计寿命方面的有关数据。每 1000 装机小时非计划拆换率（URR）可用于航材计划的制订。非计划拆换率是由工程部门给出的经验数据。如果这一数据由生产厂家给出，则称为与平均非计划拆换间隔时间有关的平均非计划故障间隔时间。平均非计划拆换间隔时间总是低于平均非计划故障间隔时间，因为平均非计划故障间隔时间包括误排故障的情况。

平均非计划拆换间隔时间=(飞机架数×每架飞机上的可周转件数量×

每架飞机每年实际飞行小时)/年度总拆换次数

2）周转时间

周转时间是循环库存量计算的另一个主要参数。周转时间是指可周转件从飞机上拆下到成为可用件之间的时间。

周转时间内的工作步骤包括拆换、入库、送入车间、车间修理、离开车间、存储、得到可用件。

在以上工作步骤中，每步的等待时间都会延长周转时间。周转时间比实际修理时间长很多，通常是后者的几倍之多。

运输时间是将备件从一地运到另一地的时间。运输包括两部分：外部运输，指公司航站与维修厂家之间的运输；内部运输，即车间与库房之间的运输。

可周转件可由航空公司自己进行修理，也可以送到其他承修商处修理。很多情况下，承修商在国外，这直接影响了周转时间。

以上几种情况下的周转时间组成情况如下。

只在内部修理：周转时间包括车间大修时间、车间与库房间的运输时间。

只在基地维修：周转时间为在基地维修和在基地维修车间维修时间的平均值。在基地外维修的周转时间还包括基地外和基地内的运输时间。

在基地和航站拆换：周转时间为在基地外修理和基地维修车间修理时间的平均值。如果备件在航站使用，还需要考虑额外的运输时间。

3）周转时间内平均拆换次数的确定

年度拆换率（R）和周转时间的乘积就是周转时间内的平均拆换次数。

2．可周转件需求量计算方法

可周转件需求量的计算方法在消耗件需求量计算部分已经有所涉及。工程实际中的计算方法同下面的备发量计算方法类似，故这里不再详述。

3．备发量计算

1）备发数量预测公式

首先做如下假设。

（1）对有故障的单元体进行维修后发动机可用。

（2）工作期间有足够的购买备件的资金。

（3）发动机故障发生符合泊松分布。

备发量预测的基本公式为

$$S = AIP + IN\sqrt{AIP}$$

式中，S 为备发量；AIP 为送修发动机平均数量；IN 为反映保障水平的指数。

IN 是一个反映当前（预测）需求量是否适应当前运营（生产）能力的指标，它是固定值。IN 与相应的保障水平如表 9.4 所示，90%的保障水平表示在 90%的时间内运营满足需求，10%的时间内运营不满足需求。

表 9.4　IN 与相应的保障水平

IN	保障水平/%
0.84	80
1.13	85
1.28	90
1.75	95
2.12	97
3.50	100

对发动机来讲，通常可接受的保障水平为 95%～97%。当接近发动机拆换点时，如

果飞机还没有大修，就要求保障水平超过 97%。对单元体和旋转件来讲，通常可接受的保障水平为 80%~85%。

在不增加备发的情况下，提高保障水平的方法有以下几个：增加工作（维修）时间，使用新的或修好的零件，使用新的或修好的单元体，提高送修工作效率。

2）备发量预测实例

例 1：假如机队每年运行 140000EHF（EHF 为发动机飞行小时），预测送修率为 0.20 送修次数/1000EFH，发动机送修时间（从下发到维修可用的时间）为 30 天，期望达到的保障水平为 95%，查表得 IN 为 1.75，则需要多少台备发？如果期望达到 100%的保障水平，则所需的备发量是多少？

解：

$$\text{AIP} = \frac{\text{送修次数} \times \text{送修时间}}{365}$$

$$\text{送修次数} = \frac{140000 \times 0.2}{1000} = 28 \text{（次/年）}$$

$$\text{AIP} = \frac{28 \times 30}{365} \approx 2.30$$

备发量为

$$S = \text{AIP} + \text{IN}\sqrt{\text{AIP}}$$
$$= 2.30 + 1.75 \times \sqrt{2.30}$$
$$\approx 4.95 \approx 5$$

当保障水平为 100%时，查表可得 IN = 3.50，代入公式得

$$S = \text{AIP} + \text{IN}\sqrt{\text{AIP}}$$
$$= 2.30 + 3.50 \times \sqrt{2.30}$$
$$\approx 2.30 + 5.31 = 7.61 \approx 8$$

如果每台发动机的价值为 360 万美元，则可以看出，追求高的保障水平，将要承受巨大的备发成本。通常 95%~97%的保障水平就已足够。

例 2：某发动机每年送修 28 次，高压涡轮（HPT）单元体的开箱率为 85%，HPT 单元体循环时间（送修时间）为 45 天，期望保障水平设置为 85%，查表得 IN=1.13，则需要多少台备用 HPT 单元体？

解：

$$\text{AIP} = \frac{\text{送修次数} \times \text{送修时间}}{365}$$

$$\text{HPT单元体送修次数} = \text{发动机送修次数} \times \text{HPT单元体开箱率}$$
$$= 28 \times 0.85 = 23.8 \approx 24 \text{（次/年）}$$

$$AIP = \frac{24 \times 45}{365} \approx 2.96$$

所需的备用 HPT 单元体数量为

$$S = AIP + IN\sqrt{AIP}$$
$$= 2.96 + 1.13 \times \sqrt{2.96}$$
$$\approx 4.90 \approx 5$$

例 3：某 HPT 单元体每年送修 24 次，当 HPT 单元体放在维修厂时，必须把一半的一级叶片送出去修，在每个 HPT 单元体中有 80 个一级叶片，一级叶片循环时间（送修时间）为 90 天，期望保障水平为 80%，查表得 IN=0.84，则需要多少个备用 HPT 单元体的一级叶片？

解：

$$AIP = \frac{送修次数 \times 送修时间}{365}$$

$$送修次数 = 24 \times \frac{1}{2} \times 80 = 960（次/年）$$

$$AIP = \frac{960 \times 90}{365} \approx 237$$

所需的备用 HPT 单元体的一级叶片数量为

$$S = AIP + IN\sqrt{AIP}$$
$$= 237 + 0.84 \times \sqrt{237}$$
$$\approx 250$$

例 4：某机队每年运行 200000h，该航空公司有 10 台备发，平均大修循环时间是 40 天，则维持 95%的保障水平时送修率是多少？

解：

$$S = AIP + IN\sqrt{AIP}$$

已知 S=10，保障水平为 95%，查表得 IN=1.75，代入公式：

$$10 = AIP + 1.75\sqrt{AIP}$$

解得：

$$AIP \approx 5.8$$

又已知

$$AIP = 送修次数 \times 送修时间 / T$$

所以有

$$送修次数 = \frac{365 \times AIP}{送修时间} = \frac{365 \times 5.8}{40} \approx 53$$

$$SVR = \frac{送修次数}{EFH/1000} = \frac{53}{200} \times 100\% = 0.265\%$$

按照平均理论,送修率(SVR)必须低于该值,否则将出现备发不够的情况。

维持备件库存的财务投资很大,贷款成本、仓储和运输、库存备件折旧、工程管理、保险和安全保障方面也有较大支出。另外,还有隐形的消耗,如丢失、报废和失效等。因此,航空公司除直接购买备件来保障机队飞行外,还采用其他的备件投资方式,即倾向于"零库存"的方式。例如,Vanguard 航空公司租赁了 15 架 B737-200 飞机,在未实现航材管理外部化时,Vanguard 航空公司用 3 个人来管理航材仓库。后来,Vanguard 航空公司找到了 BAX(加利福尼亚州的一家物流公司),让 BAX 来负责库存管理及其所带来的困难的配送、危险品运输和与政府打交道等业务。

备件投资的其他方式还包括航材租赁和航材共享。

航材租赁是指与 OEM(Original Equipment Manufacturer,原始设备制造商)、其他航空公司签订有限的重要备件的租赁合同,或者从其他供应商处租用,自身只购买必要的备件。在该投资方式下,由航空公司自主控制备件的技术标准,可实现库存投资的大幅降低。但是该投资方式必须支付较高的租赁费,也不能保证租赁备件技术标准的统一。运营过程中要承担风险,即不能保证在紧急时得到需要的备件。

航材共享是指由多个不同航空公司共同协作形成规模效应,以最大限度减少库存。参加航材共享的航空公司能在要求的时间、要求的地点获得要求的航材,以支持航空公司的运营。

9.5 备件供应与采购管理

航空备件是指航空公司维护、维修飞机及附件时,需要更换的零部件。备件保障是飞机正常飞行的关键所在,其成本在航空公司资金总额中占有很大的比例,是航空公司最大的成本之一。因此,研究和探讨航空备件的供应与采购管理,对航空公司的正常运行和经济效益的提高具有十分重要的意义。

备件的采购是指选择合适的供应商,获得合适数量和质量的备件,并以合适的价格经由恰当的运输方式送达合适的收货地点。

在民用飞机领域内,备件的供应链主要是指民用飞机制造商、OEM、代理商等在飞机全寿命周期内,为给航空公司提供各种修理所需备件,最终保障飞机正常营运而与航空公司等用户组建的备件供应渠道。

9.5.1 备件供应与采购的特点

由于飞机备件是确保飞机飞行需要的各种零部件,因此与生产型企业所消耗的各种原料、燃料及其他辅助材料的供应与采购工作相比,备件供应与采购工作有其自身的特点。

(1) 备件需求不确定、供应批量小、品种多。备件的需求来源于设备故障,由于故障具有突发性,因此备件的需求难以准确预测。事实上,目前尚未有数学模型能够对备件的需求进行较为精确的预测。备件供应工作与原材料供应工作最大的区别在于,原材料需求是连续的、稳定的,企业所需原材料的品种也是确定的,且原材料的品种相对较少;而飞机备件多种多样,几乎没有哪个零部件是持续损坏的,对某一具体时间段而言,究竟哪个零部件需要更换是不确定的,这些客观条件的制约导致了备件供应的小批量和多品种特点。

(2) 非常高的质量要求。为确保飞行安全,飞机制造厂和中国民航局有一套严格的航空器材适航管理规定,采购时的质量要求是第一位的,所以实际采购过程中,产品质量是采购考虑的关键因素。

(3) 备件供应工作具有高技术性。飞机备件千差万别,各自具有不同的规格和型号,有着不同的功能,运行于不同的工作环境,使用寿命也各不相同。备件供应工作的高技术性体现在其客观上要求从事备件供应工作的人员必须具有较强的技术背景,不但要能看懂备件的各种技术参数,而且对于备件的功能、结构、运行环境等也要有一定的了解。

(4) 备件供应工作具有强时效性。备件的职能和目的就是有备无患,关键时刻顶替损坏的零部件,以确保生产连续、稳定进行。哪怕是一个备件不能及时供应,也可能导致生产中断,使企业承受巨大的经济损失。备件供应工作的强时效性还体现在许多备件经长期存放后可能老化,因此备件既不能准备得太早,更不能准备得太晚。由于时效性的存在,一方面,生产型企业不能为所有零部件准备一个或几个备件,因为这样势必大幅增加成本;另一方面,又要让损坏的设备尽快得以恢复,因为生产绝不能因某个备件缺货而中断。因此,要做好备件供应工作,只能靠认真细致的调查,摸清设备和零件的技术状况,计算零件损坏的概率,准确地、有选择性地建立备件库存。

(5) 较长的采购提前期。有些飞机备件供应被 OEM 控制,国际采购的交货期很长,运输时间也比较长,导致正常供应时间在 3 个月左右。为了防范风险,航空公司往往积压相当大的备件库存。

(6) 航空备件中的可周转件具有价高和可修复的特点,其供应渠道有采购和修复返回两种,因此确定科学的订货量尤为重要。备件供应链对于航空公司、飞机制造商、备件供应商都具有重要作用。对航空公司来说,如果飞机发生故障不能及时获得所需备件,那么必然导致航班延迟或取消,造成重大经济损失;对飞机制造商来说,组建良好的备件供应链可以提高飞机制造商的信誉,增强飞机竞争力,扩大飞机销售市场;对备件供应商来说,高效、合理的备件供应链可直接降低其库存水平,从而提高其盈利水平。备件供应是影响军用飞机综合后勤保障的重要因素之一。若飞机维修过程中不能获得备件,则无法完成维修任务,飞机就不能处于良好状态。由于飞机使用阶段备件采购费用所占比例很高,一般占到综合后勤保障费用的30%,因此做好备件的规划与管理,对保持战备完好、节约综合后勤保障费用具有重要意义。

9.5.2 备件供应与采购的流程

航空公司采购备件时,可通过传真、电报、网络等向飞机制造商、OEM、其他备件供应商发出备件订单。每一订单最终都要由航空公司以书面形式加以确认。订单的主要内容包括零件号、订单号、订货数量、交付日期、订单日期和使用类别等。

接到航空公司订单后,备件供应商将订单输入计算机,并通过查询程序确定备件库中是否有此备件及该备件对航空公司机队的有效性。如果可以满足航空公司需求,则按规定程序包装发运备件,并通知航空公司有关备件发运的详细信息。如果备件库中无此备件,则备件供应商应及时通知航空公司,并通过多方协调,采用OEM紧急生产制造、生产线调拨等方式,共同保障航空公司的需求。

为了高效率地满足航空公司对备件采购的要求,飞机制造商的采购部门应制定一套符合国际标准的内部管理运行机制,包括合同管理、订单管理、担保管理及商务管理等。

1. 民用飞机备件订货类型

目前,民用飞机领域主要有以下几种备件订货类型。

(1)一般订货。属于航空公司正常补充库存备件,一般表现为航空公司的年度航材计划。

(2)加急订货。对于这种加急订单,飞机制造商及备件供应商(如波音公司)将在7天内答复用户。空客公司的交付期是收到加急订单后5天。

(3)紧急订货。指航空公司库存备件处于临界状态下的订货。对于这种紧急订单,飞机制造商及备件供应商将在24h内答复用户。

(4)AOG订货。指航空公司停机待件状态下急需航空器材的订货。按照国际惯例,AOG系特急货物,要求在24h内运到目的地。在民用飞机领域,对于AOG订货,飞机制造商及备件供应商将在4h内答复用户,并且在3个工作日内将备件送到用户手中。

2. 订货管理

订货管理包括询价管理、报价管理、订货合同管理、订购分析和订单管理等。其工作内容如下。

（1）编制航材采购计划。编制航材采购计划是进行航材采购的首要任务。其主要信息来源包括车间缺料单、质控科缺陷单、时控件备料单、定检清单、最低库存报警、随机需求和时控件出库单等。

（2）询价管理。对一个供应商可以同时询问多件航材的价格，也可以就一件航材向多个供应商询价。

（3）报价管理。供应商会根据询价单返回报价单。一般来说，没有经过询价、报价的航材是不能订货的。

（4）订货合同管理。由订货员依据供应商管理的有关规定选择供货商，确定具体订货信息，如订货日期、订货合同录入人、合同编号等。同时，对合同的执行情况进行跟踪查询，包括查询已到货的合同、未到货的合同、到货日期、到货数量、收料单号和付款情况等。

（5）订购分析和订单管理。对航材采购前的分析及航材采购、租借、交换进行有效的管理和监控。通过数学模型对库存情况进行分析，采用经济的订货方式降低库存成本和采购成本。同时，控制、跟踪合同的执行情况，保证合同顺利执行。

3. 备件包装与运输管理

备件包装与运输管理具体参照ATA-300规范的相关内容。

航材运输工作必须贯彻迅速、安全、准确、节约的原则。"提运"或"发运"航材（包括飞机发动机），均要求做好详细的运输记录，其中内容包括发货和收货单位、发运或收货日期、运输方式、运输号码、航材名称、包装方式、件数、质量、箱号、运费支票号、经办人交接等，运输记录应妥善保存。对发往各地的航材，要求根据缓急程度，制订运输计划，急件要在24h内交运，一般航材及航空发动机在3天内提出运输计划。

4. 备件报关储运管理

1）正常备件报关程序

对其他国家或地区的订货和送修，备件采购部门将采购合同交给送修索赔部门，将送修合同递交报关部门进行报关。

报关部门可根据需要，在货源相对集中的区域选择运输或报关代理，向有关货代公司和报关行进行询价，本着节约成本、保证质量的原则，与其进行谈判并签订代理运输或代理报关协议，指定报关口岸及被通知人。

备件到达指定的进口口岸后，相应的被通知人通知报关部门，报关部门查看每天的到货情况，并做好记录，给报关行转去合同、品名及 AOG 情况通报，安排备件报关，特殊情况另行通知。

根据到货情况，分析并初步确定税率及监管条件。

报关部门及时跟踪备件的报关及报检情况，特别是 AOG 备件的通关情况，若遇到特殊情况，要与海关或出入境检验检疫局联系，并在需要时向其提供书面说明或报告。

备件完税放行后，由报关行将备件送至备件库房，库房管理员通知质量控制处对备件进行验收。

备件报关结束后，根据报关行转来的税单与其结算，将税单、报关单复印并录入计算机存档，报关单原件交备件采购员或送修索赔员，以便其办理货款支付事项。

2）非正常备件报关

AOG 备件采购：备件采购员应及时通知报关部门合同号、运单号及备件预计到达日期。

备件交换：原则上，备件交换的通关按照"先出后进"的程序进行办理。故障件出关时，备件采购员或送修索赔员事先向报关室提供国外收货人的详细地址及联系方式、合同、交换协议（书面），以便办理出口报关；交换件进关时，事先提供备件件号升级情况，以便办理进口报关，若属 AOG 备件，则应提前通知，按 AOG 备件进口通关程序办理。

备件索赔：故障件出关时，按正常出关手续办理报关；索赔件进关时，提前通知报关部门，并提供双方索赔协议、原进口报关单复印件、原进口合同复印件及备件件号升级情况，以便办理进口报关，若属 AOG 备件，则应提前通知，按 AOG 备件进口通关程序办理。

备件送修：备件送修也按照"先出后进"的程序办理通关。故障件出关时，送修索赔员事先向报关室提供国外收货人的详细地址及联系方式、合同、修理协议（书面），以便办理出口报关；修理件进关时，事先提供备件件号升级情况，以便办理进口报关，若属 AOG 备件，则应提前通知，按 AOG 备件进口通关程序办理。

3）备件税金、运费、报关杂费的审核与支付

（1）税金的审核与支付。目前，进口备件关税与增值税一般由报关行先行垫付，报关行将银行付讫盖章的税单送至或寄至报关室审核并办理付款事宜。遇到金额大的税单，由航空公司直接缴纳。税金的审核主要是指审报关备件是不是航空公司合同项下的备件、关税税后价格、关税税率等，审核无误由航空公司签字确认，并具体办理付款事宜。

（2）运费的审核与支付。目前，备件的国际运费分到付与预付两种。备件的到付运费一般由报关部门与航空公司的货运部门结算，后由其持航空公司的发票复印件、有关运单的复印件及报关行的发票到报关室办理审核付款事宜。运费的审核主要是指审所运备件是不是航空公司合同项下的备件、外币金额、外汇汇率、人民币金额等，审核无误后办理付款事宜。

国际运费的发票及运单经相关采购或送修索赔负责人确认后送至报关室，报关室审核后具体办理付款事宜。国际运费的审核主要是指审备件的计费质量、起止港等，根据运费标准审核运费及各种杂费是否合理正确，审核无误后由航空公司具体办理付款事宜。

（3）报关杂费的审核与支付。报关杂费主要是指报关费、机场费、退单费等与备件报关有关的杂项费用，遇到分舱单及直航 FOB 进口备件时费用会更多、更复杂。报关行持对账单、报关费发票及库房收货确认单到报关室办理结算事宜。此项费用一般与报关行按月结算。报关杂费的审核主要是指审报关备件是不是合同项下的备件，根据报价标准审核报关杂费的金额，审核无误后由航空公司签字确认并具体办理付款事宜。

5．备件收货管理

1）入库验收

库房管理员负责在备件到货后通知质量控制处备件入库验收人员对来料进行验收。验收合格后，库房管理员进行收料，纳入库房管理。验收不合格的备件隔离存放，按照送修索赔控制程序处理。订购的工具、设备到货后，库房管理员负责通知质量控制处备件入库验收人员对来料进行验收。

2）备件入库

经备件入库验收人员验收合格的备件，由库房管理员接收并填写收料单，库房管理员必须正确填写收料单，不得漏填、错填。收料单应按机型、可周转件、消耗件分别填写。同一件器材有不同件号的（有替代号的），不得作为同一备件进行管理，并应在收料单上注明。库房管理员查询计算机管理系统和器材卡片，确定原架位并在收料单上注明，将备件送至规定的库房和架位存放。若原来无记录，则选择合适的空闲架位存放，并在收料单上注明架位，在计算机管理系统和器材卡片上建立新增记录。备件仓库中的可用件、待修件和报废件必须分区域存放，严防混杂。备件存放应做到有利于生产、有利于管理、有利于安全和收发方便。

6．备件送修与索赔管理

1）送修合同的管理

航空公司一般都会与承修商手册中的维修厂家首先协商签订备件送修合同。

备件送修过程中，航空公司一般按先内场、后国内、再国外的原则进行，并根据备件的当前库存决定送修等级，送修合同分为 AOG 合同（保留故障或零卡停飞备件）、紧急合同、正常合同（尚有库存）。送修合同一般在 3 个工作日内输入计算机系统，AOG 合同则是立即输入。备件送修的方式包括内场送修、国内送修、国外送修。

对备件修理单位来说，收到备件送修单、备件送修合同或备件待修单后应核对接收备件与合同件号、序号的一致性；AOG 合同立即发出，紧急合同在 2 个工作日内发出，正常合同在 3 个工作日内发出。

2）送修合同的跟踪

航空公司应对送出的合同及时催修，等级高的备件重点催修，使备件在正常送修周期内返回。国外送修、国内送修、内场送修的正常送修周期有所区别。一般来说，国外送修最长，国内送修次之，内场送修最短。

对于紧急备件的合同，航空公司会提高送修等级进行催修，并根据日常领用及库存情况，提前做出节假日高价件催修清单进行重点催修，同时将信息通知飞机维修单位。

3）时控件送修管理

时控件是指有时限要求的装机备件（不含发动机/APU 本体）。待修时控件送至备件送修部门后，备件管理人员将根据库存情况和时控件更换计划，综合确定备件的送修等级。

4）备件索赔管理

航空公司根据备件拆装时间及故障现象等情况，确定并执行索赔工作。对于原装机备件，按购机合同规定，向 OEM 或飞机制造厂索赔；对于订购的备件，按订购合同规定，向备件供应商或 OEM 索赔；对于有修理记录的备件，按照修理记录向备件修理厂索赔。

航空公司发出索赔申请后，督促索赔厂商确认索赔是否成立。如果索赔不成立，则要求索赔厂商提供详细理由和相应的检测报告；同时，将索赔不成立备件的检测报告交工程技术部进行评估。

如果经修理厂商检测为无故障送修的备件，或者因机务维护不当而造成损坏的备件，则做好相关记录统计，并将信息及时通知质量保证部及相关飞机维修单位。

5）工时和相关费用的索赔管理

航空公司索赔部门根据工程指令的索赔要求，将收到的经核准的工时、备件消耗及其他费用的情况报告提交给航空公司主管部门，向厂家提出索赔申请。对于经厂家确认，同意索赔并要求自行安排修理排故的项目，将收到的经核准的工时、备件消耗及其他费用提交给主管部门，再向厂家提出索赔。同时，对索赔项目进行跟踪管理，并将厂家确认并发出的索赔补偿账单登记后提交给公司财务部门。

6）备件可靠性索赔管理

航空公司可靠性管理部门定期对备件的拆装情况进行统计，对拆装频繁、MTBUR 较低的备件，及时发出备件可靠性警告。同时，组织各有关部门对备件故障现象进行分析，并对备件使用维护情况、相关厂商的产品和维修质量做出综合评估，为备件的可靠性索赔提供技术数据，并且对确定为因产品质量原因导致 MTBUR 低于厂商保证数据的备件，提出可靠性索赔申请。

航空公司索赔部门则根据可靠性管理部门提供的数据进行机队 MTBUR 低的备件的索赔工作。因产品质量导致备件 MTBUR 低于厂商保证数据而造成库存短缺、影响正常生产的，与相关厂商联系，要求提供免费备件或交换件等解决方案。

第 10 章　全系统全寿命维修管理理论

科学技术的推动和使用需求的牵引，有力地促进了航空维修的发展，使航空维修从一种复杂的技艺性活动逐步发展为一种技术与管理相融合的综合性工程技术和管理活动，确立了航空维修的系统观。随着装备全系统全寿命管理理论研究和实践的深入，逐步形成了航空装备全系统全寿命维修管理理论。

10.1　航空维修系统概述

系统工程是 20 世纪开始兴起的一门涉及许多专业学科内容的边缘学科，它把自然科学、社会科学中的一些思想、理论、方法等根据系统整体协调的需要有机地结合起来，追求最优化的系统或系统目标。系统工程理论和技术方法在维修领域的应用时间并不长，直到 20 世纪 70 年代，随着航空装备系统结构的复杂化、使用和维修保障的规模化，系统工程的价值和作用才逐渐被认识，由此促进了航空维修改革，逐步树立了航空维修的系统观。

10.1.1　系统和系统工程

1. 系统

系统是具有特定功能，由相互间具有有机联系的许多要素所构成的一个有机整体，每一个要素可以称为单元，也可以称为子系统，同时它是另一个更大系统的组成部分。譬如，发动机是由燃油等子系统组成的，而发动机本身又是飞机这个大系统中的一个子系统。

2. 系统工程

系统工程是一门新兴的边缘交叉学科，尚处于发展阶段，还不成熟，至今还没有统一的定义。简单来说，系统工程是追求系统优化的一门学科。

系统工程既是一个技术过程，又是一个管理过程，是系统形成的有序过程。为了成功地实现系统优化目标，需要从系统整体出发，综合自然科学、社会科学等领域中的某些思想、理论、方法和技术等，在系统寿命周期内，应用定量与定性分析相结合的方法，对系统的构成要素、组织结构、信息沟通和反馈控制等进行设计分析。因此，系统工程是为实现系统优化目标而采取的各种组织管理技术的总称，是一种方法论。

10.1.2 航空维修系统

航空维修的基本目标是以最经济的资源消耗，保持、恢复和改善航空装备的可靠性和安全性，最大限度地保障航空装备的作战使用等各项任务的进行，即航空维修的价值形成于维修及其相关活动过程中，最终体现在航空装备作战使用任务的完成上。航空维修的保障特性和维修最终目标的唯一性，要求人们从系统的角度来观察航空维修。从维修对象来看，航空装备是一种高新技术密集、结构复杂的大系统，航空装备的有效运行建立在系统整体性能稳定、可靠的基础上，必须从系统整体的角度来认识航空装备。从维修环境来看，航空维修是在一种复杂、多变和恶劣的环境中开展的，这些环境因素直接影响维修工作的效率和维修质量，要求人们综合考虑这些环境因素对维修的影响，以减少不确定性因素，提高维修效率和效益。从维修活动来看，航空维修涉及不同层次、不同种类的维修活动，如外场不同专业的维修、不同级别的维修、航材备件的供应保障、维修人员的培训、维修改革、维修活动的组织管理等，只有将这些活动构成一个相互影响、相互作用的有机整体，才能高效地达成航空维修目标。因此，必须抛弃过去那种从孤立的、局部的角度来认识和理解航空维修的思想观念，从有机联系、系统整体的角度来认识和观察航空维修，逐步树立和深化航空维修系统的观念。

10.1.3 航空维修系统的特性

航空维修系统具有一般系统的基本特性，只有不断深化对航空维修系统特性的认识，才能更准确地把握和揭示航空维修系统的本质规律，推动航空维修系统的持续发展。

（1）整体性。整体性是指系统是一个有机整体，系统中具有独立功能的系统要素及要素间的相互关系应根据逻辑统一性的要求，协调存在于系统整体之中。这意味着任何一个要素都不能脱离整体去研究，要素间的关系也不能脱离整体去考虑。

（2）集合性。集合就是把具有某种属性的要素（或因素）看成一个整体，系统的集合性就是这种特性的反映。系统的集合性表明，系统是由两个或两个以上可以相互区别的要素所组成的，这些要素可以是具体的物质，也可以是抽象的或非物质的软件、组织等，但它们应构成一个有机的整体。

（3）相关性。相关性是指构成系统的各要素之间相互联系、相互作用的特性。相关性说明系统构成不仅应是完备的，而且应是有机联系和精干高效的。

（4）目的性。目的性是指系统的构建和运行都是为了达到一定的目的，而且目的一般是多维度、多层次的，有时甚至是矛盾的。目的性要求对系统目的进行系统规划和有效控制。

（5）环境适应性。环境适应性是指任何一个系统都存在于一定的环境中，它必然要与外部环境产生物质、能量和信息交换，外部环境的变化必然会引起系统内部各要素的变化，只有与环境相适应，系统才具有生命力，才具有可持续发展的动力。

10.2　航空维修系统工程

10.2.1　航空维修系统工程的界定

航空维修系统作为一种复杂系统，需要对一系列的过程活动进行统筹优化，实现以最经济的资源消耗来最大限度地满足航空装备作战使用的需求。随着科学技术、航空装备发展和维修环境的急剧变化，系统工程思想、理论和技术方法逐渐被引入航空维修领域，逐步形成了具有使用和维修特色的航空维修系统工程。

航空维修系统工程是以航空维修系统为研究对象，应用系统工程的理论和技术方法，从系统整体目标出发，研究并解决航空维修理论和实践问题，以实现系统优化的综合性工程技术和科学方法。航空维修系统工程着重研究和解决航空维修的思想、方针、政策、维修法规、体制编制、维修方式、维修方法、质量控制、维修革新、维修人才培养等问题，以现代科学技术成果和先进技术为依托，统筹规划，系统分析，民主决策，合理配置，科学管理，充分发挥并调动维修系统各环节、各部门、各组成要素的潜力和主观能动性，使系统结构合理、技术先进、运行高效、综合效益最佳。

10.2.2　航空维修系统工程的一般步骤和方法

航空维修系统工程为科学分析和解决航空维修问题提供了一种方法论。航空维修系统工程孕育于长期的航空维修工程管理实践，因此系统工程的技术方法可应用于航空维修系统工程。目前，在有关系统工程分析和处理问题的诸多方法中，最具代表性的为美国贝尔电话实验室的霍尔（A. D. Hall）于1969年提出的三维结构，它形象地概括了系统工程中的一般步骤与方法，为解决复杂的航空维修问题提供一般性思路和技术途径。

从航空装备寿命周期过程的角度来看，航空维修是该过程的一个有机组成部分，同时航空维修目标的达成是一系列过程活动的结果,可以应用时间维来描述;从航空维修所面临的问题来看,航空维修具有复杂的经济活动特征,由于维修环境的不确定性、维修目标的多重性和维修管理的复杂性,因此需要一种比较系统的、规范的解决问题的方法和工具手段,可以应用逻辑维来描述;从航空维修系统过程活动的角度来看,航空维修涉及诸多学科的专业领域,不仅需要有关航空装备的设计理论和技术,还需要维修所需要的专有技术和工艺、工具,以及数学、经济学、行为科学、管理学等学科领域的知识,可以应用知识维来描述。因此,霍尔的三维结构适用于航空维修系统工程。

1. 逻辑维

三维结构中的逻辑维也称思维过程,是指实施系统工程的每个工作阶段所要经过的基本程序,一般包括 7 个步骤,即明确问题、选择目标、形成方案、建立模型、方案优化、做出决策、付诸实施。

(1) 明确问题:通过调查研究、收集整理数据资料,明确问题的历史、现状、趋势和本质,为解决系统问题提供依据和信息资料。

(2) 选择目标:根据问题,提出解决问题需要达到的目标和评价标准,为后续备选方案的比较和评价提供标准和尺度。这一步骤也称系统设计。

(3) 形成方案:按照问题的性质和目标要求,探索并制定解决问题的可能的系统方案。这一步骤也称系统综合。

(4) 建立模型:通过建立模型对各备选方案进行综合分析。这一步骤也称系统分析。

(5) 方案优化:根据系统目标和评价标准,对各备选方案进行分析评估,给出各备选方案的优先排列顺序。这一步骤也称系统选择。

(6) 做出决策:根据备选方案评价的基本结论,综合考虑各种影响因素,从备选方案中选择一个或几个,或者对备选方案进行优化组合,确定试行方案。

(7) 付诸实施:将决策所确定的试行方案付诸实施,并对实施过程进行监控,不断反馈或修正上述各个过程中所出现的问题,准备进入新的系统工程阶段。

2. 时间维

时间维是指任何一项系统工程所必须进行的过程阶段(也称工作阶段),按时间顺序可划分成以下 7 个阶段。

(1) 规划阶段:根据系统目标拟定系统工程活动的方针、设想和规划。

(2) 拟订方案:提出具体计划方案。

(3) 系统分析:对各种备选方案进行分析,确定优选方案。

(4) 综合权衡:综合各种影响因素,运用定性与定量相结合的方法对优选方案进行综合评价和权衡。

（5）实施阶段：组织实施优选方案。

（6）运行阶段：系统按预期目标运行或按预定的功能和用途提供服务，即输出阶段。

（7）更新阶段：改进、更新原有系统，不断改善系统效能。

3. 知识维

三维结构中的知识维是指完成上述各阶段的工作所需的各种知识和专业技术。这些知识涉及系统学、管理学、经济学、工效学、概率论、数理统计、可靠性、维修性、保障性、测试性、安全性、信息技术、故障诊断、自动检测、人工智能、社会科学等。

10.3 全系统全寿命维修管理的内容体系

全系统全寿命维修管理从多维度、多视角对航空维修提供了技术和管理支持，为航空维修创造了良好的管理环境。

10.3.1 全系统全寿命维修管理的基本内涵

全系统全寿命维修管理集中体现了航空维修的目标需求，对航空维修实施全系统、全寿命、全费用的科学管理。

1. 全系统管理

一个完整的航空维修系统应包括确保系统在规定的工作环境下正常运行所需要的各种要素。按照综合保障工程理论，一个完整的系统应包括使系统的工作和保障可以达到自给所需的一切设备、设施、器材、服务和人员。航空维修系统的有效运转必须依赖于以下几种要素，即维修规划，人员数量与技术等级，供应保障，保障装备，技术资料，训练和训练保障，计算机资源保障，保障设施，包装、装卸、储存、运输和设计接口，这给出了航空维修系统静态的要素组成。从系统要素组成来看，并不是具备了这几种要素，就是一个完整的航空维修系统，这只是给出了航空维修系统的一个方面，更重要的是如何使这些要素相互匹配，在维修过程中发挥作用，这就需要采办机构、后勤保障机构、训练机构和科研机构等部门的协作支持，需要各级航空维修机构、不同维修专业的共同努力。除此之外，航空维修还受到战争条件、装备状态、人员、物资、环境等许多不确定性因素的影响，需要对这些不确定性因素进行有效的控制和管理。因此，航空维修的多因素、多变动的活动特点及其复杂的相互制约的系统组成，要求从系统的角度来认识和管理航空维修，实施全系统管理，即运用系统分析工具对航空维修系统及其相关过程活动、要素进行统一规划、全面协调和系统管理，以使系统规模适中、布局合理、结构优化、体系配套。

2．全寿命管理

全寿命管理是指对航空装备从需求论证到报废处理的整个发展过程，以作战使用需求为牵引，对航空维修系统进行统筹规划和科学管理，通过有效整合维修资源来实现维修目标与责任的动态创造性活动过程。在论证和设计阶段，综合权衡和统筹考虑航空装备的性能、可靠性、维修性、保障性，系统规划维修保障计划和维修保障方案；在生产制造阶段，实施科学、严格的质量控制，生产制造出高质量的航空装备，以及计划的、与航空装备匹配的各种维修保障资源（包括维修人员的培训等）；在使用和维修保障阶段，在部署和使用航空装备的同时，充分发挥航空维修系统的作用，通过分析航空装备可靠性、维修性及维修保障工作的数据资料，把握航空装备故障的规律特征，并持续改进维修保障系统，不断提高航空维修系统的效能；在退役（报废）阶段，通过对维修保障资源的综合评估，保留有效的维修保障资源，提出有关维修保障资源报废的技术性建议等。

3．全费用管理

全费用管理又称寿命周期费用管理。全费用是指重要武器系统在其预计的有效寿命期内，在设计、研制、生产、使用、维护和后勤保障方面已经或将要承担的、直接和间接的、经常性和一次性的费用，以及其他有关的费用之和。全费用管理是从全系统全寿命角度实施航空装备管理的一种系统管理方法，是从系统的角度，对航空装备寿命周期过程中不同阶段、不同类别的费用进行识别、量化和评价，以建立费用间的相互关系和确定各类费用对总费用的影响，从而为航空装备的费用设计和经济性决策提供依据，指导和改进航空维修管理，在航空装备寿命周期内以最经济的资源消耗完成航空维修使命。

全费用管理反映了航空装备使用和维修保障费用管理的客观需求。第一，全费用管理改变了传统的维修是一种消耗性活动的偏见，维修也是一种高回报的投资；第二，全费用管理指出了寿命周期费用的先天性，即全费用管理必须从设计入手；第三，全费用管理树立了费用管理的系统观，只有从全系统全寿命的角度对航空装备的使用和维修保障费用进行系统规划和科学管理，在装备决策论证和研制阶段就综合考虑维修问题，才能降低航空装备在使用阶段的维修保障费用，使所研制的航空装备不仅能买得起，而且能养得起、养得好。

10.3.2 全系统全寿命维修管理的主要观点

根据全系统全寿命维修管理的基本内涵，装备的性能水平是先天形成的，是设计出来的、生产出来的、管理出来的,因而必须从头抓起,对装备寿命周期过程实施科学管理,它在维修认识和实践上的主要作用体现在以下几个方面。

(1) 装备的固有性能,是设计赋予的、生产制造形成的、使用和维修体现的。
(2) 装备的固有特性,是航空维修工作的出发点和落脚点。
(3) 保持、恢复和改善装备的固有性能,是航空维修工作的一个主要目标。
(4) 实现装备的性能指标要求,是航空维修各有关部门的共同目标和任务。
(5) 采用先进的管理技术和手段,实现航空维修管理现代化。

10.3.3 全系统全寿命维修管理的组织

理论研究和实践证明,管理与组织相辅相成,密不可分。组织是管理的载体和对象,没有组织便不存在管理,管理效率取决于组织结构和组织管理。

1. 实行组织变革

全系统全寿命维修管理的基本特征是从系统和过程的角度来实施科学管理,追求的是系统整体目标的优化,而不是局部优化。因此,全系统全寿命维修管理首先必须实施组织变革,打破传统的、按部门划分的组织模式,建立以装备业务流程为对象的流程型组织。以装备作战使用需求为牵引,以组织目标为驱动,以航空装备寿命周期过程为对象,通过对装备维修业务流程的整合和优化,将被割裂的流程和组织要素重新组合,构成一个连续的完整的流程,最终实现管理绩效的根本性改善,并逐步形成一种追求卓越的团队管理模式和管理环境。

2. 建立综合产品组

全系统全寿命维修管理强调及早考虑、各个活动并行交叉进行、面向过程和面向用户、系统集成与整体优化等。要达成这样的管理效果,各方、各部门必须整体协作,这将导致大量的信息交流和沟通,而且这些信息交流和沟通是多向的。因此,建立一个有利于信息交流和沟通的组织模式是实施全系统全寿命维修管理的基本要求。

在全系统全寿命维修管理中,IPT(Integrated Production Team,综合生产团队)一般分为三层:顶层 IPT、工作层 IPT 和项目层 IPT。顶层 IPT 主要负责装备发展的战略决策、战略指导、管理决策和评估,以及解决一些重大问题;工作层 IPT 主要负责确定和解决装备发展过程中的问题,完成装备的技术状态、管理策略和管理计划的制定,审查和提供各种文件素材等;项目层 IPT 主要负责装备研制工作,通常以装备型号为中心进行组建,成员包括各专业人员,如设计、制造、工艺、可靠性、维修性、保障性、安全性、使用和维修保障等方面的人员。

3. 重视法规和条例建设

全系统全寿命维修管理作为一种新的管理模式，必须从传统的局部或分散的管理观念转变到全局和全系统全寿命管理的认识上来，真正实现使用需求牵引，真正体现使用方的主导地位，真正树立用户第一的观念。

4. 加强人才队伍建设

全系统全寿命维修管理是一种综合的系统管理模式，其管理成效在很大程度上取决于全系统全寿命管理队伍的素质。航空装备高新技术密集、结构复杂等特点，进一步提高了航空装备全系统全寿命维修管理人员的素质要求。全系统全寿命维修管理人员不仅要具有高度的责任感和敬业精神，还要掌握全系统全寿命管理的法律、法规、政策、条例、程序及相关专业技术等。因此，全系统全寿命维修管理必须加强人才队伍建设，注重相关人员的培养和使用，以满足全系统全寿命维修管理的需求。

第 11 章　航空发动机维修工程的信息化管理

航空维修信息管理是航空维修信息收集、传输、处理、使用等过程中思想、方法和技术手段的总称,目的是通过对信息的管理,为航空维修管理部门提供有效的信息服务,以便实施有效的管理决策。航空维修信息管理的工作流程包括信息的收集、处理、存储、反馈与交换,以及信息利用情况的跟踪。信息的价值和作用只有通过信息流动才能实现,因此,对信息流程的每个环节都要实施科学的管理,保证信息的畅通。

11.1　概述

航空发动机维修工程是一项重大而复杂的系统工程,而且多型、跨代、小批量、多机种、并线作业的特征越来越突出,管理难度和技术难度也越来越大,按传统模式进行管理越来越困难。在计算机网络和通信技术高速发展的今天,实现航空发动机维修工程全型号、全过程、全寿命周期的管理,以先进信息技术为手段,构建系统集成管理平台,促进管理创新,达到管理目的,已经成为当务之急和时代之需。其核心是通过人和信息系统的完美结合,充分利用信息技术,集成人、机、料、法、环、测等要素,实现资源的合理配置和高效流动,达到航空发动机维修工程管理"系统最优化"的目的。

本章所论述的航空发动机维修工程信息化系统,正是为适应以上需求,将现代信息技术与维修工程管理的理念相融合,以航空发动机维修和服务保障为主线,围绕数字仿真和 ERP 两个核心平台所建立的集航空发动机维修作业、质量信息和售后服务、管理决策支持、人力资源、财务等为一体的信息化系统。该系统的建设,有助于转变传统的维修工程管理模式,整合内外部信息资源,强化发动机维修过程中的各种资源保障,均衡生产任务的执行,缩短维修周期,加强质量控制,降低成本,提高航空发动机维修工程的效率和效益。

信息化系统主要针对航空发动机维修工程当前存在的问题、发展需要与系统集成的要求，高度促成信息化系统中人、硬件、软件和数据资源四大要素的集成融合，为工程管理提供信息技术支持和知识管理服务。主要要求如下。

1. 解决现实问题

现实问题包括航空发动机维修工程当前呈现出的多型、跨代、小批量、多机种、并线作业的柔性化管理问题，专业化修复和再制造的复杂技术问题，以及覆盖发动机全型号、全过程、全寿命周期的全面管理问题，要求以先进复合的信息平台提高维修工程管理水平。

2. 支撑发展需要

未来，航空发动机多型、跨代、并线作业的特点将越来越突出，新技术、新工艺、新材料将不断涌现，用户的要求和期望也会越来越高，要求维修工程信息化系统主动适应航空发动机维修工程的发展趋势。

3. 实现系统集成

信息化系统必须及时准确地收集、加工、存储、传递和提供涉及维修工程需求分析、立项论证、维修准备、产品试修、维修运行、（维修技术）升级改造各个阶段，工程启动、计划、执行、控制、收尾各个管理过程，以及产品链与资源管理知识领域各个方面的信息，实现工程中各项活动的信息化统筹和有效的管理、协调与控制。

基于以上需求，本章以支撑航空发动机维修线建设、维修及再制造技术研发、维修及再制造作业为出发点，从航空发动机维修工程信息化系统的策划、实施和改进三方面，对信息化技术平台的基本架构、建设内容和发展方向进行探索与研究，并对数字仿真平台、ERP 系统及航空发动机维修作业文件管理系统、质量信息和售后服务系统、管理决策支持系统、人力资源管理系统、财务信息管理系统等进行重点阐述。

11.2 航空发动机维修工程信息化系统的策划

11.2.1 需求分析

随着以基于状态的（视情）维修为主导的维修策略转变的不断推进，航空发动机维修工程管理由笼统维修向分类维修、由换件维修向深度维修、由经验维修向科学维修、由故障维修向预防维修转变，对维修工程信息化系统提出了更高的要求。与此同时，现代信息化和数字化技术得到了迅猛发展，先进信息技术的发展和应用是提高航空发动机维修工程建设与管理水平的重要技术条件。航空发动机维修工程信息化系统的建设，就是将先进的信息化技术与自身的管理要求相结合，与自身业务流程无缝集成，实现工程管理信息化的过程，以满足航空发动机维修工程管理的以下主要需求。

1．满足多型、跨代航空发动机并线作业的柔性化维修需求

航空发动机维修工程面临多型、跨代、多机种、小批量、并线作业的复杂环境，单凭人力已无法满足维修工程管理的要求，必须依靠先进的信息技术，通过构建适应航空发动机柔性化维修特点、覆盖整个维修作业系统的信息化平台，实现工艺文件电子化、修理过程电子化、维修记录电子化，达到维修指导实时、防差错设计完善、数据记录规范、成本分析准确的要求，做好与上下游部门的数据对接，建立动态整合工厂资源的应用管理平台，全面驱动维修作业流程，指导ERP系统进行生产组织和运营。在此基础上，通过发动机维修作业数字仿真及管理验证，使柔性化维修得到进一步增值。

2．满足关键零部件的专业化维修需求

针对关键零部件修复和再制造的专业特点和特殊要求，需要通过信息化手段，形成故障数据库，作为整个再制造逆向作业和逆向物流的基础支撑，并通过信息化管控，实现关键零部件修复和再制造全寿命周期的产品技术状态、工时定额、物料消耗和准备的可控、可查、可溯，为实现装备的全寿命周期管理奠定基础。

3．满足全型号全寿命航空发动机维修的集成管理需求

航空发动机维修工程建立的全型号全寿命系统集成管理模式，需要通过信息化技术覆盖航空发动机所有在修型号及其全寿命周期涉及的各个管理领域，搭建一个高效、集成的信息平台。然而，仅仅引入和不断更新先进的信息化技术是无法解决航空发动机维修工程发展带来的问题的，需要将人和信息系统完美结合，使人与计算机系统无缝集成，也就是将人的行为意识与管理业务流程的信息系统整合为一体，将维修单位的采购、库存、维修、销售、质量、技术、财务核算、设备和人力资源等进行集成管理，发挥系统集成、人机合一的最大效能。

4．满足用户对周期、质量、成本的要求及更高的超值化服务需求

一方面，信息化系统要全力满足用户对新产品研发和产品交付周期、质量、成本提出的更高要求。对于新产品研发，随着计算机数字仿真技术的发展和虚拟现实技术的产生，可以将基于手工和经验的设计规划转变为基于计算机仿真和优化的精确可靠的规划

设计，以满足更好、更快完成新产品开发的需求；对于产品交付周期，可通过信息技术直观、全面地反映发动机在维修现场的进度和相关技术质量问题，有利于解决维修过程及周期的合理控制问题；对于产品质量，可以利用先进的信息技术手段，推进维修模式数字化变革，从而有效防止人为差错，提高现场工作质量和产品质量；对于维修成本，从全寿命周期保障费用控制来看，如果没有信息化系统的辅助，很难保证航空发动机维修成本管理的精确性，因此在设计维修工程信息化系统时就要系统筹划包括成本核算等相关需求。另一方面，信息化系统还要全力满足为用户提供超值化服务的需求。例如，通过建立基于信息化平台的故障数据库，为维修产业链前伸提供支撑，以便将故障信息反馈应用到研制、生产过程中去，提高航空发动机的可靠性、安全性、经济性；建立远程故障诊断及数字化维修系统，为维修产业链后延提供支撑，以便通过网络实现异地远程协作，为诊断和维修提供数据支持等。

11.2.2 目标任务

1. 主要任务

为满足上述对信息化系统的需求，建立数字仿真平台、ERP 系统两大核心平台，分别集成性能仿真、工装设备仿真、装配仿真、工艺仿真、数字化制造、布局规划仿真、产品数据管理系统 7 个方面的数字仿真应用，以及维修计划、维修作业、供应链、财务、人力资源、设备、外场服务保障、管理决策、办公自动化（OA）9 个子系统。通过这两个涵盖技术和管理的综合性信息平台，共同支撑航空发动机维修工程中的航空发动机维修线建设、维修及再制造技术研发、维修及再制造作业活动，如图 11.1 所示。

ERP 系统和数字仿真平台两个平台之间主要有互补、互通和互融 3 种关系。

1) 互补关系

数字仿真平台对维修及再制造技术研发、维修及再制造作业活动进行动态演示模拟，评价、预测并验证产品的最终状态，从而确定最佳维修方案，指导维修人员的实际维修工作，并由此建立丰富的维修方案数据库，避免重复的排故和不必要的维修过程，节约大量的人力、物力、财力，提高航空发动机维修技术水平。ERP 系统以计划与控制为主线，集销售、采购、制造、成本、财务、服务和质量等管理功能为一体，以市场需求为导向，实现内外资源优化配置，消除生产经营中一切无效的劳动和资源，实现信息流、物流、资金流的集成并提高竞争力。前者为航空发动机维修提供技术支撑平台，后者为航空发动机维修提供资源管理平台，互为补充。

2) 互通关系

数字仿真平台与 ERP 系统均是基于先进的信息化技术的航空发动机维修工程重要平台，是两个同时需要和录入海量历史实时数据的信息库，共同满足航空发动机维修线建设、维修及再制造技术研发、维修及再制造作业活动的信息需求。数据信息可在两个系统间任意平滑流动，共同构建起完整的信息价值链，为航空发动机维修工程提供大量、交互、即时、精准及个性化的信息保障服务。

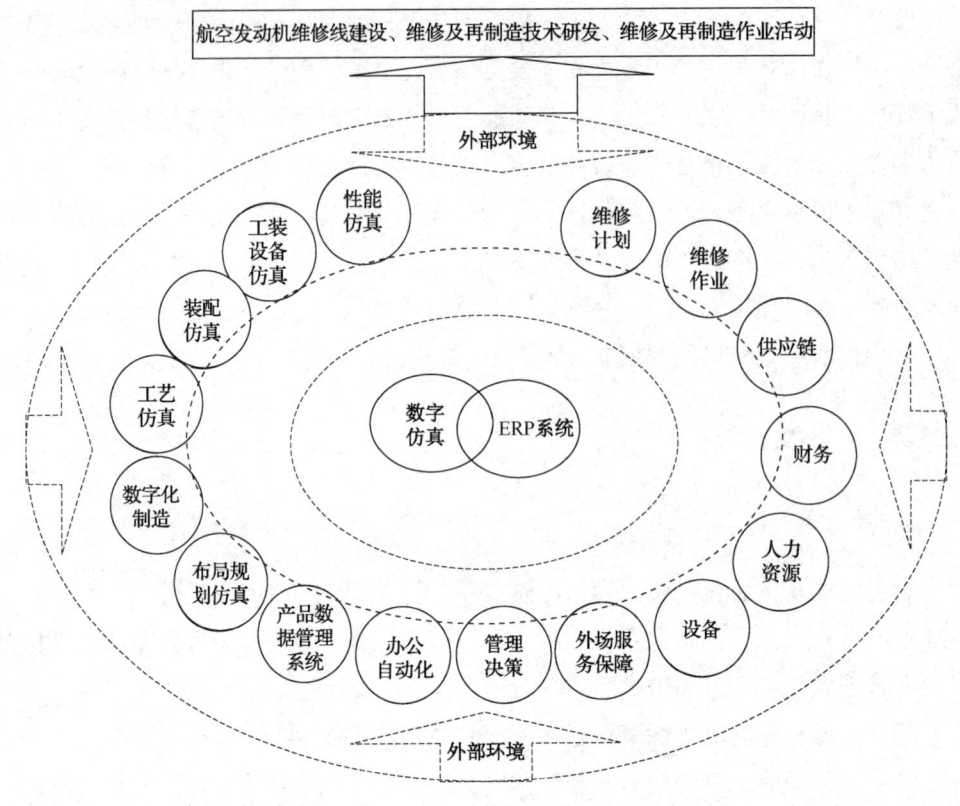

图 11.1　航空发动机维修工程信息化系统示意图

3）互融关系

数字仿真平台是一种涉及科学计算、工程设计、产品研发等的数值计算，而 ERP 系统是一种业务流程抽象化和模型化的信息化管理应用的非数值计算，二者在信息化工程应用和管理应用两个方面互相融合。具体来讲，数字仿真平台中有关基础数据、作业流程、工艺指导等信息是 ERP 系统运行的基础条件，ERP 系统收集的装备在维修过程中的产品信息、故障信息又是数字仿真平台的输入，支撑其技术研发、工艺编制方面的改进工作。

2. 总体目标

航空发动机维修工程信息化系统建设的总体目标不仅要充分考虑信息系统间的高度集成，还要达到"人和信息系统的完美结合"，实现"人机交互"和"人机合一"，进而考虑对人、机、料、法、环、测各类资源的集成，并逐步实现维修与设计、制造、用户四位一体的信息互联互通的高度系统集成（见图 11.2），实现航空发动机维修活动程序化、维修信息电子化、维修决策数据化、维修技术智能化，建立起高速、安全、可靠、实用的数据链和数据平台，促进维修工程管理创新。

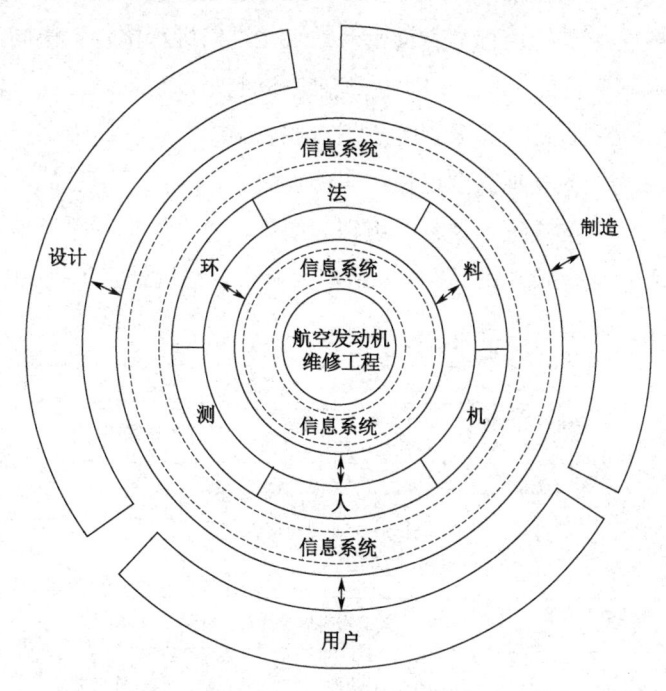

图 11.2　航空发动机维修工程信息化系统集成示意图

11.3　基于 ERP 系统的信息化系统实施

ERP 系统利用计算机技术，把物流、人流、资金流、信息流统一起来进行管理，把用户需求和内部的生产经营活动、供应商的资源整合在一起，为决策层提供解决产品成本问题、提高作业效率等的一系列方案，它是能完全按用户需求进行经营管理的一种全新、有效的管理方法。ERP 系统强调对工程管理的事前控制能力，把设计、制造、销售、运输、仓储和人力资源、工作环境、决策支持等方面的作业，看成一个动态的、可事前控制的有机整体，并将上述各个环节整合在一起，从而实现信息数据标准化、系统运行集成化、业务流程合理化、绩效监控动态化、管理改进持续化的目标。它的核心是管理现有资源，合理调配和准确利用现有资源，提供一套能够对产品质量、市场变化、客户满意度等关键问题进行实时分析、判断的决策支持系统。ERP 系统将内部所有资源整合在一起，对采购、生产、成本、库存、销售、运输、财务、人力资源进行规划，从而达到最佳资源组合，取得最佳效益。

航空发动机维修工程 ERP 系统建设，要以提升航空发动机维修和服务保障能力为核心,充分利用 ERP 系统先进管理思想和信息技术,建立符合自身业务特点的资源信息集成管理系统,将航空发动机维修计划、维修作业、质量控制、供应链管理、设备管理、人力资源管理、财务管理和远程故障诊断及数字化维修进行整合、协同,达到系统高度集成、数据充分共享的目的。通过 ERP 系统来完成航空发动机维修业务信息和数据的接收、传递、处理、控制、统计、分析等过程,控制采购、库存、维修、销售、质量、技术、财务核算、人力资源管理的全过程,实现物流、资金流、信息流的统一,有效支撑航空发动机维修工程中的决策、计划、组织、指挥、协调与控制等活动,从而全面提升航空发动机维修和服务保障能力。图 11.3 所示为航空发动机维修工程 ERP 系统处理信息及数据流程图。

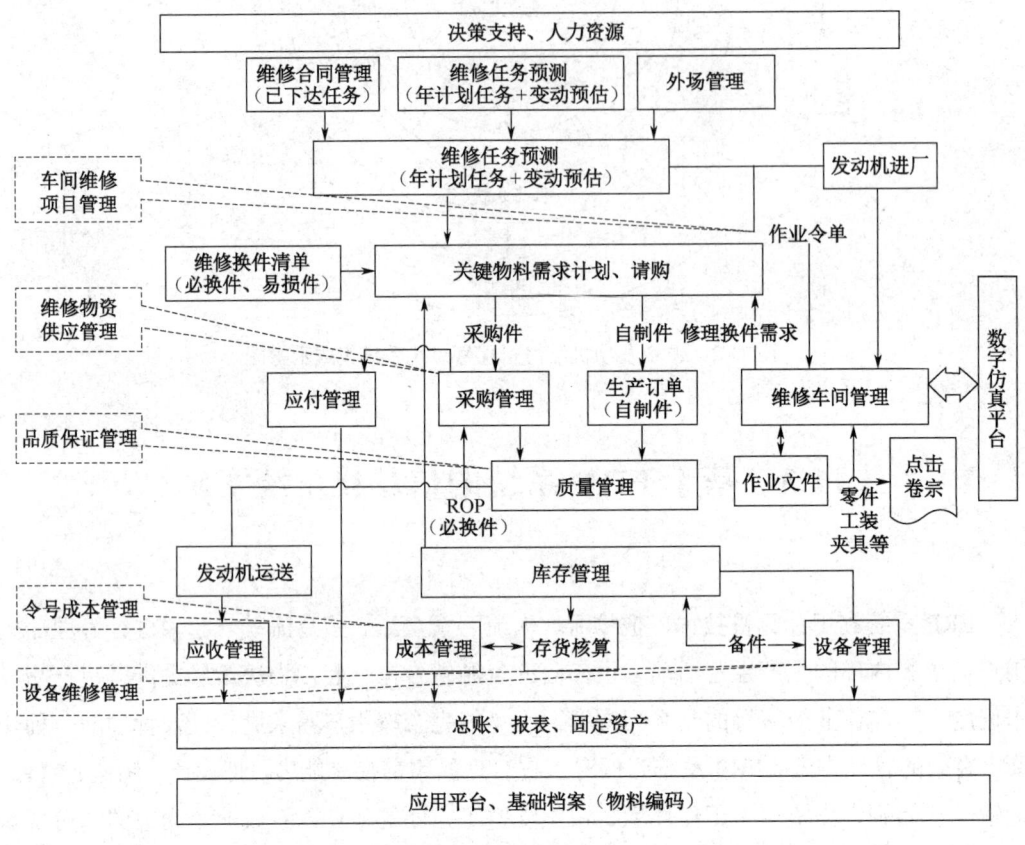

图 11.3 航空发动机维修工程 ERP 系统处理信息及数据流程图

11.3.1 维修计划执行系统

维修计划执行系统是 ERP 系统的核心部分,主要由维修计划管理和车间维修管理组成。它是一个以计划为导向的先进的维修计划执行和管理系统。它将航空发动机维修过程有机结合在一起,使维修流程能够前后连贯进行,而不会出现维修脱节,耽误交货时间;并与供应链管理协同,有效提升物资保障能力,降低库存,提高维修计划执行效率。

1. 维修计划管理

维修计划管理是以管理人员为主的人机交互系统，它由基础数据管理（包括维修BOM、工作中心数据、工艺路线等数据）、生产计划（Production Planning，PP）、主生产计划（Master Production Schedule，MPS）、物料需求计划（Material Requirements Planning，MRP）、粗产能计划（Rough Cut Capacity Planning，RCCP）、能力需求计划（Capacity Requirements Planning，CRP）、库存管理（Inventory Management，IM）、采购管理（Procurement Management，PM）、车间作业控制（Shop Floor Control，SFC）等关键环节和辅助模块组成。编制合理的维修计划是有效执行维修任务的基础，维修计划编制是由上到下、由粗到细进行的，具体过程如下。

（1）编制生产计划，确定航空发动机的产量和产值。

（2）编制主生产计划，规定在计划时间内，每一个生产周期中航空发动机的维修计划生产量。

（3）编制物料需求计划和能力需求计划。在充分考虑现有库存的前提下，对维修BOM中的自制件编制生产计划，对外购件编制采购计划。用能力需求计划对生产计划的编制进行验证，以及对工作中心生产负荷与能力进行平衡，并提供信息反馈。无法平衡时，可以向上改动主生产计划，重新计算。

（4）下达订单。对自制件下达加工订单（包括再制造处理），对外购件下达采购订单。

（5）编制车间作业计划，按工艺路线开始执行。

计划由下向上执行，当发现问题时逐级向上进行修正，从而形成一个科学的闭环系统，保证计划的可行性和准确性。维修计划管理的逻辑流程图如图11.4所示。

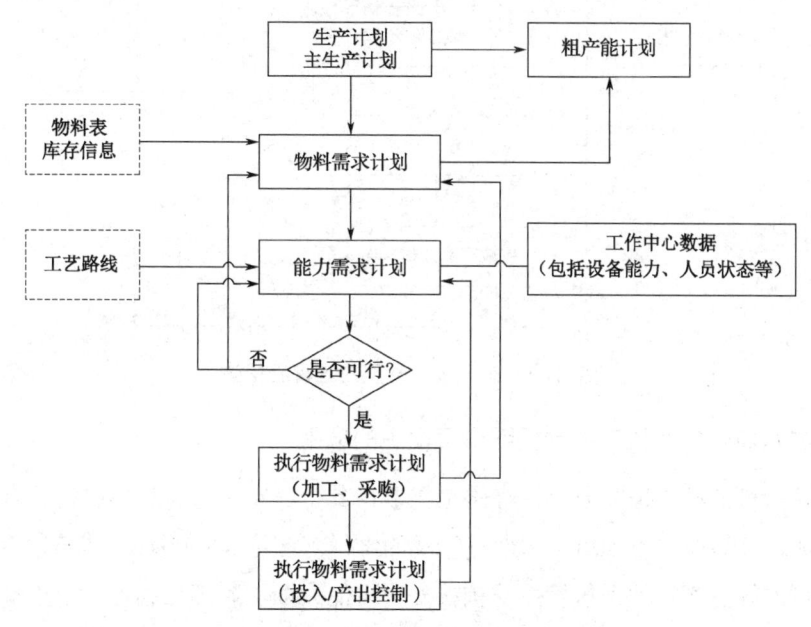

图11.4 维修计划管理的逻辑流程图

2. 车间维修管理

车间维修管理处于 ERP 系统的计划执行与控制层，作用是管理车间的维修准备情况，监控车间现场和计划的实施。其管理目标是按物料需求计划的要求，按时、按质、按量与低成本地完成加工制造任务。其主要依据物料需求计划、工艺路线与各个工序的能力编制工序加工计划，下达车间任务单，并控制计划进度，最终完成产品油封入库，如图 11.5 所示。其主要内容如下。

（1）按物料需求计划生成车间任务。

（2）生成各工作中心的加工任务，进行作业排序。

（3）下达生产指令，进行生产调度、生产进度控制与生产作业控制。

（4）进行投入/产出控制。

（5）登记加工信息。

（6）实施在修品管理。

（7）进行统计分析。

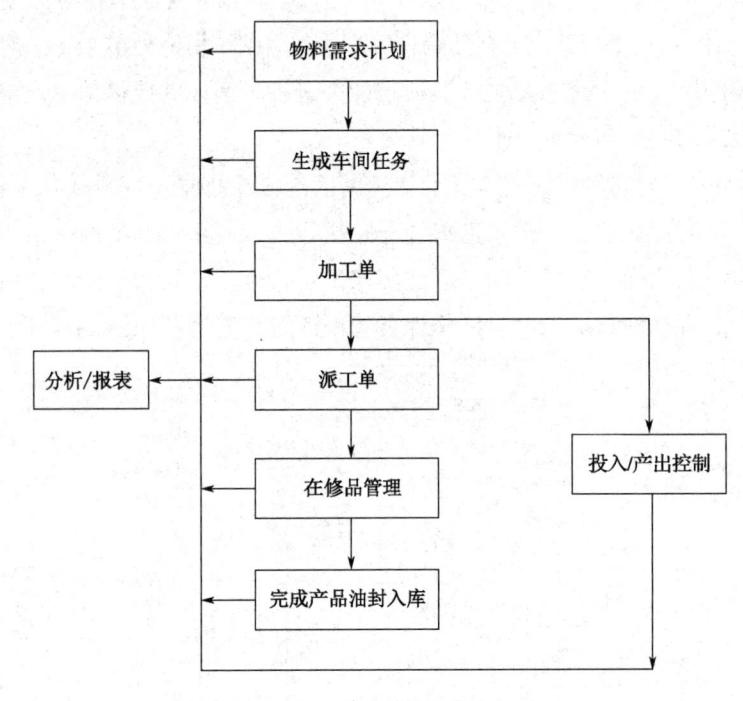

图 11.5 车间维修管理的逻辑流程图

3. "二八原则"在航空发动机维修工程中的应用

航空发动机的结构极其复杂，维修工艺多，其生产管理与传统制造行业有非常大的差异。例如，某型航空发动机主体部分涉及的维修工艺达 8000 余项，零部件有上万个。航空发动机维修生产管理系统管控的颗粒度不可能太细，若细化到每一个末端零件的状态，则为之付出的管理成本将是巨大的，系统易用性不强，实施风险难以控制。因此，传统制造行业采取的"零件下面挂工艺"的生产模式不再适应航空发动机维修工程管理的需要。航空发动机维修工程管理采用"工艺下面挂零件"的维修作业管理模式，并按照"二八原则"，抓大放小，突出重点，在完成生产与物资、财务相关信息整合的同时，对航空发动机中的关键重要件进行有效管控，减少人机信息交互时间，更能满足多机型、小批量的航空发动机维修工程管理模式的需要，提高系统运行效率，从而有效增强航空发动机维修计划执行的管控能力。

4．拉式作业在航空发动机维修工程中的应用

拉式作业来源于JIT（Just In Time，准时生产制造）理论，它能实时响应实际维修需求，是一种由下游向上游提出实际维修需求的生产控制方法。当工作计划下达后，下道工序向上道工序领取本工序所要的产品进行维修。当上道工序的加工组件数量不能满足下道工序的组装要求时，产生需求信息，常用看板来传递工序间的需求信息与库存量。其特点是分散控制，具有较好的适应性，可实现按实际需求进行生产作业，提高了生产计划执行系统的效率。图11.6所示为拉式作业管理流程。

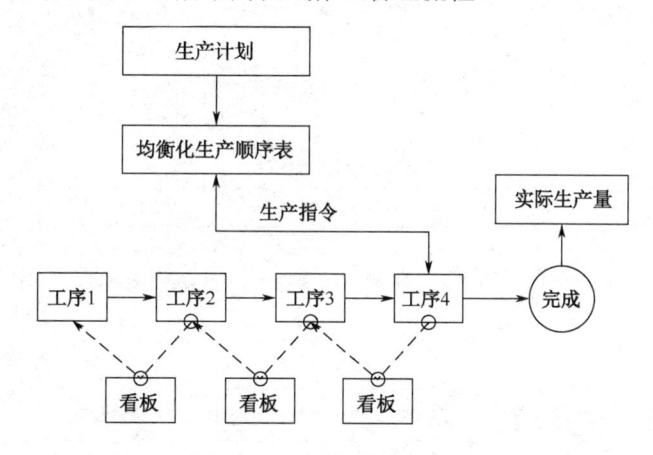

图 11.6 拉式作业管理流程

在航空发动机维修工程中采用拉式作业方式，建立以组织、车间、班组三级维修计划管理体系为主线的富有航空发动机维修特色的维修计划执行系统，使现场作业者、生产管理人员、领导决策层实现全面协同。在维修计划执行层面，通过看板（发动机整体进度看板、车间看板、班组看板）直观、实时地反映维修进度、工序间的需求信息与库存信息，以及现场缺件、质量、技术、工装设备、进度5类异常信息，由各级生产管理人员进行计划执行情况的监控和调整，减少维修任务的排队等候时间，提高工作效率。同时，通过班组看板，使维修班组明确知道本班组现在的工作任务、未来即将安排的任务，为维修人员提供工作指引，便于维修人员合理安排工作。

各车间工段通过维修管理系统的应用，及时准确地采集生产质量、进度、能力信息，突破发动机维修过程中各工序执行的信息瓶颈，为生产管理部门掌握一线维修状况、了解任务分配情况等提供有效工具，为生产调度人员做出合理的生产调度提供准确信息，实现各工段拉式现场管控，提高工作效率；同时，促进业务流程的持续优化，推动业务流程趋于合理化，为统筹生产计划、加强维修成本的分析和控制、下达维修指令提供准确的数据来源，为提高航空发动机维修的质量和柔性、降低生产成本、缩短维修周期提供保障。

11.3.2 维修作业管理系统

维修作业管理系统是以航空发动机维修管理为核心的维修作业系统，是 ERP 系统的重要组成部分，主要将航空发动机维修电子工卡、工时定额、操作要求、检验检测、配套清单、设备在线测控等纳入管理，实现工艺文件结构化、工艺可视化、维修过程电子化、维修记录电子化的建设目标，与维修计划执行系统无缝集成并协同工作，全面驱动维修作业的执行，不断提高工艺管理水平，有效指导维修计划执行系统进行维修任务组织和管理，达到实时维修指导、防止人为差错、规范记录数据、精确成本控制的要求，全面提高航空发动机维修工程的运转效率。图 11.7 所示为维修作业管理系统的总体框架图。该系统的主要内容如下。

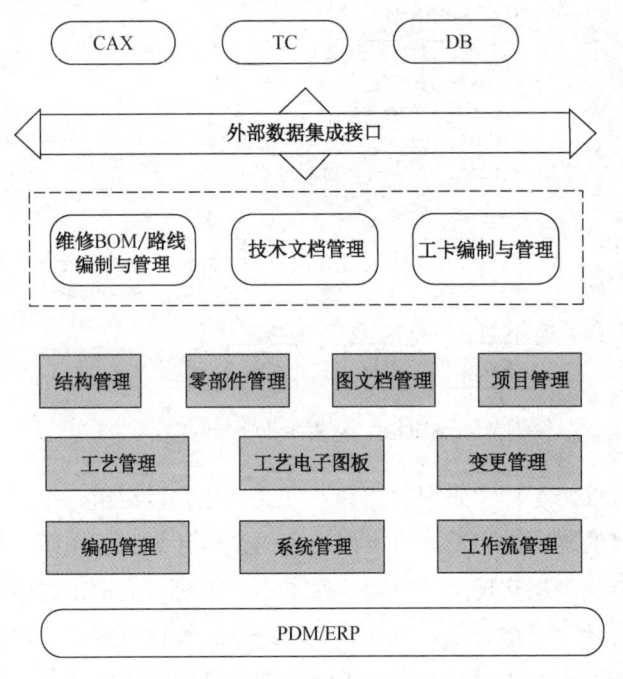

图 11.7 维修作业管理系统的总体框架图

（1）建立以技术文件为基础的工卡编制平台，实现工艺文件电子化。建立符合 S1000D 等规范的交互式电子技术手册编制模块，形成以交互式电子技术手册为基础的电子工卡，记录整合装备维修所需的存货登记、工装设备、人员信息等，实现工艺文件电子化管理（三维可视化工艺和仿真视频），并对技术文件的执行进行跟踪管理，在评审中可对电子文件进行反签，大大提高技术人员的工作效率，规范技术体系文件管理，有效支撑维修作业对技术文件的执行（见图11.8）。

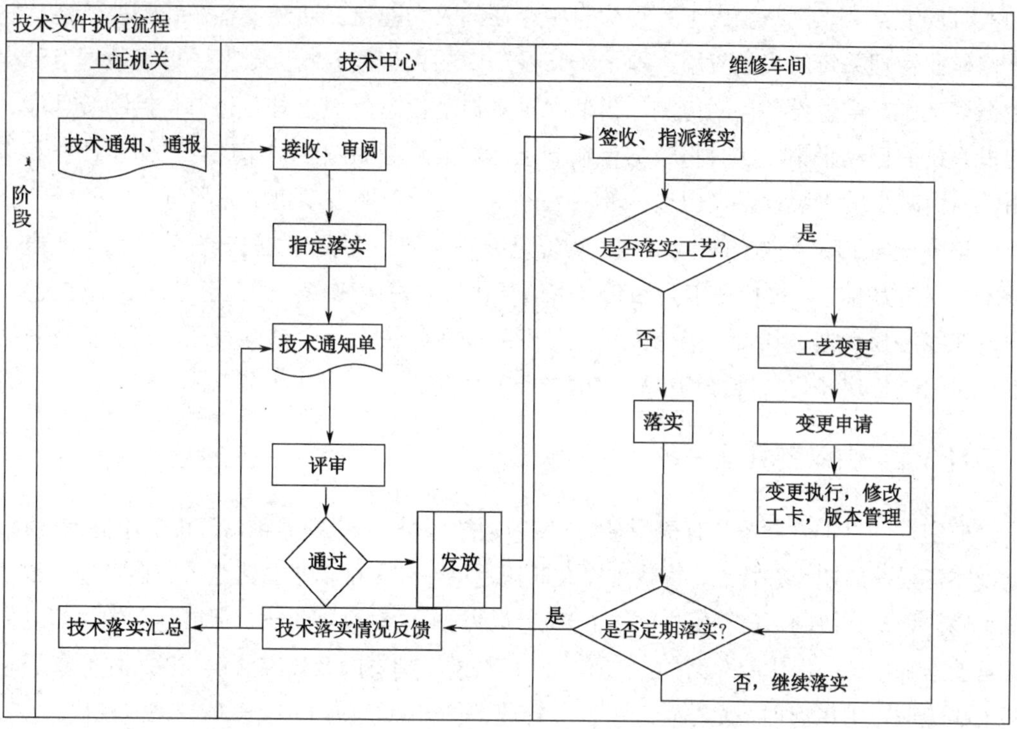

图 11.8　技术文件执行流程

（2）建立以维修任务为对象的作业指导平台，实现维修过程电子化。建立由维修BOM、工艺路线、可视化工艺、定额信息、质量要求、人员资质要求和维修过程计划、实施等要素组成的作业指导平台，并将信息实时传递到生产现场，使生产维修围绕定义的维修过程、工艺路线进行有机的组织和管理。现场操作者依照维修需求、工作指令、工艺技术要求、可视化工艺、资源管理、配置驱动和工作范围在工卡平台中开展维修工作，同时将设备在线测控数据采集到工卡平台中应用，并与ERP系统有机整合，互相协同，达到作业指导平台与ERP系统维修任务执行的无缝对接，有效指导维修人员的操作，减少人为差错，确保维修质量。

（3）建立项目管理模式的维修管理平台，实现维修记录电子化。按照ERP系统派发的维修令号，通过对作业文件电子化系统中建立的维修BOM和工卡进行实例化，以项目管理模式组织实例的生产排产和维修作业过程。ERP系统根据实例数据安排作业计划，现场操作者在ERP系统中通过在线方式查收作业任务，并按工作范围、资源分配和维修流程开展工作；ERP系统将作业文件电子化系统的接口提供给现场操作者，便于现场操作者在工卡平台中填写操作数据、检验数据及完工状态，实现维修记录数字化控制和管理。

（4）建立面向智能化的设备在线测控信息化集成应用。对维修过程中的关键设备运用数字控制技术、人工智能技术开展技术改造，实现设备在线测控数据的智能化采集和监测，将测控数据实时反馈到作业文件管理系统中，实现各项维修监测数据、分析数据的实时反馈、共享，减少人工目视检查中存在的人为差错。通过设备在线测控信息化与维修作业管理系统的集成应用，取消维修过程中的人工读取测量数据、填写数据及计算数据等工作，实现设备自动检测、自动记录、自动信息处理、自动调节与控制等功能。通过系统的自动采集，实时将数据传输到维修作业管理系统数据库进行存储、计算和调用，从而减少因工装设备使用造成的人为差错，提高航空发动机维修质量。

该系统与ERP系统的集成应用，实现以维修计划为主线，以航空发动机交互式电子技术手册为基础，以维修工卡为纽带，用信息化技术对维修所需的工艺技术、工艺装备、设备在线测控数据、物资、维修人员、作业时间等信息进行全过程管理，建成信息数据电子化、过程实时化、维修精细化的信息管理系统。

11.3.3 供应链管理系统

航空发动机维修业务具有机型多、维修周期长，物资需求随着维修深度的不同而变化，以及物资采购周期长等特点，物资难以及时满足维修业务的需求。建立供应链管理系统并与维修计划执行协同，在物资供需之间形成缓冲区，缓解供需矛盾，保证稳定的物流支持正常的维修生产，优化库存结构。这是一种相关的、动态的及真实的供应链控制系统，包括采购管理、销售管理、库存管理、合同管理、供应商管理和外委管理等功能模块。

1. 库存管理的"礁石"原理

"礁石"原理（见图11.9）是将库存比作"水位"，"水位"过高时往往看不见海底众多的"礁石"，"水位"（库存）是有成本的，并且由"船只"（单位）来承担，高库存将直接导致高成本，管理者应考虑降低库存，但在"礁石"没有清除的情况下，"船只"无法航行，甚至会触礁沉没。因此，过高的库存水平和众多的管理问题之间就形成一种恶性循环。航空发动机维修工程库存管理采用"礁石"原理，设定合理的库存量并加以改进，从而优化库存结构，减少呆滞品，降低管理成本。

2. "以需定购"的供应链管理

建立"以需定购"的供应链管理系统，对生产物资从需求计划制订、采购、入库到出库结算进行全程闭环控制，并通过ERP系统建立以维修计划为指令、采购计划为依据的物资需求预测机制，尽可能地为物资备件的采购提供提前期。同时，对中长采购周期物资按"定额"采购，短周期、辅助材料按维修计划的执行情况及时反馈采购需求信息，形成"以需定购"的采购模式，促使采购管理更加严谨、高效；在计划管理上，取消手工计划，提高计划的准确性和可靠性；在采购管理上，通过供应商评估（事前）、价格管理（过程）、成本分析（事后），以及对采购物资实行竞价比价、独家供应商历史追踪等方式，实现严格的价格管理，通过实行ERP系统审批、入库，防止乱采乱购和质次价高物资流入生产领域，并对合同执行情况进行追踪及归零管理，达成降低采购成本、优化库存结构、提高物资备件保障能力的目标。供应链管理系统的业务流程如图 11.10 所示。

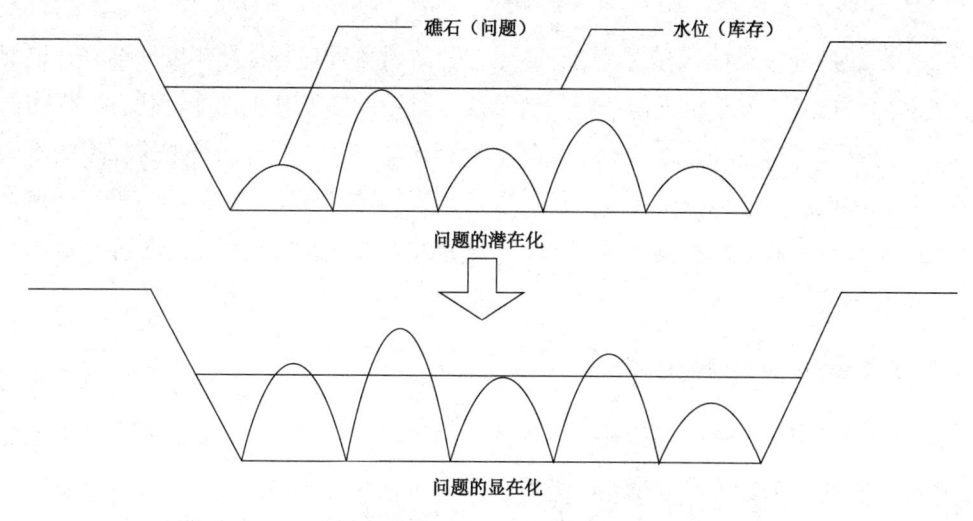

图 11.9 "礁石"原理

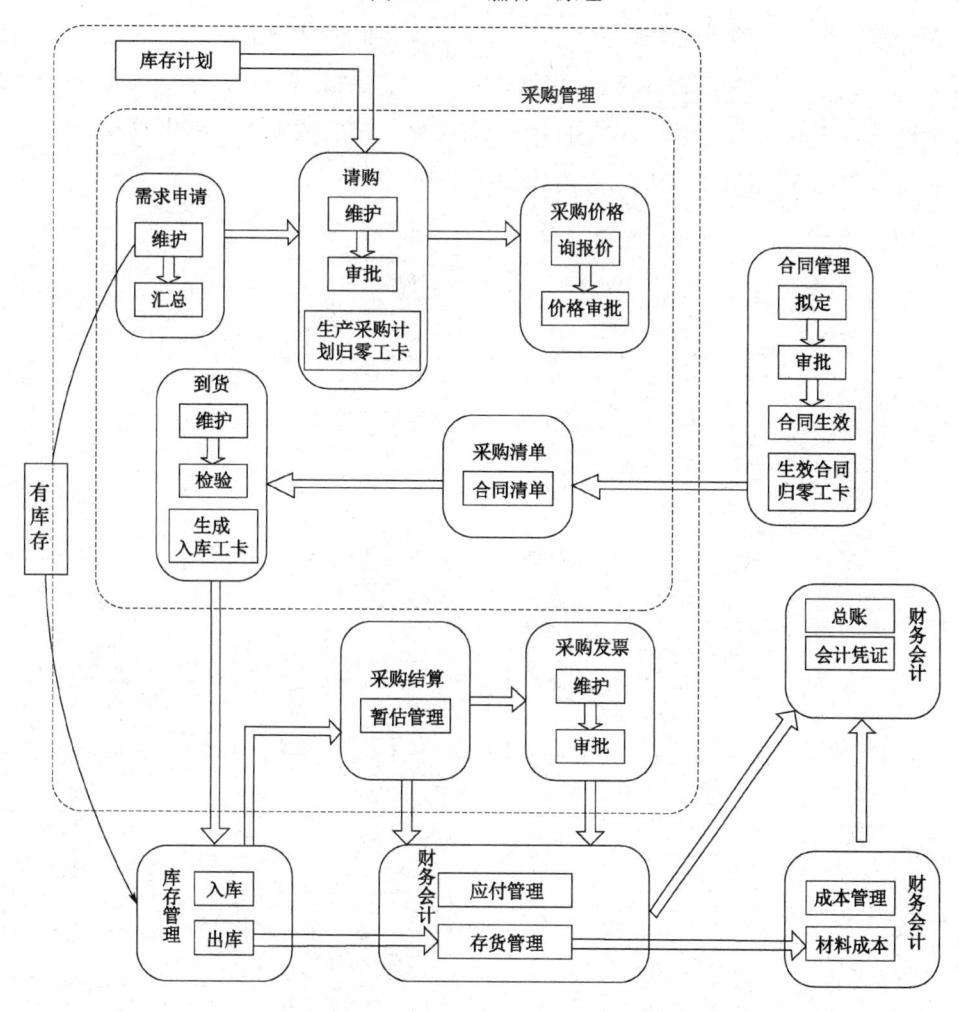

图 11.10 供应链管理系统的业务流程

11.3.4 财务管理系统

航空发动机维修工程具有明显的计划性,传统财务管理是根据年度计划来开展财务预算工作的,但航空发动机维修工程的实际成本是按航空发动机性能、状态、损伤情况而定的,只有在航空发动机入厂完成故障检测后才能确认,同时随着维修深度的不同而发生变化,因此成本难以准确预计,间接费用难以分摊,成本控制活动很难有效落实,使得航空发动机维修成本控制难度极大,必须建立符合航空发动机维修工程特点的信息系统,提高财务管理的水平。

1. 成本 ABC 分步法的应用

传统间接费用分配是把间接费用分配给生产车间,再按统一的费率不加区别地分配给各种产品,这样会造成产品成本的严重失真。财务管理系统的实施,将成本管理整合到航空发动机维修的各项业务中,为成本 ABC 分步法的应用创造了条件,该方法是以作业(指一项工作、活动或处理的事务等)为基准计算间接费用的方法。例如,航空产品零部件采购、航空发动机维修、航空发动机试车、人工成本等费用对应一定的作业活动,按作业活动发生的次数计算具体费用,纳入各维修单位的成本中,细化成本管理。传统间接费用分摊与成本 ABC 分步法的对比如图 11.11 所示。

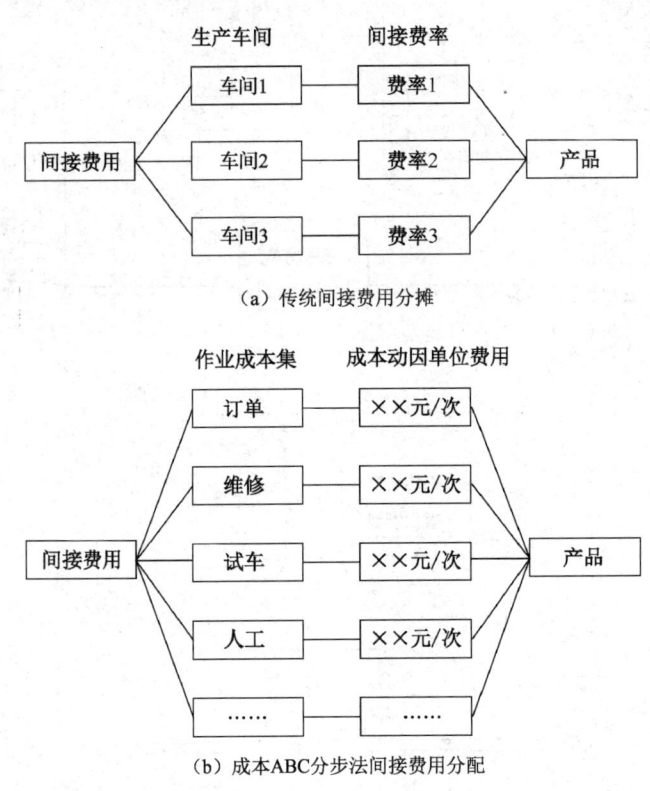

图 11.11 传统间接费用分摊与成本 ABC 分步法的对比

2. 以"全面预算"为导向的财务信息管理

建立以"全面预算"为导向的财务管理系统，彻底改变航空发动机维修工程财务管理的模式。它以供应链管理为重点，以财务成本控制为目标，将数据处理流程的起点由财务会计部门的凭证输入扩展至业务源头，由 ERP 系统进行自动采集，确保业务数据的一致性、及时性和准确性。通过财务信息管理系统对航空发动机维修数据的科学分析，经过事前计划、事中控制和事后反馈，形成航空发动机维修工程从销售计划、生产计划、采购计划、费用计划、投资计划、资金计划、损益计划到资产负债计划的全面预算计划，有机整合物资流、资金流、信息流。在全面提升信息的时效性、真实性和集成度的基础上，实现对航空发动机维修工程财务活动的实时决策、监控和支持，从而全面提升航空发动机维修工程的财务管理水平。财务管理系统的业务处理流程如图 11.12 所示。

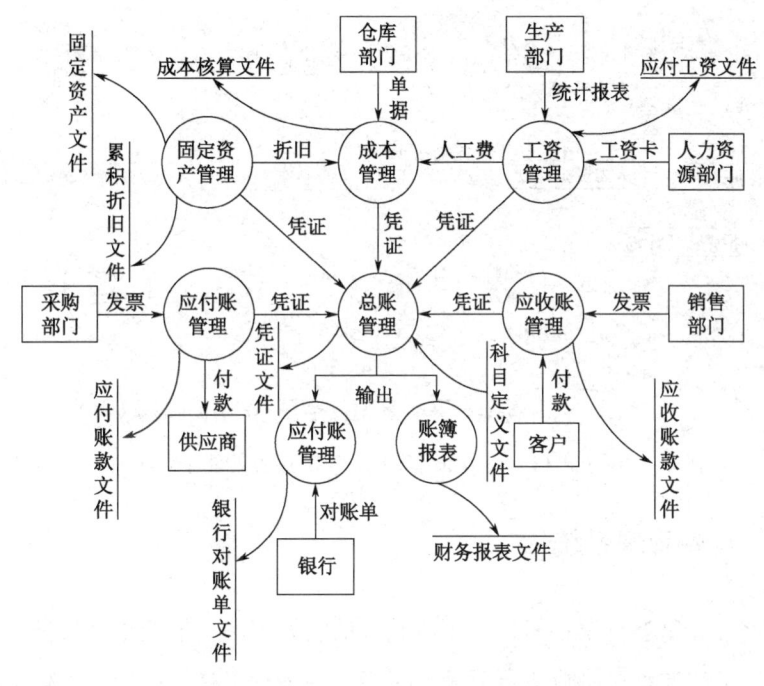

图 11.12 财务管理系统的业务处理流程

11.3.5 人力资源管理系统

人力资源是组织的资源之本，是组织获取竞争力的基础和核心能力的来源。人力资源管理信息化利用先进的信息技术及设备，集中进行信息处理、员工自助服务等，实现信息共享，优化管理结构，提高管理效率。航空发动机自身高度的技术密集特性，使得其维修具有复杂性和高技术性的突出特点，对航空维修工程的人力资源管理提出了更高的要求。应建立以"组织结构专业化""工作方式标准化""管理制度化""人员职业化"四化为基础的人力资源管理系统，并将人力资源 5P 模式［识人（Perception）、选人（Pick）、用人（Placement）、育人（Professional）、留人（Preservation）］纳入人力资源管理系统，建立以识人为基础的工作分析系统、以选人为基础的招聘管理系统、以用人为基础的配置与使用系统、以育人为基础的培训系统、以留人为基础的考核与薪酬福利系统，培养造就全面发展的航空发动机维修职业化员工队伍，达到减员增效的目的，保持人力资本持续增值，最终实现个人目标与组织目标的一致和平衡，进而保证航空发动机维修工程核心能力的构筑和战略目标的达成。人力资源管理系统的业务处理流程如图 11.13 所示。

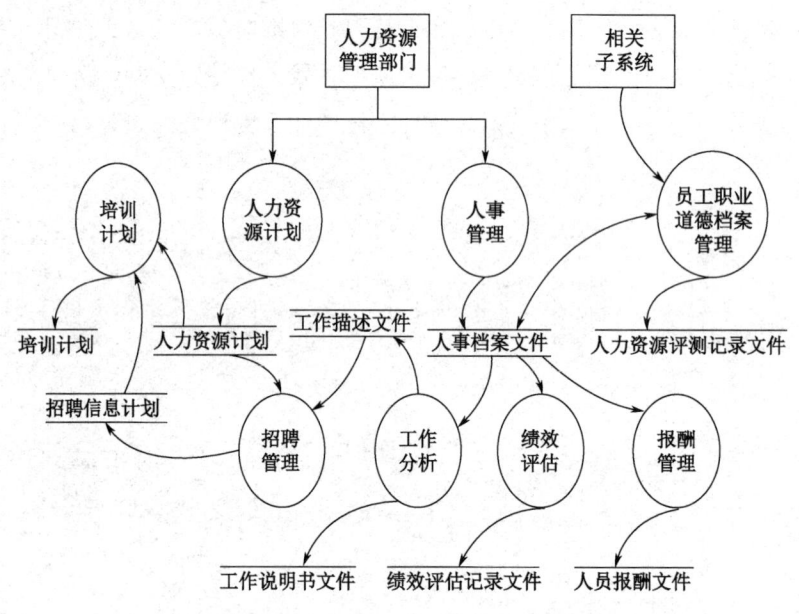

图 11.13 人力资源管理系统的业务处理流程

11.3.6 设备管理系统

航空维修设备是航空发动机维修工程管理的重要保障。航空维修设备有两大特点：一是数量大，航空发动机维修十分复杂，维修方式多种多样，维修工序繁多，从而造成航空发动机维修工程中有大量维修设备；二是品种杂，航空发动机维修工程具有多机型的维修业务特点，不同机型航空发动机维修所需的设备大多需要定制，这就造成了设备规格不同、型号不同等特点。数量大、品种杂，使设备上的各式仪表多达上万件，涉及温度、时间、长度、力矩、平面度等，为确保维修质量，所有仪表必须按时校验，传统的靠手写、凭人记的方式已极度不适应工程管理需求，给维修保障工作造成了很大压力，带来了诸多困难。

应建立以全寿命周期管理为目标的设备管理系统，对工装设备、计量器具从申请、采购、维护、修理到报废进行全寿命周期管理，并对设备运行状况进行监控、报警，实时反馈给相关人员进行处理,从而大大提高设备的保障效率;将相关信息及时传递到 ERP 系统,与维修任务执行所需的设备资源进行匹配,指导航空发动机维修任务的制定、调整,提高航空发动机维修计划的有效性、科学性;建立设备故障数据库,对设备典型故障信息进行采集、分析,为解决设备重大故障问题提供数据支持;建立设备评价指标系统(见图 11.14),对设备管理的关键因素进行评价,使设备管理由传统的被动式管理向主动式管理转变,有效支撑航空发动机维修工程业务的开展。

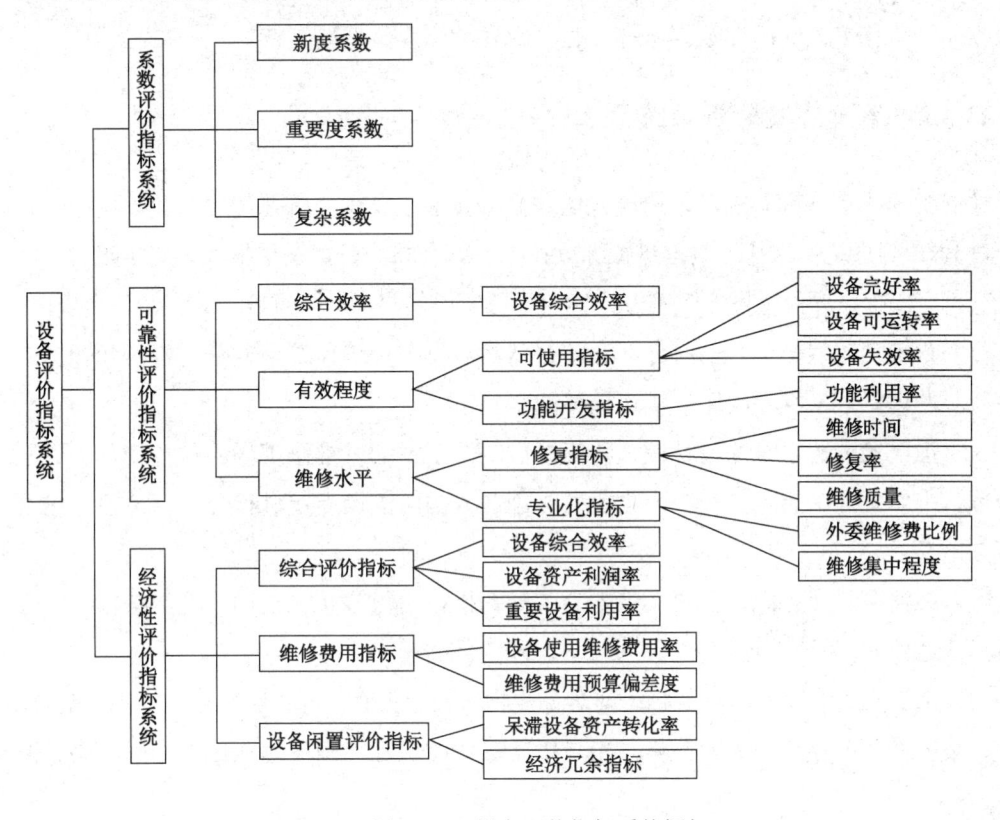

图 11.14 设备评价指标系统框架

11.3.7 远程故障诊断及数字化维修系统

传统的航空发动机维修工程保障模式,大多采取专职人员驻点的形式,当驻点人员遇到无法排除的故障时,通常由大修基地委派相关方面的专家到指定地点进行故障排除。这种传统的方式需要维持庞大的驻点人员队伍,付出大量的人力成本,并且效率不高。通过建立远程故障诊断及数字化维修系统,并与作业文件管理系统集成应用,可以从根本上转变航空发动机维修工程的保障模式。基于作业文件管理系统的建设,将各种维修相关技术文件和手册数字化,形成数字化资料支持和管理系统,编制包含文字、表格、图像、工程图形、声音、视频、动画等多种形式的便于查询和检索的可交互的航空发动机电子维修手册，便于实施远程故障诊断和维修。通过该系统的构建，主要实现以下几点。

（1）建立基于用户地空数据链的战伤抢修及远程技术支援中心，通过网络实现异地远程协作进行故障诊断。

（2）建立分布式、远程诊断网络，将各个专家联系起来，协同工作，得出综合的诊断结果。

（3）建立故障诊断数据库、航空发动机设计和状态信息数据库，包括类似机型的历史数据库、协作单位的历史数据库等，为诊断和维修提供数据支持。

11.3.8　管理决策分析系统

建立管理决策分析系统，采用现代化数据库技术、在线分析处理技术和数据挖掘技术，对 ERP 等系统中的基础数据进行深度挖掘、整合和分析，采用报表、文字报告、图示化分析、KPI 分析和趋势分析等方式，为管理层提供灵活、多维度、多视角、多层面、全方位的管理运营状况信息的统计、分析，从而获得各种统计结果、分析资料和预警信息，及时发现管理漏洞和问题，快速调整战略决策。

在管理决策分析系统的设计中，重点要围绕航空发动机维修工程的财务管理、供应链管理、维修管理、质量控制和人力资源管理等方面的关键问题进行分析、监控。主要内容如下。

（1）在财务管理方面，主要实现对财务经营指标、财务状况指标、现金结构、应收（应付）账龄和财务绩效等的分析，提高财务风险管控能力。

（2）在供应链管理方面，主要实现对各类物料资金占有、各机型在产（虚拟）配合、缺件、必换件和库存结构等的分析，指导采购工作的执行，确保库存结构合理，提高保障能力。

（3）在维修管理方面，主要对航空发动机维修计划执行、维修周期、关键物料（特别是零部件）消耗情况、航空发动机返厂预测、维修成本及产值等进行分析，指导维修计划的执行和相关资源的控制，为缩短维修周期、降低维修成本等提供决策分析数据。

（4）在质量控制方面，主要对产品质量多发问题、故障类型、关键工序故障，以及航空发动机试车合格率和各维修车间的质量问题等进行分析，掌握产品质量的波动情况，为航空发动机维修工程持续改进管理、开展技术攻关提供数据支持。同时，通过对这些问题的综合分析，掌握近期各单位存在的主要问题，适时组织针对性的质量整顿工作，并对问题单位的纠正措施进行跟踪验证，预防产品维修过程中可能出现的人为差错和其他原因造成的质量损失。

（5）在人力资源管理方面，主要实现员工结构、人工成本、员工工作效率、薪酬竞争力和员工满意度等的分析，指导人力资源管理工作的改进，做好人力资源风险的管控。

管理决策分析系统的业务处理流程如图11.15所示。

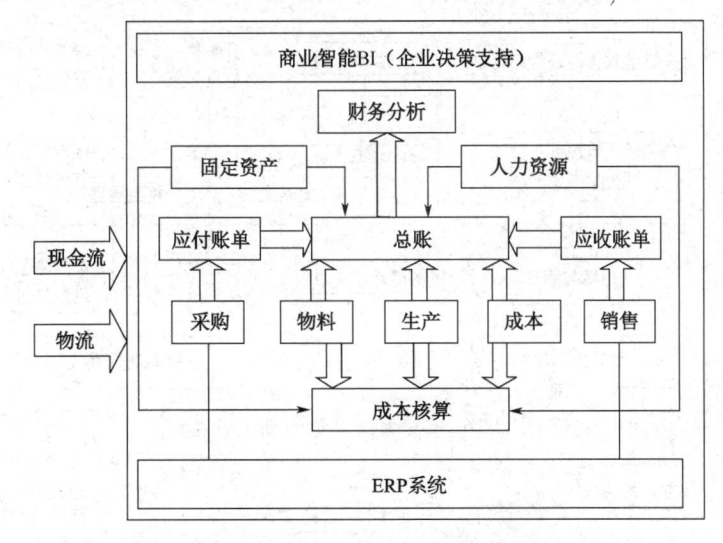

图 11.15　管理决策分析系统的业务处理流程

11.3.9　办公自动化系统

航空发动机维修工程信息化从办公自动化（OA）开始。OA 系统主要以"管理流"为中心，以公文流转、流程审批、档案管理、知识管理、绩效管理、信息发布等为内容，以实现日常管理规范化、工作协同和知识共享等为目标。它具有以下特点。

（1）规范内部行为，实现管理流程化。通过 OA 系统的实施，将办公流程进行有效固化，通过图形化的方式使流程清晰、规范、可控，有效消除不必要的流程和环节，避免重复劳动，杜绝推诿和扯皮现象。

（2）加快信息传递，提升执行力。通过 OA 系统的实施，建立信息和行政指令发布平台，使各类信息和工作指令得到快速传递、执行。

（3）推动执行，提升管理者的掌控力。通过 OA 系统的应用，可对中长期规划、年度计划进行透明管理，使各单位及员工能明确自身的工作责任、计划、目标、任务；通过 OA 系统的实施，方便管理层的监督、指导和沟通，能及时发现问题、解决问题，有效推动各项工作的执行。OA 系统信息流动示意图如图 11.16 所示。

（4）知识共享，有效沉淀知识资产。知识获取、知识学习、知识利用与知识创造等行为，均在 OA 系统的知识管理系统中进行，知识管理系统成为员工工作和学习的基础平台。通过知识快速传递、共享和应用，员工能随时得到最好的资源、知识和经验，促进员工之间的协同合作，创造最佳工作环境。知识管理示意图如图 11.17 所示。

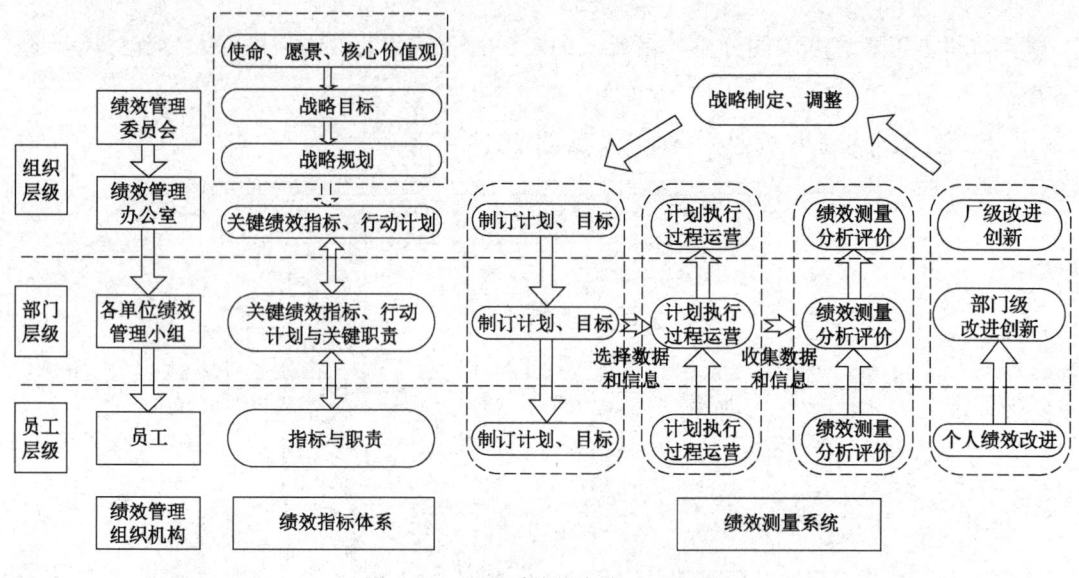

图 11.16 OA 系统信息流动示意图

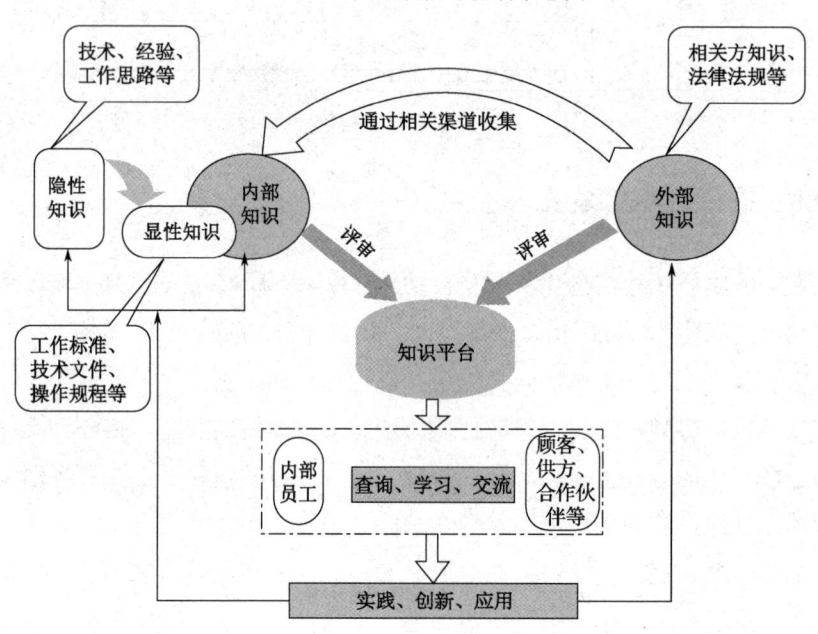

图 11.17 知识管理示意图

11.4 基于数字仿真平台的信息化系统实施

数字仿真也称虚拟仿真,是指利用计算机技术生成一个逼真的虚拟环境,用户可以通过各种传感设备同虚拟环境中的实体相互作用的一种技术。随着航空产品更新换代加速,对新产品研发、产品交付时间、产品质量、生产成本提出了更高的要求。计算机数字仿真技术的发展和虚拟现实技术的产生,使基于手工和经验的规划设计转变为基于计算机仿真和优化的精确可靠的规划设计,从而减少了工艺规划的时间,缩短了生产准备周期,优化了生产线配置,减少了工程更改量,降低了成本和投资风险。

航空维修系统作为设计、制造、使用、维修中的末端环节,可有效利用研发和制造部门成熟的仿真数据,实现数据共享,同时根据航空发动机维修工程的特点,建立贴合维修业务的数字仿真平台(见图 11.18)。以产品全寿命周期的相关数据为基础,建立产品数据管理系统,对相关数据进行协同管理和共享应用,在计算机虚拟环境中对整个维修过程进行仿真、评估和优化,在虚拟环境下将生产和维修过程压缩和提前,并进行评估与检验,从而缩短产品维修周期,提高产品维修的可靠性与成功率,达到快速建线的目的。

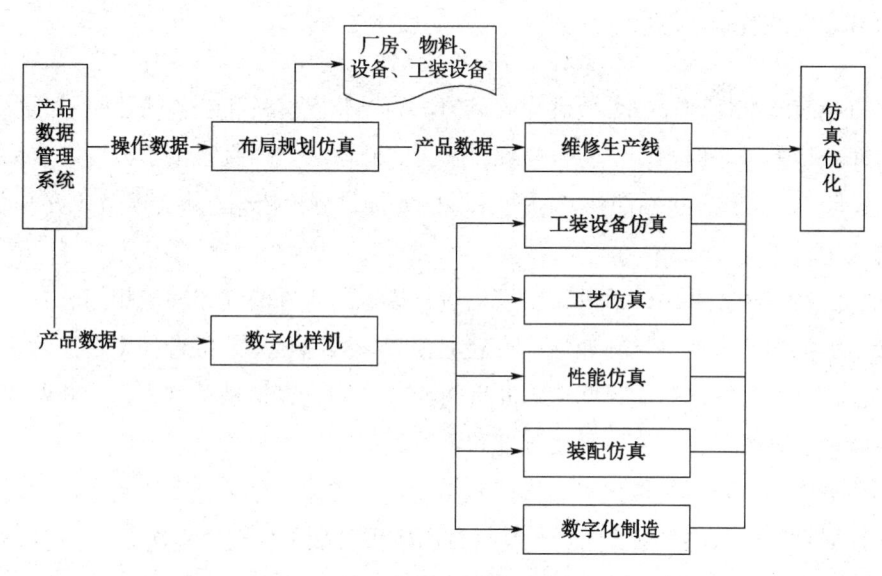

图 11.18 数字仿真平台框架

11.4.1 装配仿真系统

航空装备的零件数量多,装配关系复杂,致使装配工艺设计难度很大,仅凭装备工程师的个人经验,在装配工艺设计中很容易出现装备设计错误或装备设计不合理的情况。如果这些错误在产品实际装配过程中才被发现,就会造成大量的产品返工和工艺的修改,甚至造成整个工艺布局和装配流程的调整,给维修周期、生产成本等带来不可估量的损失。可利用产品的装配仿真模型,对产品的装配过程统一建模,在计算机上实现从零件、组件装配成产品的整个过程的模拟和仿真。装配仿真系统主要包括以下几个方面。

(1)装配干涉仿真。此项仿真是指沿着模拟装配的路径,在移动过程中检查零件的几何要素是否与周边环境发生碰撞。在虚拟环境中,检查过程非常直观。

(2)装配顺序仿真。此项仿真是指对产品装配过程和拆卸过程进行动态仿真,验证每个零件按设计的工艺顺序是否能无阻碍地装配上去,以发现工艺设计过程中装配顺序设计的错误。

(3) 人机工程的仿真。此项仿真是指在产品结构和工装结构环境中,按照工艺流程进行装配工人可视性、可达性、可操作性、舒适性及安全性的仿真。

通过装配仿真系统的实现,可在产品实际(实物)装配之前,及时发现产品设计、工艺设计、工装设计存在的问题,有效地减少装配缺陷和降低产品的故障率,减少因装配干涉等问题导致的重新设计和工程更改,保证产品装配的质量。装配仿真过程中产生的仿真模型能直观地演示装配过程,使装配工人更容易理解装配工艺,减少装配过程反复和人为差错,同时可用于对维修人员的培训。

11.4.2 性能仿真系统

在航空装备维修过程中需要进行大量的试验以获取材料和装备的性能,如负荷特性、速度特性、推力等。但物理试验研究耗时费力、花费大,而且会由于人为因素或环境因素造成试验偏差。计算机性能仿真可为试验研究提供理论依据,从而缩短研究开发周期,节省物理试验开支。

例如,在特种工艺中,对焊接温度场进行模拟,可判断固相和液相的分界,准确得出焊接熔池的形状;通过材料属性,可获取模型与实际热源的拟合程度,准确定义热源移动路径,计算焊接产品的瞬间应力和残余应力。通过模拟试验过程,可获取失效分析参数、零件应力、零件热力、零件强度和零件硬度等技术参数。

利用先进的计算机模拟技术,构建航空发动机维修工程试验系统模型,通过模拟得到工作性能数据和状态参数。性能仿真系统的应用可减少物理试验次数,验证维修工艺,从而节省试验成本,提高工作效率,指导技术工作的改进。

11.4.3 工装设备仿真系统

航空维修过程中存在大量不同种类的工装设备,以满足航空装备多型号、多品种的生产需要,但是在工装设备设计过程中,往往要通过多次改动才能获得符合生产现场要求的工装设备。

工装设备仿真利用数字样机模型,构建工装设备设计、制造、安装和检测的一体化仿真系统,利用计算机设计出工装设备的三维实体模型,如航空发动机总装车架、包装箱等工装设备模型,采用数控加工的方法制造工装设备零组件,并应用先进的计算机辅助测量技术进行工装设备的安装与检测。

工装设备仿真系统可有效减少工装设备缺陷,以及因装配干涉等问题导致的重新设计和工程更改。该系统可实现工装设备设计制造工艺性和装配性的动态仿真,对工装设备制造、装配等的总体设计进程进行控制，减少制造过程的反复，提高工装设备的可用性，降低工装设备结构设计的风险。它对于提高工装设备制造质量、缩短工装设备研制周期及降低工装设备制造成本具有重大意义。

11.4.4 布局规划仿真系统

维修单位实施柔性化生产线建设、新机试修等，经常要对生产现场的工艺布局进行调整。若布局规划时采用传统的二维图纸，则无法对工艺布局变动所影响的厂房框架、机器设备和物流运输设备等做到有效的预估。此时，可使用三维虚拟布局平台，以三维沉浸式虚拟环境取代传统的二维环境进行布局规划，建立厂房结构、行车、设备、工装设备、机器人、物流容器、标识线、输送线等生产资源的三维数字模型。布局规划仿真系统的主要内容如下。

（1）厂区建筑布局规划。将厂区的主要建筑物及周围地形、道路等在三维环境中真实再现，实时对建筑的布局方案进行调整，进行布局方案讨论及评审。

（2）生产线布局规划。对生产线上的设备、产品、物料、工装设备等进行三维布局规划，并实时对布局方案进行调整。

（3）物流路径显示。显示整个厂区或某个生产线的物流路径，辅助布局规划方案评估。

11.4.5 工艺仿真系统

在航空发动机维修工程中，维修工艺的设计工作贯穿于整个维修流程。传统的工艺设计主要依赖真实环境下的试验和技术员个人的技术水平及经验，工艺设计中存在的问题不经过大量的试验验证难以被发现。而在实际生产（试制）时，试验验证准备工作需要大量的时间，这必将带来产品周期、人力和成本等方面不可避免的损失，并且很难保证所选择的工艺是经过优化的工艺。

在航空发动机维修工程中建立工艺仿真系统，利用三维信息技术在计算机虚拟环境中模拟一个复杂几何模型的工艺过程。可通过改变虚拟环境中的相关参数，实时模拟真实环境中工艺设计过程中各种参数、性能、微观组织结构的改变，实时显示并处理可能产生的各类不同的复杂现象，如闪光、爆炸、烟雾、气流、水流、应力改变等，达到对产品的工艺过程进行仿真评估和检验的目的。工艺仿真技术突破了传统试验验证工艺设计的各种限制，在工艺试验过程中，不需要传统意义上的人、试验设备、工装设备、材料、水、电、气等资源，可大量节约资源，有利于生态文明建设。

同时，通过计算机模拟代替真实环境下的各类试验过程，在检验和发现工艺设计中存在的各类问题时，可不再考虑工艺方案验证、工艺试验的准备时间，从而缩短研发周期，在短期内提供更多供选择的工艺方案，大幅提升工艺水平和技术水平，优化生产管理，达到加快研发设计进度和提高产品质量的目的。

11.4.6 数字化制造

航空发动机维修工程涉及的产品制造以单件、小批量、多批次生产为主，设计类型多，产品数量少，设计更改频繁，工艺设计并行性差，工艺知识存储在个人头脑中，缺乏工艺知识积累和知识库管理。应建立产品数据管理系统，以航空发动机产品全寿命周期管理为主线，对产品设计、制造和维修，以及仿真过程中的数据进行采集管理，并与CAD、CAM等协同应用，同时实现与上游航空发动机设计、制造单位数据的集成与共享，形成跨地域、跨组织的数据对接能力，为航空发动机维修工程开展各类数字化仿真应用提供数据支持。产品数据管理系统的建设是以产品为中心，通过计算机网络和数据库技术，把所有与产品相关的信息和过程集成起来，使航空发动机维修工程产品试修和再制造研发数据在其寿命周期内保持一致、最新和安全，从而促进航空发动机维修工程的新产品工艺设计与开发能力提升，缩短开发周期和投入应用时间。

11.4.7 产品数据管理系统

仿真数据具有数据量大、数据类型多样等特点。在航空发动机维修过程中，通常需要对其进行性能、结构强度、刚度、运动学、动力学、控制等多种类型的仿真分析，同时会产生大量形式各异的数据和模型，如几何模型、网格模型、载荷工况、边界条件、计算结果、仿真报告等。工程分析人员也会因采用不同的仿真软件而产生不同格式的数据，主要数据文件类型包括文本文件、图形文件、动画文件、二维图纸、三维模型、标准数据格式文件、求解文件、结果文件、求解过程信息文件和报告文件等。虽然很多企业通过 PDM 系统实现了对仿真结果的管理，但对仿真过程及其海量仿真文件和数据还缺乏有效的组织和管理。

通过构建一个产品数据管理系统，使用人员（仿真分析人员、设计人员、决策人员）可选择仿真流程开展相关的工作，仿真分析人员和设计人员还可以交互地完成分析和设计工作。决策人员可以对整个仿真流程进行监控，在产品数据管理系统上完成的各项工作的中间结果和最终结果可以实现自动保存。

通过统一的系统管理保证数据的安全性和一致性，提高仿真分析知识的复用性，并通过与仿真工具的集成，规范仿真分析过程。

11.5 航空发动机维修工程信息化系统的改进

11.5.1 关于信息化系统建设的"诺兰"阶段模型理论

航空发动机维修工程信息化管理的发展历程与一般信息化管理的发展历程类似，随着外部环境的变化，都要经过"诺兰"阶段模型中的 6 个发展阶段，如图 11.19 所示。

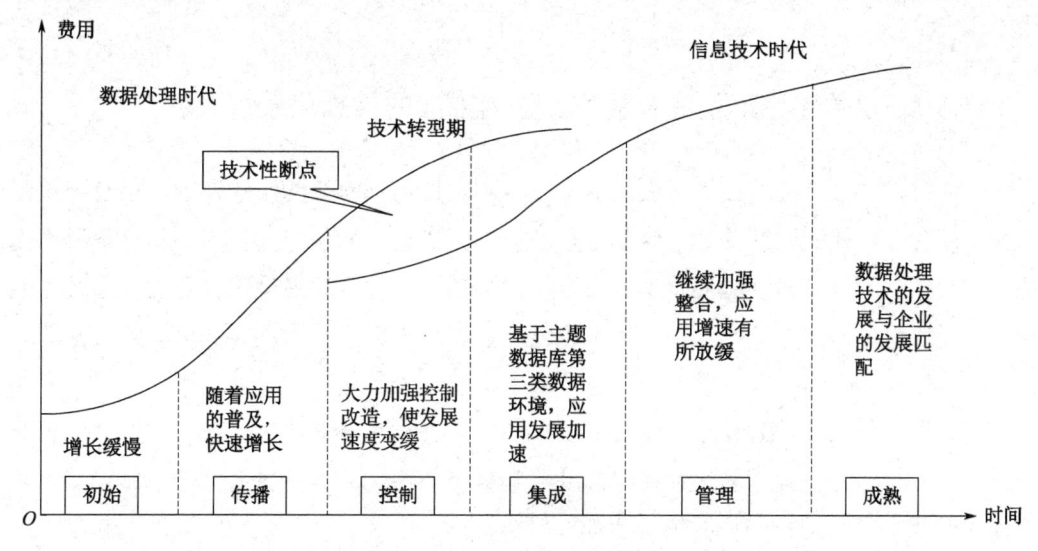

图 11.19 "诺兰"阶段模型

（1）初始阶段。从引入单一的应用系统开始，各职能部门致力于发展自己的业务系统。对信息化管理的整体费用缺乏控制，不讲究经济效益。用户对信息化管理都抱着敬而远之的态度。

（2）传播阶段。信息技术应用开始扩散，信息化管理专家开始在内部宣传信息化的作用。这时，管理者开始关注信息化管理方面投资的经济效益，但是实质的控制还不存在。

（3）控制阶段。出于信息化建设的需要，管理者开始构建各部门用户组成的项目团队，共同规划信息化管理的发展方向。信息化管理部门正式成立，启动项目管理计划和系统发展方法。应用开始走向正轨，并为将来的信息化管理发展打下基础。

（4）集成阶段。从管理计算机到管理信息资源，这是一个质的飞跃。从初始阶段到控制阶段，通常会产生很多独立的实体。在集成阶段，开始使用数据库和远程通信技术，努力整合现有的信息系统。

（5）管理阶段。信息化管理开始从支持单项应用发展到支持在逻辑数据库支持下的综合应用。这一阶段开始全面考察、评估信息化管理的各种成本和效益，全面分析和解决信息化管理中各个领域的平衡协调问题。

（6）成熟阶段。中上层和高层管理者开始认识到，信息化管理是航空发动机维修工程不可缺少的基础，正式的信息资源计划和控制系统投入使用，以确保信息化管理支持业务计划，信息化管理的效用充分体现出来。

在制定信息化系统建设规划的过程中，要深入理解"诺兰"阶段模型中的发展曲线，科学合理地制定规划。无论是确定信息化系统建设的原则，还是制定信息化系统建设规划,都应首先明确本单位当前处于哪一阶段,从而准确指导、稳步推进信息化系统建设。

11.5.2 以数字化工程和智能型工程为方向的信息化系统改进

信息技术、数字控制技术、人工智能技术和虚拟化技术等的快速发展,以及现代组织管理理念和模式的不断变革,为航空发动机维修工程不断引入新技术和新管理思想创造了有利条件。只有建立顺应管理革命发展趋势的数字化、智能型工程管理体系,才能应对竞争日趋激烈的市场环境,该体系也是实现管理创新、技术创新和可持续发展的有力支撑。

(1)数字化工程。随着 CAD、CAE、CAM、PDM 和 ERP 的广泛应用及数字化企业的出现,现代航空设计、制造和维修的共同趋势是数字化。其本质上就是产品设计、制造信息的数字化,是将产品的结构特征、材料特征、制造特征和功能特征统一起来,应用数字技术对设计和制造所涉及的所有对象及活动进行表达、处理和控制,从而在数字空间中完成产品设计制造过程,为数字化维修提供现成资源。数字化维修贯穿于新型飞机全寿命周期,并且航空设计、制造及其产业链呈现出全球化、信息化、网络化、敏捷化、虚拟化等革命性的改变和倍速发展的态势,为航空发动机数字化维修提供了产业链支持。同时,"视情维修""基于状态的监控""自治化维修"等新理念在航空维修领域中应用实施,对航空发动机维修工程管理提出了更高的要求。基于三维数字仿真系统的航空发动机维修工程,将打破传统维修模式,全面应用三维数字化设计、数字样机、工装设备数字化定义、工艺可视化、预装配、主要零件的数控加工、产品数字仿真与试验、工艺数值模拟与仿真等信息技术。数字化工程是航空发动机维修工程管理的重要方向。

(2)智能型工程。当今世界已进入知识经济时代,知识经济是以计算机、通信和网络等技术为基础,以知识企业、知识群体为单元的经济。建设智能型工程的关键是培养知识群体,开展知识商务,而培养知识群体的关键是沟通信息、共享知识,把信息变成资料,把资料变成资源,把资源变成知识,把知识变成智慧,把智慧变成价值,实现更高层次的信息知识变革与跨越。今后,通过深化实施先进的信息技术,深入推进学习型组织建设,以知识群体和知识商务来改进航空发动机维修工程的生产流程和经营策略,打造智能型工程,是应对日趋激烈的竞争环境、实现永续发展的必然选择。